抵御信息污染研究

魏兆鹏 著

人民东方出版传媒
People's Oriental Publishing & Media

东方出版社
The Oriental Press

图书在版编目（CIP）数据

抵御信息污染研究 / 魏兆鹏著. --北京：东方出
版社，2023.12
ISBN 978-7-5207-3730-2

Ⅰ.①抵⋯　Ⅱ.①魏⋯　Ⅲ.①计算机网络－信息安全－
安全管理－研究　Ⅳ.① TP393.08

中国国家版本馆 CIP 数据核字（2023）第 209303 号

抵御信息污染研究

DIYU XINXI WURAN YANJIU

责任编辑：张晓雪　韩封三祝
出　　版：东方出版社
发　　行：人民东方出版传媒有限公司
地　　址：北京市东城区朝阳门内大街 166 号
邮　　编：100010
印　　刷：北京铭传印刷有限公司
版　　次：2023 年 12 月第 1 版
印　　次：2023 年 12 月第 1 次印刷
开　　本：787 毫米 ×1092 毫米　1/16
印　　张：16.75
字　　数：198 千字
书　　号：ISBN 978-7-5207-3730-2
定　　价：68.00 元
发行电话：(010) 85924640

目　录

上　篇 —— 抵御信息污染研究的主要条件

中 篇 —— 信息污染的内容和形式

下 篇 —— 抵御信息污染的对策体系

前 言

一、缘起

20世纪80年代初，我从回国探亲的老同学袁宁那里，第一次听到托夫勒的《第三次浪潮》、现代科技革命以及电脑、互联网等新事物、新名词，给我的感觉仿佛那些事是发生在遥远天际。

1995年夏，我结束了在人民大学新闻系的进修，经过短时间的筹备，于当年9月在所任教的高校开设了传播学概论课程。在年复一年的备课、授课中，我坚持理论联系实际，结合中国信息传播的现实，关注信息污染的影响。在对传播负功能的分析中，我归纳了信息污染的十大种类，分别为"杂、假、色、俗、恶、错、愚、抄、异、废"，后来逐渐形成了正式的教案和教学大纲。在教育部的相关评估中，我所教的3门课程全部通过了专家的审查，专家给予了较高的评价。

记得20世纪末，在一次与挚友陈健、陈光明夫妇外出小聚途中，我们议论到污染的信息对下一代的影响时，大家忧心忡忡。在谈到如何抵御信息污染时，我和盘托出自己当时的思考成果，提出"法律、管理、技防、自律"四管齐下。陈健认为我的认识较为全面，"可以写本专著了"。我当时回答，"从积累资料、提炼观点、谋篇布局到坐下来安心写作，起码得十几年"。屈指算来，还真差不多——从那次交谈到2015年动笔写作，时间跨度约 15 年；如果从 1995 年开设传播学概论课程算起，至完成本书初稿竟已有 25 年光景！

二、关于内容

本书分为上、中、下三篇，循着发生论、对象论和对策论谋篇布局。

上篇"抵御信息污染研究的主要条件"有 3 章，分析了抵御信息污染研究的理论基础、科技背景和社会镜鉴，即阐述发生论。

中篇"信息污染的内容和形式"有 3 章，分析了信息污染内容（违法信息和不良信息的主要类别）及传播的主要表现形式，即阐述对象论。

下篇"抵御信息污染的对策体系"有 3 章，提出和分析了抵御信息污染的十大对策及其构成的完整体系，即阐述对策论。

本书认为人类信息活动是有呼有应、有传有馈的，人类信息活动史应实现从传播史到传馈史的转变。本书提出信息制传者和信息受传者的新概念范畴，并对其加以阐释和运用。

本书坚持内容与形式的辩证关系，从内容与形式两个侧面剖析信息污染，强调信息内容与信息形式的治理并重。

依据我国政府提出的关于互联网管控和治理的"社会共治、世界携手"的基本方针，本书把我国抵御信息污染的对策体系划分为健全法制、社会共治、强化自律、世界携手 4 个部分，分别对应完善立法、严格执法、公正司法、社会舆论、技术防范、三大教育、企业自律、信息制传者自律、信息受传者自律、国际合作十大对策。这 4 个部分和十大对策构成我国抵御信息污染的完整对策体系。

本书把"和而不同"理念从浩瀚的哲学思想中撷取出来，遵从正确的哲学思辨，全面分析、深刻认识抵御信息污染问题。信息污染与抵御信息污染之间，抵御信息污染对策体系中社会共治与世界携手之间，健全法制、主要动力、强化自律和国际合作四者之间，健全法制中的完善立法、严格执法、公正司法之间，主要动力中的社会舆论、技术防范、三大教育之间，强化自律中的企业自律、信息制传者自律、信息受传者自律之间，国际合作中的我国与他国之间……简言之，本书所直接或间接涉及的一系列反映客观实际的基本范畴、概念之间，无不存在着"和而不同"的关系。

三、几点说明

本书坚持论从史出、言之有据的写作原则，保证所有正面和负面资料的真实性，不予曲解。考虑到篇幅所限，重要资料的出处随文标注，一般资料的出处不予注明，希望对相关资料追根溯源者，可自行登录网络或查找原著。本书力求资料新颖，也希望读者阅读本书时，及时联想和充实相关资料，以实现开卷有益。

本书在资料引证方面，国外与国内相比，以我国的资料为主；在我国境内，大陆与港澳台相比，以大陆的资料为主。

对于其他研究者有意回避的关于粗鄙类信息的具体文字表述等，本书不予讳言，也有少量转录目的是录以备考。

在抵御信息污染的实践中，相关传媒实体和个人曾涉及制传信息污染，见诸报端。本书在披露相关史实资料时难免提及，实属无意得罪。

本书写作在"人生为一二大事而来"和"只要你每天在写"的勉励下进行。历史的车轮没有倒转装置，人类可以回头看，但只能永远向前走。记得我在55岁（2004年）时萌生写作计划，运用"和而不同"理念分析若干领域的相关问题，准备每5年写一本书，到70岁完成阐释"和而不同"理念的所谓"三部曲"。从那时至今，随着《和而不同与中国外交》（当代世界出版社2009年5月第一版）、《交谊舞规范与中级培训》（国家行政学院出版社2014年10月第一版）和本书《抵御信息污染研究》的问世，我的心愿得以了却。在此，由衷感谢赵康、傅洋、许明娥、贾革新等挚友的鼎力相助！感谢孙荫柏、周美玲、陈光明、陈健、赵炜、田振郁、袁宁、贺志新、沈宝都、冯芷萍、陈建一、冯嘉煊、闵瑀、张国义、于仲达、王秀芬、武力平、郭宴林、张洪涛、曹虹等良师益友的指导帮助。

感谢姚雨、张之镛、姚蔚、归震琪、高亚群等的大力支持。

作为一名普通的高校教师，我将 20 多年来广为收集媒体公开发表的资料，去粗取精，去伪存真，由此及彼，由表及里，以期得出一般性结论。在有限的主客观条件下，我对抵御信息污染所作的探讨，肯定存在许多不足之处，恳请方家批评指正。

魏兆鹏

2023 年 2 月

上　　篇

抵御信息污染研究的主要条件

第一章
────────

抵御信息污染研究的理论基础

进行抵御信息污染研究是基于社会需要、具有很强现实意义的，需要正确的理论引导或理论创新。本书以传播学的相关理论为重点，立足于传播效果和反馈，指出抵御信息污染是传播效果和反馈的一种具体表现。

第一节　抵御信息污染研究与传播学

抵御信息污染的研究是在经典传播学若干理论成果的基础上展开的，信息在传播的过程中产生了负面效果即为信息污染，因此抵御信息污染不仅要注重传播的过程和效果，还要注重传播的反馈环节。

一、信息污染与传播的负功能

人类信息传馈对社会发展的作用，或是促进，或是阻碍。对于人类信息传馈功能的分析和评价则以能否促进人类社会发展为价值尺度。

在传播学研究中，对于传播正功能的认识因人而异，政治家多注重劝说功能，社会学家多强调反映和互动功能，心理学家主要从受传者方面考虑，文化人类学家则较多强调娱乐和文化交流功能，等等。经典传播学认为传播有 5 个方面的正功能 —— 使受传者获取信息，促进受传者社会化，实现教育，发展文化，娱乐享受等。

传播学的研究主体在强调传播诸多正功能的同时，也承认其存在负功能。对于传播的负功能，不同的国家、地区在不同的发展阶段，有着不同的概括。在现代，无论是发达国家还是发展中国家，一致认为在传播的负功能中，最突出的问题是如何看待媒介渲染色情、暴力、恐怖对未成年人成长的不利影响。从命名措辞看，有的国家以"不良信息"为信息污染的最大范畴，有的国家将相关信息划分为"有害信息"和"违法信息"，有的国家则将其划分为"非法信息""有害信息"和"令人厌恶的信息"等。

信息污染源于传播的负功能，抵御信息污染的本质是抵御传播的负功能。确认"污染"的标准，因国体、政体、制度、法律和社会文化心理结构、文化规范、伦理道德观念、所处时代而异，所谓"违法"、"有害"和"不良"的具体标准可能各不相同。抵御信息污染是国家和社会为了维护社会正义和公序良俗，为了国家发展和社会稳定而作出的必然反应和联合行动，可以表现为公民个体、团体、组织、社会界别，直至整个社会和国家的各个层面。必须以具体的国家政治制度和意识形态、以现代社会正义和公序良俗为准绳，来确认某一具体传播的根本性质及其正负影响。

二、抵御信息污染与传播效果

传播效果是传播者追求的基本目标。传播学原理认为：共享信息、养成兴趣、承接知识、情绪反应、审美愉悦、认同一致、转变态度、改变行为等构成总体的传播效果。传播效果表现为受传者接受信息后，在感情、思想、态度和行为等方面所发生的变化。人们一般从受传者接受信息—消化信息和改变态度—采取行动等环节来考察传播效果。应该指出，上述对于传播效果的研究较侧重于大众传播效果，忽视其他传播（如人际传播）的效果；较多强调效果中态度的变化、行为转变的成分，轻视情绪反应、知识承接等。

抵御信息污染产生于传播效果出现负面倾向时，但传播学对于传播效果的研究并不是着眼于抵御信息污染，而是着眼于信息传播后的收效。当受传者的被动性受到了重视，就给了某些信息传播者可乘之机，将受传者当作靶子，而这些传播者，自然包括那些信息污染的传播者，他们寄希望于信息污染生效，影响受传者。作为信息污染的对立面，抵御信息污染恰恰是通过多种手段，力求减少和降低信息污染的影响，使信息污染的传播收效不大、乃至无效。

三、抵御信息污染与反馈

传播学中经常以模式这一简明易懂的方式，描述和解释传播过程，简化而具体地解析实体的结构和过程，解析系统内各因素之间的相互关系。在传播学不下百种形态各异的传播模式中，除"三论"模式外，基本分为两类：其一是线性传播模式，其二是循环传播模式。循环传播模式的出现为抵御信息污染研究打开了大门。

维纳在 1948 年发表的《控制论》中提出了循环模式，认为任何系统都由两部分组成——施控系统和被控系统；新的信息不断输入被控系统，被控系统接收控制信号后引起反馈，又陆续发出新的信号给施控系统，这样互为因果的循环作用使系统按程序进行，达到最优的结果。维纳从控制论角度加入的反馈概念，以全新的观点突破了传统的线性模式的局限，实现了以实践为依据的传播学研究的飞跃。在信息传输的链条中，对于抵御信息污染至关重要的环节——反馈出现了。

反馈的提出揭示了人类信息活动固有的全貌——人类的任何一次信息活动都包括信息传播和信息反馈，二者构成一次完整的信息传馈活动，总称为人类信息传馈。传播在前，反馈在后，有传播者的信息传输，必然会有受传者的信息反馈。信息的传与馈是原因产生结果、结果转为原因的循环作用，是传播者和受传者互动的结果（当然，传播者、受传者的自我反馈等也不容忽视）。信息的传播、反馈，再传播、再反馈……循环往复以至无穷，其每一个具体的传播和反馈过程都使得该信息的交流及传馈双方对该信息的认识发展到更加高级的程度（亦即范围更加广泛，程度更加深入，认识水平不断提升）。

在传播学研究中，对于反馈的研究远远不及对于传播的研究，充其量以研究传播为主，以研究反馈为辅，目的在于不断改进传播。在大众传播时代，传媒自恃媒介效果强大，过度强调新闻和传媒的"议题设置"引导舆论而忽视反馈。在人类传播从"面向大众传播"逐渐转为"大众参与传播"（亦即公众信息传馈）的进程中，反馈环节的地位上升，作用显现，日益受到人们的重视。值得注意的是，受传者的信息反馈是多种多样的——对于传播者传播的信息，受传者或毫无疑义地全部接受，或基本接受、提出改进意见，或部分接受而部分持有异议，或完全反对、予以拒绝，或未置可否等。无论如何，信息反馈是受传者立场、态度和个人意愿的表达，是受传者主观能动性的表现。受传者的不满、异议、抵触、反对、拒绝、抵制是否正确，需要具体情况具体分析，不能一概而论。

第二节　抵御信息污染的基本要素

经过从传播、反馈，再传播、再反馈进入无穷演进的人类信息传馈，原有的存在于传播全过程的各个因素都发生了变化，人们的认识也会更加深入和提升，这是形式与内容辩证统一的结果。

亚里士多德在《修辞学》中提出了传播必备的 3 个最基本要素——"说话的人""所说的话""听话的人"。数不胜数的政治家、社会学家、心理学家、文化人类学家等曾对人类传播的实质作出上百种定义，其共性之一是都肯定传播者、信息和受传者是传播的基本要素。

反馈的本质是逆向的传播，传播的 3 个基本要素也是反馈必须具备的 3 个最基本要素，同时也是抵御信息污染的 3 个基本要素。

一、信息制传者

立足于人类信息传馈，本书提出"信息制传者"的概念。信息必须经过处理后才能传输，实际操作过程包括前承后续的"制"和"传"两个基本环节，先是"制"（信息处理，亦即信息的符号制作），后是"传"（信息传输，亦即信息的媒介传输）。科技的发展使信息的制作者与媒介传输者实现了分工，两部分人各负其责，前者仅负责信息的符号制作，后者仅负责信息的媒介传输，甚至前者内部和后者内部还有更加精细的分工，我们统称为信息制传者（当然不排除同一个人从事两个环节的操作）。

信息制传者存在于信息传馈之中，占据了信息传馈的制高点，拥有制作信息、传播信息的主动权。信息制传者一分为二，除了正当信息制传者外，就是那些信息污染制传者。信息污染制传者可以是个体 —— 即某个具体制作或传播信息污染的人，也可以是群体 —— 即制作信息污染的企业；可以是离散的 —— 即断断续续地传播信息污染的个体或群体，也可以是连续的 —— 即连续不断地传播信息污染的人或企业。

信息污染制传者大体可以分为三部分。其一是怀有恶意的信息污染制传者，他们以搜集、整理、加工和传发（在此使用"传发"意在强调其发布是首发）信息污染为己任、当乐趣。其社会身份却不见得跻身于传播业界，不见得是职业的信息制传者，也不见得借助于注册的正式媒介。其二是持有错误义利观的个人和传媒，他们唯利是图，在社会效益和经济效益何者放在第一位的问题上迷失方向，参与扩散信息污染和擦边球形式的信息污染。其三是持有错误义利观的理论研究者，他们"正道不走走歪道"，不是以源于实践、去粗取精、去伪存真的资料为依据，进行由此及彼、由表及里的研究，获得具有科学性的研究成果，而是为利所驱，反其道而行之，以违背客观实际的、臆造的、丧失指导性的所谓研究成果欺世盗名，为信息污染张目，败坏理论研究的声誉。

二、信息受传者

立足于人类信息传馈，本书提出"信息受传者"的概念。本书中的"信息受传者"有别于经典传播学中的受传者——在经典传播学中，受传者是指接"受"传播者所"传"信息的人。本书提出的信息受传者是既"受"且"传"。其一是"受"，接受信息，这一点与经典传播学的受传者似无区别。其二是"传"，对于某一信息，他们或不作任何反应，成为信息的终点站；或保持信息原貌，继续向其他人传播，向单人传播可称之为传递，向多人传播可称之为传扩。当然，如果他们在继续传播该信息时加入其他成分（作出肯否表态和得失分析等），无论是作为反馈，还是借题发挥，则已转变为信息制传者。由此可见，信息受传者之"受传"，是两个动词构成的并列词组，表示两个动作——先"受"后"传"，前承后续。大而化之，从人类信息传馈的历史和现实看，"信息受传者"的概念是生生不息的人类信息传馈实践的反映，一个人既是信息受传者，同时又是信息制传者。

信息受传者是信息污染制传者的目标。面对信息污染，信息受传者一分为二，或不受影响，或接受影响。接受影响者的结局有二：或执迷不悟，越陷越深；或幡然悔悟，转为抵御信息污染。由此可见，信息污染受传者是抵御信息污染与信息污染制传者争夺的人群，是抵御信息污染者所要挽救的对象。

三、信息

在人类信息传馈中，信息位于传馈活动的参与者——信息制传者与信息受传者之间，信息在人与人之间流动，是人与人传馈的中介。人类社会的绝大部分信息作为认知、意识、观念的载体，表达人的态度、立场和意愿。信息必须辅以一定的符号形式得以表现，迄今为止，一个信息可以制作成多种多样的符号，符号之间可以相互结合，信息的外在符号还会不断出新。

　　信息污染源于传播的负功能，是传播负功能的体现，某一信息是否属于信息污染是判定传播负功能的基础。从抵御信息污染的实际出发，客观存在的广大受众的反应，是判定信息污染的唯一可靠依据，这应该成为人们的基本共识。某一信息是否属于信息污染，不能由制传者的自我标榜来表明，更不能以该信息的发行量、收视率、点击率、票房收入等量化指标高低来表明；即使是通过社会专门调查评估机构来获得，也必须以广大受众的反应为基本依据，这是"实践是检验真理的唯一标准"的具体要求。信息污染作为一种特殊性质的信息，通过内容和形式发挥负面作用。研究者在分析和阐述同一信息污染时，有的侧重于信息内容，有的侧重于符号形式，有的二者兼顾。本书侧重于分析信息污染的内容的危害性，也对其形式进行批判。

　　综上所述，信息制传者、信息受传者和信息是与人类信息传馈直接相关的三大要素，也是抵御信息污染的 3 个基本要素；三者相比较，信息制传者的地位和作用更加突出。

第二章
———

抵御信息污染研究的科技背景

　　人类信息传馈活动一直伴随人类而存在，有始无终、漫无边际、不可胜数的人类信息传馈活动构成了一部人类信息传馈史。人类信息传馈活动的基本特征是互动性——互动性为人的社会性所决定，从来就是人类社会生活不可分割的一部分，是人类社会化不可或缺的基本途径。在人类信息传馈从无到有、由低向高、逐步发展的历史中，人类有意识地、由浅入深地从实践中认知、学习和积累相关科学知识和技术知识。在影响人类信息传馈的诸多因素中，人类的科学技术水平是主要因素。无论人类对于科学技术的认识是蒙昧混沌暗合还是逐步探索认知，科学技术对于人类信息传馈的影响是通过人类信息传馈的科技成果实现的。信息传馈科技最为直接、主要的影响在于不断提高人的信息处理能力和信息传输能力——信息处理能力决定信息转化为何种符号，信息传输能力决定信息传输使用何种媒介。据此，人类信息传馈历史每一发展阶段的命名，起码应该包括信息处理的符号特征和信息传输的媒介特征这两个基本点，缺一不可。

　　科学技术发展以 19 世纪末为界。在 19 世纪末之前，科技发展极其缓慢；19 世纪末以来，科技革命兴起且发展迅猛。在科学技术发展的影响下，人类信息传馈的相关符号和媒介在不同时代应运而生，各具特色，各尽其用且更新换代，不断推陈出新。

第一节　科技缓慢发展期的人类信息传馈

在远古人类出现后，人类信息传馈走过了漫长的历程，在 19 世纪之前，伴随着科技的缓慢发展，历经体语呼应达意时代、语言交流转达时代、文字刻写传抄时代、图文印刷扩散时代。

一、体语呼应达意时代

原始人类个体的生存能力极低，唯有呼朋引伴、共同行动，才或可从大自然获取基本的生存所需。呼朋引伴，就是最早的人际交往；有呼有应，就是最早的人类信息传馈。

人类早期信息处理有两种基本方式。其一是直接利用自身因素 —— 即来源于身体结构的声音、手势和姿势等，统称为"体语"，属于非语言符号。自然界赋予人类以身体结构，原始人类发挥主观能动性，顺其自然，用其所赐，以最简单的体语开始了人类早期信息传馈。其二是间接利用外界因素，亦即开始运用一些非身体结构的外界因素作为讯号进行信息传馈，例如施放火烟传讯、拍打物体传讯等。在没有引起同伴反应时，原始人类必然加强信息传输，或再次发出同一声音（尚不是叠音），或再次作出同一手势、同一姿势（尚不是持续动作），或加大音量发出同样的声音，或增加手势、姿势的动作幅度，或想方设法增加火的亮度和烟量，或使劲拍打枯空树干使信息的音量增大以传得更远更广等。对于自身因素和外界相关因素的利用，表明原始人类对于相关传馈中介物有了一定的认识和把握，丰富了信息传馈的符号。

信息传输的双方，利用自身因素和外来因素时，都必然赋予一定的含义；尽管此时的"约定"对象，仅仅是某一符号的含义（尚不是词的义界），但经过社会交往已实现"俗成"，已经暗合了人类信息传馈约定俗成的基本规律。此外，在信息传输过程中，原始人类逐渐注意到相关因素的配合，不仅体语之间彼此配合（例如以特殊的手势、双手组成喇叭状配合发出声音），而且外界因素之间相互配合，更会注意体语与外界因素之间的配合使用（例如从拍打枯空树干习得击掌发音等）。简言之，或两两配合，或多管齐下，或在重大灾难临头时动用所有手段进行信息传馈等。

体语呼应达意时代翻开了人类信息传馈历史的第一页。体语作为最早的信息符号，因与人类的身体结构紧密联系而如影随形、永久相伴，原始人类发挥主观能动性，从利用自身因素到利用外界因素，从被动暗合到主动探索人类信息传馈规律，以最简单的方式奠定了人类信息传馈的早期模式。从某种程度上讲，体语呼应达意时代闪现着科技知识的影子，仅仅是影子。

二、语言交流转达时代

语言产生的根本原因在于原始人类以生产劳动为主的实践活动的需要，语言产生的重要原因之一是人类精神生活进一步发展的需要，语言的最初形成是由于和他人交往的迫切需要才产生的。社会的发展既要求在信息处理方面表达越来越多的不同含义，又要求群体或部落内部在信息传输方面，对信息的不同含义的表示方式应趋同或一致。原始人类发挥主观能动性，在已有体语的基础上，创造出新的信息传馈的符号——人类的语言产生了。

在语言交流转达时代，约定俗成是语言传输的基本前提，贯穿于从声音含义到语言含义的转变亦即语言产生的全过程。经过实践，原始人类逐步从单字表意演变为词语表意为主导。"约"是界说词义，词的义界是通过概括而规定的，这就是"约定"；同时，这种约定必须经过社会实践予以公认，这就是"俗成"。语言传馈的基本形式是面对面交流和口耳相传，是体语声音形式的延续。语言产生后，在一定区域和距离内，使用同一种语言的人们可以进行面对面的交流，有助于全面的表情达意；但这种交流只能在一定范围内进行，超过一定的距离，双方则无能为力。为此，出现了一种弥补方式即口耳相传的他人转达——向"面对面"双方之外的第三方以口耳相传的形式转达语言信息。

语言交流转达时代在信息处理和信息传输等方面与体语呼应达意时代截然不同，独具特色而自成时代。语言是有意义的形式，是信息的载体，人们对于信息的内容，无论是全部接受（完全肯定）、部分接受（部分肯定），或有所保留（部分否定）甚至根本拒绝（完全否定），都借助于语言作出具体表达。人类借助于语言，可以表达自己的意愿、转告给其他成员、理解和接受外来信息，扩大了人类传馈内容的深度和广度，使意义表达得更为详尽。同时，语言又是思想的手段，它把思想记录下来和固定下来，使得思想能发展成为越来越复杂的观念。借助于语言，人们的思想开始超越实际经验的范围。然而，由于人类生理条件的制约，单纯依靠语言进行信息传馈受到时间空间的限制，只在此时此地有效或基本有效；超过有效的时间空间范围，无法确保同一信息在近期近距的异时异地、远隔时空的彼时彼地得以保全保真——主要表现为面对面交流中理解偏差的存在，异时异地口耳相传的他人转达会差强人意、有所出入，或出入较大失全失真，甚至有可能与本来意义相去甚远乃至面目全非。

为此，人们寄希望于探索新的传馈方式，以使口耳相传的信息不仅在近期近距的异时异地，而且在久远未来的时间空间亦即彼时彼地保持原貌地完整重现。

三、文字刻写传抄时代

精神文明的发展使人类对自身思维的认识萌芽，需要解决此时此地信息如何贮藏并保真保全的问题，以利于在异时异地的转达和彼时彼地的重现；物质文明的发展有了剩余产品，有可能使一部分人脱离生产劳动，对长期信息传馈的历史积累进行整理，以期发现某种方法解决上述需求。图画和符号给文字的产生开辟了道路，系统性的口头语言是一条既有的河流，象征性的图形符号是一条新开掘的河流，两条河流最终汇合在一起；在交汇点上，人类留下了智慧结晶的发明——文字。

从信息处理看，中国的汉字，以象形文字为基础，把音形义结合起来，独立创造，符合科学，独立发展，经历几千年演变沿用至今。西方文字——字母的造型、简单词汇的组成、词语的组合、句式的构成以及文字的书写等凝聚着原始人类在实践基础上的思维精华。从信息传输看，原始人类在发明文字的同时，解决的问题就是通过何种手段使文字留下痕迹，文字、工具和材料三者相互关联。

文字的产生是人类信息传馈史上的革命性事件。文字是标识语言的符号，具有相对独立性，拥有体语、口头言语无法相比的优越性。以文字来记录语言，使口头言语得以保存、转达和重现，跨越了语言交流必须此时此地进行的局限性，使信息传播和信息反馈发生了质的变化，使得同时代的他人能够在异时异地获得信息转达，使得后来人能够在彼时彼地从重现中获得相关信息。文字正是以能够跨越时空限制这一独特作用，在人类信息传馈历史中确立了不可替代的地位，被称为人类信息传馈的第二次革命。文字具有直观性，白纸黑字，直接明快；文字及其书写的具体形式随着时代而发展变化。文字与各种符号媒介相辅相成，共同书写着人类文明史，把人类需要永久保存的海量信息以文字形式记录下来，成为海量信息历数千年而不毁的重要载体。

四、图文印刷扩散时代

图文印刷扩散时代以中国印刷术（雕版印刷和活字印刷）为发端。图文印刷符号媒介兼顾图文，突破了单一的文字，并借助业已发明的纸张，进行图文并茂的印刷，广为扩散，显现了巨大优势。图文印刷扩散时代树立起新的里程碑，人类信息传馈实现了又一次突破，提供了新闻媒介地位逐渐上升的条件（新闻媒体后来被称为与立法权、行政权、司法权并立的第四权力），翻开了大众传播的新篇章。虽然白纸黑字的信息处理形式显得单一，不宜便携的纸质印刷品不能随时随地阅读欣赏，但是与后来的电子媒介相比，图文印刷符号媒介具有较强的公信力和权威性，以及长久以来形成的阅读习惯，在网络时代仍有相当比例的人们垂青报刊图书，以白纸黑字的报刊图书作为可靠的信息来源。

综上所述，从远古人类产生到 19 世纪末的漫长岁月里，人类的信息传馈从来没有停止，人类信息传馈的能力不断提高，信息处理的符号与信息传输的媒介共同构成一种独特的信息传馈方式，体语呼应达意时代、语言交流转达时代、文字刻写传抄时代、图文印刷扩散时代先后出现，各自独立，自成一统，各自代表人类信息传馈的一个时代；同时前承后续，递进上升。后者重在克服前者的某一局限性，而不取代前者，前者依然独立存在，并存发展。在这 4 个时代都能够或隐或显地看到科技的影子，看到人类对于相关科技知识的认知和利用，人类信息传馈的科技含量越来越高。

第二节　科学技术革命与人类信息传馈

科学和技术在经历长时期相对平稳发展的量变之后，孕育着质变——科学技术革命。科学革命和技术革命在 18 世纪揭开序幕，在 19 世纪末勃兴发展，至 20 世纪前期显出风起云涌之势，特别是第二次世界大战前后的科学技术革命继之而起、以科技一体化为特征的新科学技术革命更是势不可挡，在作用于社会经济、政治、文化的同时，也直接引导和带动了人类信息传馈科技大步向前，特别是电子和信息技术的普及和应用给人类信息传馈的发展开创了新的天地，实现了图文印刷扩散时代—模拟符号电传时代—数字符号网络时代的跨越。

一、模拟符号电传时代

19 世纪下半叶到 20 世纪初，以电磁波为载体的电子媒介异军突起，以电磁信号来模拟声音、图像等媒体信息，进行处理、存储和传送，模拟符号电传时代渐露端倪。传馈符号涉及光、电、磁、模而多姿多彩，在光、电、磁、模多种技术中，基于电子理论的模拟技术占据着技术的制高点，居于主导地位，故本书以模拟符号涵盖光、电、磁符号，作为人类信息传馈这一历史阶段信息处理的划时代标志。同理，以基于电波技术的电传作为同一时代信息传输的划时代标志将其合称为模拟符号电传时代。

模拟符号电传时代使人类信息传馈实现了再次跨越，传馈载体发生了根本性的变化。电报、电话等信息处理传输工具发生了革命，电信成为现代社会的纽带；无线电广播、电影、电视三大电子媒介相继问世，进入大众传播领域，使报纸杂志普及所揭开序幕的大众传播继往开来，极大拓展了面向大众进行传播的深度和广度。广播、电影、电视各有所长，所共同形成的电子文化以相当的深度和广度影响了社会生活。尤其是电视，作为一代传媒霸主和世界政治经济文化交流的头号中介体，被称为"最有影响的大众媒介"，充当着影响和改变社会的角色。

新载体或新工具为人类社会带来了新的传馈方式，但作为工具亦有其局限性。深入到社会细胞——家庭的电子文化触角中，电视是当时大众所能拥有的最现代化的电子媒介物理载体。凡事皆有度，物极必反，电视文化的影响一旦超过了一定的深度和广度，就走向了反面，不仅引起观众的过度依赖，而且压抑了大众传播的其他形式（图书报刊和广播、电影等），更不必说压抑小众传播了。

二、数字符号网络时代

人类信息传馈在 20 世纪 70 年代中期迎来了数字符号网络时代。以数字符号为统一形式，由电脑进行信息处理，由网络进行信息传输，推动人类信息传馈实现了又一次跨越。

从信息处理看，以数字符号为统一形式，数字技术是一项与电子计算机相伴相生的科学技术，借助一定的设备，能够将各种信息（包括图、文、声、像等）转化为电子计算机能识别的二进制数字"0"和"1"后，进行运算、加工、存储、传送、传播、还原。从信息传输看，主要通过网络通信、数字通信、光缆通信和卫星通信进行，居于主导地位的是计算机网络。

数字符号网络时代推动了旧有媒体的数字化改造，无论是与语言、声音和音乐相关的设备，还是与文字、出版、印刷及阅读相关的设备，或是静态影像拍摄和动态影像摄录的设备，以及公共媒体设备乃至人类信息传馈相关设施（电信网、微波通信等）先后实现了数字化。

数字符号网络时代带来人类信息传馈的巨大发展和变化，数字符号几乎无所不能，改造一切，网络似乎无所不至，遍布空间，数字符号网络时代给人以登峰造极的感觉。

三、数字符号网络时代的新阶段 —— 智能手机移动传馈

在数字符号网络时代脱颖而出仅仅 20 年左右，人们已然感受到科技发展，特别是信息传馈科技发展的速度仿佛越来越快。科技人员以智能化、微型便携、网络移动即时传输、巨量存储、普遍适用于办公和家居等为着眼点，在信息处理和信息传输等具体形式上突破，创造出以智能手机为代表的移动终端传馈这一全新形式，从依赖电脑进行信息处理和依赖网络进行信息传输，转变为以智能手机移动传馈进行移动即时通信，标志着数字符号网络时代进入了新阶段。

从信息处理和信息传输看，智能手机是一个集便携式个人电脑"信息设备"、无线电"通信网络"和可利用"信息环境"三者于一体的智能化装置。智能手机最显著的特点是具有计算机和通信机双重功能 —— 具有个人电脑所有的功能、输入方式简便有效省心、配备有先进的闪速存储器、具有标准化的通信接口（红外线、激光、射频无线通信）、具有连接各种通信设备的功能。简言之，智能手机拥有智能化、微型化的特点，移动互联网拥有信息传输无线、高速、即时的特点，加上信息存储空间巨型化的特点，为越来越多的人所青睐。应该指出：移动互联网是将移动通信

和互联网结合起来，移动通信终端与互联网成为一体，用户使用手机等无线终端设备，通过速率较高的移动互联网，在移动状态下随时、随地访问互联网以获取信息、使用服务。

智能手机移动传馈新阶段的意义在我国主要表现为两方面。一方面，智能手机移动传馈推动我国的传媒实体结构发生重大变化。智能手机使公众传媒从博客、微博到微信、公众号、微视等逐步发展，自成一体，形态众多。有别于国有传媒实体和私企传媒实体的公众传媒的出现，使传媒生态发生了前所未有的整体性转变，形成国有传媒实体、私企传媒实体和公众传媒实体多种体制并存。另一方面，智能手机移动传馈打开了公众信息传馈的新局面，导致信息制传者更加多样化。公众传媒是公众为表达个人信息（个人的认知、情感等）而使用的多种媒体，以使用智能手机移动传馈的自媒体为主要形式，以及公众个人能够使用的通信、电话、电报等传统的常规通讯手段，也包括为实现个人信息传馈而借助大众传播工具。无论如何，公众反馈意识的逐渐增强，深化了反馈的迫切性；工具的便捷使用，加强了反馈的即时性；反馈也由过去的窄反馈发展到现在的宽反馈，拓宽了反馈的扩展性；在反馈之外，还有公众对某一信息的进一步扩散等。简言之，传馈的无限扩大趋势赫然在目，实现了从"大众接受传播"到"大众参与传播"这一重大转变。当然，智能手机移动传馈也存在局限性。

综上所述，可见人类信息传馈符号媒介的进步是通过科技进步而实现的——或同一符号媒介的不同形式之间相互借鉴，取长补短，后来居上；或对同一符号媒介已有诸形式进行完善，综合功能，升级换代；或弃旧图新，另辟蹊径，实现某一符号媒介形式上的推陈出新。在人类信息传馈简要历史的 6 个时代中，体语呼应达意时代和语言交流转达时代的符号媒介主要存在于人类自身；此后的文字刻写传抄时代、图文印刷扩散时代、模拟符号电传时代、数字符号网络时代及其智能手机移动传馈新阶段的符号媒介主要存在于人体之外。因此以自然、社会发展的未知性，随着人类思维和实践无限性，我们有理由断言，符号媒介的进步必定不会止步于此。

第三节　科技双刃剑性质与人类信息传馈

　　科技极大地提高了人类控制自然和自身的能力，却也为人类社会造成了越来越多的问题。网络信息污染问题就是人类面临若干问题的其中一个。互联网可以迅速、广泛地传播大量有用的信息，但也存在大量信息垃圾和虚假信息。如何区别网上哪些信息是真实的，哪些信息是被歪曲的，仅靠科学技术是很难鉴别的。这就涉及科学技术的双刃剑性质。

一、科技的双刃剑性质及其双重作用

　　前面回顾了人类信息传馈从远古到当代的发展进程，这一进程就是人类对于自然科学知识的认知、对于自然科学规律的把握并以其指导实践的过程。无论是科技的缓慢发展还是科技革命，都促进着整个人类各个方面的发展。科学技术是推动社会发展的革命力量，现代科学技术开创了人类文明的新纪元。

　　科学技术如同一柄双刃剑，对于人类，有其巨大的、积极的、有利的一面，同时有着不容忽视的、消极的、不利的一面。理解和把握科技双刃剑性质的关键在于把握"同时"——科技的正面作用与负面作用，二者之间相比较而存在，互作用而发展，彼此互为存在前提，相互交织，难解难分；二者的关系涉及相互地位的主从变化、态势的高低强弱、运动变化发展的快慢、各自作用的显性和隐性、各自作用功效的及时显现和长远显现、转化条件具备与否和转化结果等一系列关系。

　　科技的双刃剑性质决定了科技成果必然具有双重作用，我们应该从整体上认识和把握科技的双重作用。科技的双刃剑性质及其双重作用是伴随着科技的应用同时展开的。马克思主义认为，"科学技术"和"科学技术的应用"是两个不同的概念。人类认识世界是为了改造世界，科学技术是人们认识自然的成果和改造自然的手段，它本身是中性的，无所谓善恶。科技在人类改造世界的过程中出现、兴起和不断发展，科技的作用只有在

应用于人类改造自然和社会生活过程中才能显示出来。诚如爱因斯坦所说："科学是一种强有力的工具，怎样用它，究竟是给人带来幸福还是灾难，全取决于人自己，而不在于工具。"因此在科技应用的过程中，科技的双重作用随即展开，交织在一起，"嘈嘈切切错杂弹"；把握稍有偏颇，其负面作用就会随之而来。

每一个科技成果是具体的、特定的，不能泛泛而谈有所谓双重作用，必须依据时间地点条件等具体情况进行具体分析。科技评价要与社会进步相联系，不应简单地囿于所谓的意识形态和社会制度划分，要以有利于人类社会的根本利益和有利于人类社会的长远发展为标准。科技成果的负面作用并不等同于该科技成果的局限性。任何一个科技成果总是为人类解决一些问题，同时又有其鞭长莫及、无能为力之处，不能够解决人类所有的问题，有待于进一步发展、完善该科技成果，或发明和创造新的科技成果。同时应该看到，科技成果的部分负面作用可能与其局限性有关，需做具体分析。科技成果负面作用大部分在于人的掌控失度，科技的发现者和运用者都是人，特别是在社会层面运用推广某一科技成果时，更是离不开人所在的社会条件、政府政策和个人善恶。在这里，不排除人或政府政策对于某一成果的滥用，使得科技成果本身的作用产生偏移，甚至与其本意背道而驰。

因此，我们在认识迄今为止的人类信息传馈科技成果时，应该注意到其所具有的双刃剑性质及双重作用。人类信息传馈基于人的社会性所需的基本活动 —— 信息交流，科技的双刃剑性质及其双重作用更加显而易见，甚至可以说信息传馈越来越现代化，双重作用越来越明显，负面作用的影响越来越大。放眼望去，电视、电脑、智能手机、互联网、互联网＋、数字化、公众传媒及自媒体、网络游戏、微信、直播等，无不具有双重作用。对于人类信息传馈规律的认知及其物化手段的把握，关键在于人，在于拥有一定社会影响力、一定社会意识形态控制的信息制传者和信息受传者之间的相互作用。科技发展永不停步，科技成果层出不穷。现代科技绝不会发展到一定时间段就停止下来，让人们从容进行诸多问题的整理分析和综述，其中包括整体把握科技对人类信息传馈作用这一根本性问题。人们很难剥茧抽丝般地把人类信息传馈从不断发展的社会生产和社会生活中剥离出来，很难绝对独立地剖析科技对人类信息传馈作用，更不能希图静止地认识这一问题。当代人顺应科技的永恒发展，阶段性地总结和综述科技对人类信息传馈的双重作用，正当其时。

二、科技的双刃剑性质与我国信息传馈现状

从现代信息传馈科技看，我国总体上与世界发达国家处于同步发展水平。以光纤通信、数字微波通信、卫星通信、移动通信以及图像通信为主要信息传输技术的信息转输，在诸多相关软件、设备和平台的辅助下，能够轻而易举地完成体语的呼应达意、语言的交流转达、文字的刻写传抄、图文的印刷扩散、模拟符号的电传和数字符号的网络传馈。当然，在数字符号和网络传输为主的情况下，还有相对独立的纸质媒介的图书报刊出版与之并存，成为我国信息传馈两大主要渠道；图文视频形式的新闻资讯和文学艺术作品成为两大主要信息板块。

正如所有的科学技术一样，现代信息传馈科技本身也是中性的、无所谓善恶，只是在现代信息传馈科技的应用过程中、在服务于人的利益时，因人所在的社会条件、政府政策和个人善恶而异，表现出正面价值或负面价值；换言之，在其应用中可以为"善"服务，也可能为"恶"服务。据此，信息产生的源头——信息制传者的地位凸显，信息制传者决定着信息的内容和形式，决定着信息为"善"服务或为"恶"服务。

当前，遵纪守法的信息制传者通过制作、复制、发布的信息，宣传习近平新时代中国特色社会主义思想，全面准确生动地解读中国特色社会主义道路、理论、制度、文化；宣传党的理论、路线、方针、政策和中央重大决策部署；展示经济和社会发展的亮点，反映人民群众的伟大奋斗和火热生活；弘扬社会主义核心价值观，宣传优秀的道德文化和时代精神，充分展现中华民族昂扬向上的精神风貌；有效回应社会关切，解疑释惑，析

事明理，引导群众形成共识；努力提高中华文化的国际影响力，向世界展现真实、立体、全面的中国；讲品位、讲格调、讲责任，讴歌真善美，促进团结稳定等。遵纪守法的信息制传者所传播的信息，有扬有抑、爱憎分明，有助于信息受传者个人树立正确的世界观、人生观和价值观，有利于社会的现实稳定和未来发展；同时敦风化俗，涵养道德，有助于社会早已形成的社会正义和公序良俗的进一步巩固和发展，这是我国信息传馈领域的主流。

相反，那些信息污染制传者散布各种违法信息——通过这些信息，他们否定中国共产党的领导和中国的社会主义制度，危害中华人民共和国；他们散布历史虚无主义，丑化中华民族和人所敬仰的英雄模范人物，践踏中华民族的历史；他们传播淫秽腐朽的信息，毒害民众心灵；他们以暴力、残酷、恐怖类信息腐蚀人们的心理；他们宣扬各种改头换面的迷信，企图控制人们的精神世界。与此同时，那些信息污染制传者还散布各种不良信息——通过这些信息，他们亵渎中华优秀文化、损毁文化自信的台基；他们鼓噪粗鄙低俗之风，败坏社会风气；他们或倡导凡事戏谑、玩世不恭，或鼓动颓废没落、意志消沉；他们抽掉新闻和信息的真实性灵魂，以种种不实信息充斥人们的耳目；他们将大量无用信息塞入传播渠道，抵消人们对于有用信息的关注程度。为了推进上述违法信息和不良信息的传播，他们还处心积虑地变换信息污染的形式，以各种直接的或间接的时髦形式以售其奸，掩盖信息污染的寄寓方式和发展趋向。信息污染制传者所传播的信息侵扰信息受传者的世界观、人生观和价值观，制造社会混乱，败坏社会风气。

综上所述，对于日新月异的现代信息传馈科技，重要的问题在于，人能否正确认识、利用这些科技条件，发挥其正功能和正面作用，规避其负功能和负面作用，驾驭信息传馈的相关环节，发展人类信息传馈。

第三章
———

抵御信息污染研究的社会镜鉴

第一节　中国古代崇尚儒家文化

中国古代封建社会大多崇奉儒家经典，崇尚儒家文化，用以治国理政，管理社会，培育人才。在浩如烟海的儒家文化中，古人关于"非礼勿视，非礼勿听，非礼勿言，非礼勿动"的表述是十分经典的一句话，体现了儒家的思想境界。

一、古语"非礼勿视"溯源

古往今来，在人类信息传馈中始终存在着信息污染，存在着人们抵御信息污染的言行实践。在奴隶社会向封建社会过渡时期孔子提出的"非礼勿视"的论述，更是有着较为直接的意义，可为今用。

孔子的相关论述见于《论语·颜渊》，原文为 —— 颜渊问仁。子曰："克己复礼为仁。一日克己复礼，天下归仁焉。为仁由己，而由人乎哉？"颜渊曰："请问其目。"子曰："非礼勿视，非礼勿听，非礼勿言，非礼勿动。"颜渊曰："回虽不敏，请事斯语矣。"译成现代汉语即是：颜渊请教孔子怎样做才是仁。孔子说："克制自己的私欲，一切都照着礼的要求去做，这就是仁。一旦这样做了，天下的一切就都归于仁了。实行仁德，完全在于自己，难道还在于别人吗？"颜渊说："请问实行仁的做法。"孔子说："不合于礼的不要看，不合于礼的不要听，不合于礼的不要说，不合于礼的不要做。"颜渊说："我虽然愚笨，也要照您的这些话去做。"

上述对话的核心是一个"礼"字，指的是礼经，即儒家经典《士礼》，又称《仪礼》。孔子在上述对话中所说的"礼"，起码有 3 个层面的意思。

层面之一是祭祀典章制度。《说文》指出："礼，履也，所以事神致福也。"本义是举行仪礼，祭神求福；击鼓献玉，敬奉神灵。孔子曾感叹说："礼云礼云，玉帛云乎哉！乐云乐云，钟鼓云乎哉！"简言之，最初的礼就是周礼。

层面之二是社会行为法度。春秋时期战乱蜂起，礼崩乐坏，孔子从当时的社会状况出发，致力于探索一个合理社会。历经孔子、孟子及后代儒家不断充实，特别是经过西汉罢黜百家、独尊儒术，礼成为一套为等级社会服务的区别贵贱、尊卑、长幼、亲疏的行为法度，逐渐成为社会行为规范。它有助于形成传统习惯，巩固封建统治的社会秩序。

层面之三是个人修身守则。《论语·为政》指出：导之以德，齐之以礼。孔子曾教训其子孔鲤："不学礼，无以立。"即是要求养成和确立与社会秩序相适应、相一致的日常个人修身规范。礼在个人修身养性过程中的基本作用是礼以节人，节即节制，是个人品德"修以求其精美、养以求其充足"的关键环节。懂得节制才能摆脱天真幼稚，远离飞扬浮躁，杜绝恣意而行，才能有定力、抵御诱惑、顾及他人、有利社会。是否骄奢淫逸、如何对待物质生活享受往往是衡量一个人修养的标尺。左丘明《左传·隐公三年》指出："骄、奢、淫、佚，所自邪也。"强调骄傲、奢侈、淫荡、放纵是导致人走上邪路的 4 种原因。

"非礼勿视，非礼勿听，非礼勿言，非礼勿动"要求人们对于那些有违祭祀典章制度、社会行为法度和个人修身守则的言行，不要去看，不要去听，不要去附和，不要去效仿。在祭祀典章制度、社会行为法度和个人修身守则三个层面中，本书重在从社会行为法度和个人修身守则层面进行分析。

二、"非礼勿视"的古人实践

孔孟之道明确提出"修身、齐家、治国、平天下"，主张先修养品性，才能管理家庭，继而治理国家，终使天下太平。修身是打基础的，贯穿人的一生，影响人的时间最长。这一观点渗透在封建社会的家庭教育、学校教育和社会教育中，通过耳提面命、耳濡目染等具体的信息传馈途径灌输给一代又一代后来人。

那些高风亮节、遵循操守的文臣武将，舍生忘死、抵御外侮的民族英雄，忠厚传家、笃信仁义的平民百姓等，无不遵从"非礼勿视，非礼勿听，非礼勿言，非礼勿动"的信条，修身律己。他们无不警惕有违社会行为规范和个人修身守则的言行对于自己和子弟的引诱，远离骄奢淫逸、声色犬马、纸醉金迷的影响。他们或加强定力，自觉远离，主动规避；或洁身自好，不去看，不去听，不去附和，不去效仿；或见而守身如玉，听而明辨是非，言而以正祛邪，动而抵制驱除。

为了迎合封建统治者骄奢淫逸的生活追求和一些人们的阴暗心理和低级趣味，一些人或编写淫词艳曲，或排练露骨色情的歌舞，或以肮脏的笔触描写两性交媾，或配以赤裸裸的春宫图类画面，散布于庙堂之上和江湖之远，危害社会。许多人如蝇逐臭，沉溺骄奢淫逸之中不能自拔，或醉生梦死，及时行乐，贪恋富贵荣华；或苟且偷生，卖国求荣，丧失民族气节等。在诗词曲赋的格调方面，有"诗庄词媚曲俗"之说，虽然不免以偏概全（词人分为豪放派和婉约派，不排除有少数婉约派词人的风格和词作过于艳媚），却也指出了文学艺术的具体形式可以为各色人等运用、传馈不同格调的内容。诗词虽不避俗字俚语，但非俗俚、真粗鄙的货色却是作者的言为心声，在《红楼梦》中那位脑满肠肥、不学无术的薛蟠在宴席上的两首曲作，庸俗之至，淫秽不堪，成为社会上此等人物的艺术写照。

无论是社会运行，还是个人修身，都必须首先确立规矩，明确导向，进而把规矩细化为一系列具体的行为规范或守则，有助于明了和参照执行，逐步实现导向。抵御信息污染要树立社会行为规范，明确弘扬什么、遏止什么；也必然要求个人修身律己，明确遵从什么、杜绝什么。无论是成年人还是未成年人（特别是未成年人），应该奉行社会公德和个人品德守则，对于违反社会公德和个人品德守则的信息，主动规避，不去看，不去听，不去附和，不去效仿，不断增强抵御信息污染的自觉性。

我国古代有许多警句、名言和成语，成为古人修身律己、防微杜渐、抵御不良思想作风的信条。例如关于修身立志的——"玉不琢，不成器；人不学，不知道"，"天行健，君子以自强不息"，"达则兼济天下，穷则独善其身"，"忧国忘家，捐躯济难，忠臣之志也"，"见贤思齐焉，见不贤而内自省也"等。又如关于苦乐生死的——"富贵不能淫，贫贱不能移，威武不能屈"，"苟利国家生死以，岂因祸福避趋之"，以及淡泊明志，宁死不屈，大义凛然，舍生取义，杀身成仁等。再如关于防微杜渐的——"良药苦于口而利于病，忠言逆于耳而利于行"，"千丈之堤，以蝼蚁之穴溃；百尺之室，以突隙之烟焚"，"勿以恶小而为之，勿以善小而不为"，"人非圣贤，孰能无过？过而能改，善莫大焉"等。抛开具体人物的历史局限性，可以看到这些警句、名言和成语在古代杰出人物和民间人士成长过程中修身律己、防微杜渐、抵御不良思想作风的作用，并作为文化遗产泽及后人。

第二节 学习鲁迅痛击邪恶的精神

从 1840 年起，中国逐步沦为半殖民地半封建社会。在帝国主义、封建主义两座大山的压迫下，民不聊生，世风日下。许多大师能够洁身自好，术业专攻，功成名就。更有以鲁迅为代表的社会中坚，高扬民族大义，伸张社会正义，弘扬中华优秀传统美德，代表新民主主义文化的方向，对于民族败类和社会丑恶予以抨击。

鲁迅生活在中国旧民主主义革命失败和新民主主义革命发端及展开的年代，他成长的道路伴随着中国革命发展。"时代洪流翻巨浪，舒卷英雄如意"（胡乔木词《念奴娇·重读雷锋日记》），是伟大的时代产生了伟大的鲁迅，使他成为中国文化革命的巨人。

鲁迅反对生活上的奢侈淫靡。他指出："奢侈和淫靡只是一种社会崩溃腐化的现象，绝不是原因。一切国家、一切宗教都有许多稀奇古怪的规条，把女人看成一种不吉利的动物，威吓她，使她奴隶般地服从；同时又要她做高等阶级的玩具"，"所以问题还在买淫的社会根源。这根源存在一天，也就是主动的买者存在一天，那所谓女人的淫靡和奢侈就一天不会消灭。"（《关于女人》）这对于我们今天抵御那些侵扰人生观的信息污染具有指导意义。

鲁迅反对以色情小说毒化社会和毒害青年。他在《伪自由书》中揭露那些色情小说家以国外的堕落文艺为蓝本，带着旧上海上层社会特有的腐烂气息，挂着"文学家"的招牌，做着"只要是'人'就绝不肯做的事"，写作"极低劣的三角恋爱小说"，大写特写"女的性欲，比男人还要熬不住，她来找男人"之类的下流文字，本质与淫书没有什么不同，迎合小市民的低级趣味和腐蚀青年以谋取金钱，"现在这副嘴脸，也还是一种'生意经'，用三角钻出来的活路"。那些色情小说家开办书店、出版《全集》、在大学任教等，"为青年所崇拜"，毒害了广大得以耳提面命的青年和"难以身列门墙的青年"。这对于我们今天抵御淫秽类信息污染具有指导意义。

鲁迅批判民族危亡条件下纵情声色、及时行乐的论调。在中日淞沪会战之后，"礼拜五派"所谓的"文学家"曾今可发表《新年词抄》4首，其中的《画堂春》一词公然写道："一年开始日初长，客来慰我凄凉。偶然消遣本无妨，打打麻将。且喝干杯酒，国家事，管他娘。樽前犹幸有红妆，但不能狂！"居然在民族遭受日寇侵略之际，向全社会和年轻人鼓吹"娱乐至上"的享乐意识，宣扬纵情声色犬马、颓废无为的享乐主义。对此，鲁迅拍案而起，予以抨击，虽遭人围攻而不退缩。这对于我们今天抵御那些侵扰人生观的信息污染具有指导意义。

鲁迅对于当时社会上那一阵到处都讲幽默、借幽默麻醉人民的幽默风极为反感。鲁迅在《论语一年》中愤慨质问：难道"还能希望那些炸弹满空、河水漫野之处的人们来说'幽默'么？恐怕连'骚音怨音'也不会有，'盛世元音'自然更其谈不到。"压迫者和被压迫者之间是不使用幽默的，此时还要捧出幽默来，无非就是"将屠尸的凶残，使大家化为一笑，收场大吉"罢了。当后来有人把许多罪名归咎于幽默、展开对幽默的批判时，鲁迅随即在《小品文的生机》中把批判的矛头转向这些骂幽默以自清的人——以为"一切罪恶，全归幽默……骂幽默竟好像是洗澡，只要来一下，自己就会干净似的了"。鲁迅清楚地认识到如果把罪恶都归于幽默，就会掩盖许多坏事的真正根源；一些反幽默的人，自己干的比提倡幽默更加下作，不能让他们借反幽默为名滑过去。这对于我们今天抵御亵渎文化类和戏谑类信息污染具有指导意义。

鲁迅反对一些人的低级无聊、插科打诨。他在《帮闲法发隐》中曾经这样评论："譬如罢，有一件事，是要紧的，大家原也觉得要紧，他就以丑角身份而出现了，将这件事变为滑稽，或者特别张扬了不关紧要之点，将人们的注意拉开去，这就是所谓'打诨'。"用这种打诨来混淆、冲淡严肃的正事，把人们的精力引向其他细小的甚至是滑稽无聊的事情上，分散人们的注意力。这对于我们今天抵御戏谑类信息污染具有指导意义。

鲁迅反对以懒与空为基本表现的无聊生活。他曾提及前人所谓北方人是"饱食终日无所用心"、南方人是"群居终日言不及义"，鲁迅在《南人与北人》中指出："就有闲阶级而言，我以为大体是的确的。"虽然前人以南北方作为分水岭有欠准确，但是以懒惰为享乐、借空谈以度日，确是有闲阶级的特点。鲁迅强调浪费时间就等于浪费生命，主张应该十分珍惜时间，严肃、踏实、紧张地工作，批评和鄙弃各种无聊和清谈、懒散和恶趣。这对于我们今天抵御颓废类信息污染具有指导意义。

鲁迅反对以迷信怪异和奇闻怪事迷惑读者，他在《随便翻翻》中主张对于书刊要做甄选，如果记的都是一些连常识都够不上的引人走入邪路或堕入无聊的东西，如"某将军每餐要吃三十八碗饭，某先生体重一百七十五斤半；或是奇闻怪事，某村雷劈蜈蚣精，某妇产生人面蛇"之类，这是剥削者的帮闲之作——它会使人吸毒上瘾，还不自觉；在轻声一笑或瞠目一怪之中，隐含着戕害人们精神的杀机。如果不辨是非，嗜好上这笑或怪，以为乐趣，"那就坠入陷阱，后来满脑子是某将军的饭量，某先生的体重，蜈蚣精和人面蛇了"。这对于我们今天抵御恐怖类、迷信类信息污染具有指导意义。

此外，鲁迅对于奴化思想和复古主义，对于披着华丽外衣以售其奸的居心叵测的文人等也作了无情批判。鲁迅对于名利思想、虚伪的面子主义、明哲保身的"唯无是非观"、教育孩子上的放纵和压迫等持有明确的反对态度。鲁迅从实际出发、透过现象把握本质、从发展变化看待一切事物的思想方法，值得我们学习。他在点明某一问题实质时一针见血，在分析时又是循着入细入微的思辨路径，循循善诱，娓娓道来，同样值得我们学习。

中国多方面问题的解决具有长期性和曲折性，抵御信息污染是长期的、艰巨的任务，需要我们在精神上做好充分的思想准备。鲁迅立场坚定，弘扬民族大义，伸张社会正义，旗帜鲜明地痛击邪恶，反潮流且顶得住，根本在于他铁骨铮铮，这是我们在抵御信息污染时必须学习的根本。鲁迅坚信历史是发展前进的，"历史不会倒退"（《"中国文坛的悲观"》），并脚踏实地，为新的社会和新的文艺付出了毕生精力。鲁迅的名言："苟有阻碍这前途者，无论是古是今，是人是鬼，是《三坟》《五典》，百宋千元，天球河图，金人玉佛，祖传丸散，秘制膏丹，全都踏倒他。"（《忽然想到》）鼓舞着我们将违法信息和不良信息"全都踏倒"。鲁迅多次重申对敌人战斗必须有坚韧的精神："对于旧社会和旧势力的斗争，必须坚决，持久，彻底，注意实力。"（《对于左翼作家联盟的意见》）鲁迅关于"叭儿狗会更换面孔"（《论"费厄泼赖"应该缓行》）、"战斗正未有穷期，老谱将不断袭用"（《伪自由书》）的教诲，应该成为我们进行抵御信息污染持久斗争的座右铭。

我们学习鲁迅，重在学习和把握鲁迅思想观点的精神实质。鲁迅是一面镜子，他的思想观点是一个参照系。

第三节　抵御信息污染构建和谐社会

一、坚持精神文明建设的正确导向

改革开放至20世纪90年代中期（时间跨度约20年），这一阶段的信息污染主要存在于传统公共媒体中。改革开放，国门大开，许多前所未闻的关于政治、经济、思想文化的西方观点蜂拥而入，令人眼花缭乱，使得缺乏辨别力的青年人对此笃信无疑，特别是大学生在思想上发生混乱。《中共中央关于社会主义精神文明建设指导方针的决议》阐明了社会主义精神文明建设的战略地位、根本任务和基本指导方针，是新的历史时期加强我国社会主义精神文明建设的纲领性文献。随着改革开放的不断深入，广播、电影和电视得以逐步普及，成为人们获得信息的主要渠道。党和政府强调"三观"在青少年成长过程中的重要地位，改变过去在大学阶段方才学习马克思主义哲学的常规，把世界观教育以《哲学常识》的形式下放到高中。与此同时，价值观得以引入，异军突起，从学术界到整个社会重视关于价值观内涵的解析、核心的认定等问题。

从20世纪90年代中期至2014年（时间跨度约20年），与人类传馈相关的先进科技成果——电脑和互联网先后引入我国，逐步成为信息传馈的主要工具，世界范围的信息海洋开始光临我国。这一阶段的信息污染主要存在于电脑互联网中。党和政府对于领导干部、共产党员的思想教育和青少年"三观"教育从理论上给予概括，江泽民"三个代表"重要思想，从马克思主义哲学的历史唯物主义原理出发，抽象出代表中国先进生产力的发展要求、代表中国先进文化的前进方向、代表中国最广大人民的根本利益三条历史观的基本点，作为新的历史条件下中国共产党性质的高度概括。2006年，胡锦涛根据社会实际，在人生观的诸多具体观念中，对于荣辱观问题高度重视，提出了"八荣八耻"为基本内容的社会主义荣辱观。胡锦涛提出要建设社会主义核心价值体系，巩固全党全国人民团结奋斗的共同思想基础，对加强社会主义思想道德建设产生积极影响。

从2014年至今，智能手机移动传馈新阶段到来且逐渐风行，在原有的QQ、博客、微博、贴吧的基础上，以微信、抖音为主要代表的公众传媒及自媒体应运而生，信息量极速增加，鱼龙混杂，本土化的、舶来品的信息污染蜂拥而至，影响成年人和未成年人，干扰社会稳定和发展。信息污染主要存在于智能手机移动传馈中。面对这一严峻形势，党和政府重点提出了社会主义核心价值观的三个层面，完善和深化了社会主义核心价值体系。习近平总书记2016年4月19日《在网络安全和信息化工作座谈会上的讲话》中严肃指出，"没有网络安全就没有国家安全"、"网络空间不是法外之地"；并于2014年10月31日《在全军政治工作会议上的讲话》中强调，"政治工作过不了网络关就过不了时代关"等。党的十九大在阐述坚定文化自信、推动社会主义文化繁荣兴盛问题时，习近平总书记强调要"牢牢掌握意识形态工作领导权"，要求"高度重视传播手段建设和创新，提高新闻舆论传播力、引导力、影响力、公信力。加强互联网内容建设，建立网络综合治理体系，营造清朗的网络空间。落实意识形态工作责任制，加强阵地建设和管理，注意区分政治原则问题、思想认识问题、学术观点问题，旗帜鲜明反对和抵制各种错误观点"，为抵御信息污染指明了方向。当前全党、全军和整个社会正在贯彻落实党的二十大精神，开展思想教育尤其是"三观"教育，抵御各种各样的信息污染，更好地引导社会舆论，有利于社会的进一步稳定和发展。

二、网络世界不是法外之地

1993 年我国提出建立社会主义市场经济模式，1995 年引入互联网。在此期间，我们一方面充分发挥互联网的优势及其正面的功能、作用，另一方面又力求将互联网负面的功能、作用控制在最低限度。信息污染及其影响的复杂性决定了相关对策完善的渐进性，出现了一些阶段性热点或标志性事件，以下试撷取若干节点略作回顾，以展现抵御信息污染的曲折历程。

（一）网络世界不是法外之地

在现代国家拥有至高无上地位的法律，在数字符号网络时代及其智能手机移动传馈新阶段面临着新的考验。在互联网引入我国初期、尚未普及之时，信息污染大部分表现为垃圾邮件、不请自来的广告之类，总体表现为无用类信息。随着互联网的逐渐普及，水平参差、需求各异的网民日增；网络功能增多，平台多种多样，一方面通过发布广告谋取利润，另一方面千方百计以满足要求来吸引和争夺网民。在一定时间内，某些网络平台把经济效益放在第一位，与网民中极端思想者和低级趣味者等不谋而合，加上境外势力的作用，致使违法信息、不良信息活跃在网络世界。20 世纪 90 年代后期至跨世纪，信息污染以网络为主要盘踞场所又一次泛滥，信息污染多样化得以充分表现，类别基本齐备，在网络上畅行无忌。由于有关法律法规建设没能及时跟进，一时间，网络似乎成了法外之地。互联网的普及向人们提出了一个严肃的问题 ——"网络世界是否应成为法外之地？"

信息污染在网络世界的猖獗促使人们开始思考，网络世界不是凭空出世、虚无缥缈的空中楼阁，而是有着现实的根基，网络世界本质是现实的反映。网民在网上的所作所为无一不是其在现实世界所言所行的延续、表现和放大，网民在网上表达的所思所想无一不是其在现实世界思想意识的反映。对于那种"网络上不必加以约束限制，应该网开一面，设立法外之地以调剂生活"的论调，绝大多数的人们予以否定，并取得了共识 —— 网络世界不应该是、也绝不能是法外之地，面对信息污染在网络世界的危害性，应该与时俱进，把法治精神同样贯彻到网络世界的管理中。

在"要不要依法管理网络世界"的问题获得肯定答案后，面临着具体的法律依据问题。专门针对互联网的法律暂付阙如，已有的法律法规相关条文可否适用、能否适用治理虚拟世界，就显得日益迫切。如果不适当地强调法律法规对现实世界的针对性，抹杀已有的法律法规相关条文对于抵御信息污染的适用性，抵御信息污染工作必然废弛，信息污染必然有恃无恐。人们欣喜地看到，一系列法律法规和管理办法规定相继出台，有《中华人民共和国民法典》《中华人民共和国网络安全法》《中华人民共和国计算机信息系统安全保护条例》《计算机信息网络国际联网安全保护管理办法》《互联网上网服务营业场所管理条例》《网络游戏管理暂行办法》等。这些法律法规和管理办法规范了网络行为，网民在网上的言谈作为无不受到相关法律法规和管理办法的约束；人们抵御信息污染获得了法律法规的保护，得以理直气壮地进行。

（二）击碎所谓"技术无罪"挡箭牌

互联网行业和企业处于抵御信息污染第一关的位置，地位重要，责任重大，显而易见。互联网行业每个企业对于社会给予的重要地位和赋予的重大责任都必须认识清楚，以实际行动给予回答。不能金钱至上、无所用心，更不能利欲熏心、以身试法。快播案的依法处理是网络行业及其企业警醒的转折点。

成立于 2007 年 12 月的深圳快播科技有限公司基于流媒体播放技术，通过向国际互联网发布免费的 QVOD 媒体服务器安装程序（简称 QSI）和快播播放器软件的方式，为网络用户提供网络视频服务。该公司以牟利为目的，在明知上述 QVOD 媒体服务器安装程序及快播播放器被网络用户用于发布、搜索、下载、播放淫秽视频的情况下，仍予以放任，导致大量淫秽视频在国际互联网上传播；通过在全国多地布建服务器、碎片化存储、远端维护管理、实现视频共享和绑定阅读等方式，在互联网上大量传播淫秽视频及侵权盗版作品，并通过收取会员费和广告费等牟利，非法获利数额巨大。

在法庭上自辩时，快播公司 CEO 先声夺人，自我标榜"做技术不可耻"，给自己披上了一层特制的"技术"外衣——言下之意我是搞技术的，所有可能的罪名都是强加于我的，因为技术是先进的、是中性的、是无罪的。对此辩词，网上喝彩者、起哄者大有人在，称之为"精彩"。这涉及科技的本质即双刃剑问题，居里夫人曾经说过："科学是不会有罪过的，有罪过的只是那些滥用科学成就的。"快播公司的所作所为正是后者。根据我国已有的法律，任何在网上传播淫秽色情信息的网站、提供淫秽色情信息服务者，都要为此承担法律责任。此案既不适用"技术中立"的责任豁免，也不属于"中立的帮助行为"，快播公司以牟利为目的、放任淫秽视频大量传播的行为构成传播淫秽物品牟利罪的单位犯罪，在 2016 年受到审判和依法惩处。

快播案令人们大开眼界，也使抵御信息污染大进一步，理直气壮。在利润利益驱动下，即使快播公司不违法，也会有其他的网络企业铤而走险。不是吗？近年来，常有网络平台受到管理部门的依法从严监管，违法违规行为受到依法惩戒。有些平台涉及内容"侮辱调侃英雄烈士"，被约谈后，要求整改，将广告审查纳入总编辑负责制等。有些平台任由未成年人主播发布低俗不良信息，其相关负责人被国家网信办依法约谈，被责令全面进行整改，暂停有关算法推荐功能，并将有关违规网络主播纳入跨平台禁播黑名单，禁止其再次注册直播账号等。在法律法规面前，违法违规企业或个人唯利是图，企图以"做技术不可耻"为挡箭牌，在责任、权力和利益相结合上，妄图行使权、追逐利而不负责，这只能是一厢情愿。

（三）抵御信息污染方式的探索

我国从引入互联网开始，在网络上抵御信息污染的任务就提上议事日程。信息污染出现在先、是主动的，抵御信息污染发生在后、是被动的；加之信息污染的隐匿性，被动防御似乎是不可避免的态势。人们曾经认为：对于信息污染，如果一时间做不到"拔大葱"连根拔掉，"割韭菜"是完全可以做到的。于是在一段不短的时间内，抵御信息污染曾经出现运动式、一阵风的情况——有人戏称如同逢年过节宣传计划生育（旧有国策）一样，年节之前必会刮起打击信息污染的一阵风，好像在纸船明烛、夹道欢送信息污染过境；一些狡猾的信息污染制传者一到年节就"深藏不露"、躲避风头。如此"兵来将挡、水来土掩"式的对症下药、你来我往，过于被动；虽然不无效果，但由于信息污染业已扩散，被动防御显得于事无补，没能触及信息污染的要害，没能遏止信息污染的扩散，加之对于相关企业和个人的处罚不伤筋骨，为人诟病。人力物力财力大量投入，却没能除却病根，始终处于被动防御态势，结论不言而喻。"信息污染得以表现、有所泛滥之后方才施以封堵"的弊端明显，不能适应抵御信息污染的迫切性。

鉴于信息污染经过信息传输的整个链条，以信息接受者的耳目为终点，抵御信息污染方式的可选项似有上中下三策。下策是信息污染已入信息受传者耳目，进行事后打击，追加亡羊补牢式的警示清除。中策是在中间环节中断传输，不使信息污染到达信息受传者。此举未能去根，信息污染仍在网络藏身，仍存在扩散可能。上策是从源头中断信息污染的传输，在其尚未进入传输渠道或刚刚进入传输渠道即采取措施中断其传输，最大限度地减少扩散。换言之，抵御信息污染及其扩散至少涉及三个问题：一是能够迅速找到信息污染源；二是扼住源头，在最靠近源头之处中断信息污染的扩散；三是斩草除根，将信息污染制传者绳之以法。现实提出了的问题很严肃——如果信息污染一时间不能根除，那么能不能把信息污染消灭在萌芽状态？

依法抵御信息污染绝不能跟着信息污染亦步亦趋，应该积极防御，深入实际，以现代科技手段主动出击，把准星标尺定在信息污染初露端倪之际，尽最大努力，把信息污染的影响降到最低限度。为此，人们呼吁"指挥部前移""技术防范软件安装前移""过滤手段前移"等。

所谓的"指挥部前移"是要求管理部门如同战争年代那样，靠近作战第一线，深入实际，找到源头，对策具有前瞻性，扭住牛鼻子，纲举目张。所谓的"技术防范软件安装前移"指的是技术防范软件不仅要安装在客户端的设备，而且应该安装在信息污染扩散的相关渠道，实现层层把关，减少信息污染与客户的见面。所谓的"过滤手段前移"是要求扼住信息污染的源头，把过滤软件安装在信息传输渠道的始端，在信息污染刚一露头就抓住、控制、过滤掉，阻止或减少其扩散，将其负面影响控制在最小的范围内。

在确定预防为主、疏堵结合、人防为本、技防居首之后，管理部门以更高的着眼点、更大的管控力度，高屋建瓴，进行具有前瞻性的法律法规建设和管理方式的改革。着力转变"运动式、一阵风"的工作方式，转变那种一次次的"吊民伐罪、师出有名"的集中整治，以把网络信息污染消灭在萌芽状态为目标，从被动防御的"事后打击"转向积极防御的"事前预防"，从以往"信息污染扩散后追着打"转为守候信息污染，"临战状态堵门等、一旦露头立即打"，实现从被动消极防御向主动积极防御的转变。

（四）里程碑式的法规 ——《网络信息内容生态治理规定》

国家互联网信息办公室在 2020 年 3 月 1 日正式发布施行《网络信息内容生态治理规定》，阐述了网络信息内容生产者、网络信息内容服务平台、网络信息内容服务使用者、网络行业组织、监督管理、法律责任等相关治理规定。

《规定》指出：网络信息内容生态治理，是指政府、企业、社会、网民等主体，以培育和践行社会主义核心价值观为根本，以网络信息内容为主要治理对象，以建立健全网络综合治理体系、营造清朗的网络空间、建设良好的网络生态为目标，开展弘扬正能量、处置违法和不良信息等相关活动。不仅对网络信息内容生产者明确了鼓励目标，而且对网络信息内容服务平台应该在相关位置展示鼓励目标作出规定。《规定》列举了违法信息和不良信息的基本内容，强调网络信息内容服务平台负有重大而关键的责任，对于网络信息内容服务平台的应作应为，作出面面俱到的相关规定，条文具体而详细，可操作性强。《规定》还对网络信息内容生产者、网络信息内容服务平台、网络信息内容服务使用者、网络行业组织在信息内容生态治理活动中的应作应为和监督管理以及法律责任等，作出了规定。

《规定》是在总结以往工作经验教训基础上产生的，坚持疏导和封堵并举，全面规定了相关各个方面（特别是网络信息内容服务平台）在网络信息内容生态治理活动中的责任，违规处罚的手段适当适度，有助于进一步推进网络信息内容生态治理活动的开展和深入。《规定》对于其他媒介的信息内容生态治理具有指导意义，借鉴这一法规，各种媒介的管理者和被管理者都有了操作着力点，可望循序渐进，积少成多，逐步展开。

《规定》反映了党的十九届四中全会《决定》中提出的"建立健全网络综合治理体系，加强和创新互联网内容建设，落实互联网企业信息管理主体责任，全面提高网络治理能力，营造清朗的网络空间"的精神，特别是集中体现了习近平总书记关于"国家网络安全工作要坚持网络安全为人民、网络安全靠人民，保障个人信息安全，维护公民在网络空间的合法权益"的重要思想，符合"以人民为中心"的发展理念，为我国建立网络综合治理体系奠定了坚实的法治基础。

中　篇

信息污染的内容和形式

第四章
————

违法信息和不良信息（一）

　　人类的社会活动需要在规范中求得自由。人类信息传馈不是绝对自由的，是有底线的。信息传馈底线的表现形式有层次性和多样性。在人际交往中言谈举止没有规矩，轻则被人们指指点点，耻笑其"缺家教"，重则影响甚至中断交往。单位、机构、团队关于信息传馈的若干限制，例如上网守则、保密规定等，员工如有违犯，轻则处分，重则开除。宗教信仰对于饮食起居、顶礼膜拜和内外交往也有严格要求和限制，不可越雷池一步。政党、政府机关和群众团体的纪律，如有违反，则有多层次的纪律处分规定。对于国家宪法、法律和法规，违法必究等。

　　信息污染通过各种表现形式影响着人们的人生态度、思维方式、价值观念、行为规范、心理特质、独群性格以及审美情趣等。抵御信息污染绝非纯理论的空中楼阁，而是有着实践基础，需要从理论与实践的结合上分析认识问题。以下分析的十几种违法信息和不良信息仅仅是主要代表，并没有涵盖所有的信息污染。

　　本章主要剖析违法和不良信息中的危害国家类信息，丑化英模类信息，淫秽类信息，暴力类、残酷类、恐怖类信息和迷信类信息。

第一节　危害国家类信息

一、危害国家类信息及其表现

危害国家类信息主要指反对宪法所确定的基本原则的；危害国家安全，泄露国家秘密，颠覆国家政权，破坏国家统一的；宣扬恐怖主义、极端主义或者煽动实施恐怖活动、极端主义活动的；煽动民族仇恨、民族歧视，破坏民族团结的信息。

中华人民共和国成立以来，国内外反动势力从来没有停止过颠覆活动，散布危害国家类信息就是他们的手段之一。危害国家类信息的制传者否定中国共产党执政的合法性，攻击党领导的人民革命战争。他们否定中国共产党的执政能力，对于党领导下取得的一切成就，一律采取"选择性失明"；对于党在执政过程中的失误，他们或在所谓"天灾人祸"问题上缩小"天灾"、放大"人祸"，或对业已拨乱反正的失误死缠烂打。他们鼓吹军队非党化、非政治化、国家化，推行所谓的思想"松土"工程，妄图改变人民军队的性质宗旨。他们诋毁我国的各项政治制度，说人民代表大会制度只是"橡皮图章"、代表们只会"举手"、民主党派和民主人士只会"鼓掌"；国家依法对敌对分子专政是"不人道""专制""侵犯人权"。他们鼓吹"藏独""疆独"等，大搞民族分裂活动，制造恐怖事件，危害国家安全，妄图破坏国家统一。香港和澳门回归祖国后，他们耿耿于怀，蛊惑人心，制造事端，妄图达到"港独"等目的，继而攻击中央政府和相关特别行政区政府维护祖国统一和社会稳定的政策措施，为因破坏"一国两制"而被依法惩治者鸣冤叫屈；他们乐见台湾至今尚未回归，为"台独"喝彩。

考察 20 世纪 90 年代以来反动势力制传危害国家类信息的轨迹，可以看到几点主要变化。

其一是转变策略。他们的传播对象从立足于影响第三代第四代人而以青年人为主，转变为面向全体公众为主。换言之，他们已经等不得什么三代四代了，故而转为面对包括青年人在内的全体公众。传播方式也从面对大学生和各类研究生授课的课堂、宣讲学术研究成果的报告厅，转为以电脑互联网、智能手机移动网络为基地的自媒体。具体载体从传统媒体、录像带、光盘转变为数字化文件等，通过网络传播，转瞬即达。

其二是变换身份。为了强化危害国家类信息的实效，他们从单一地打着"学术研究"的幌子，装扮成书生意气、指点江山假象的"青年导师"、"学生领袖"，转变为时髦的拥有公众号和众多粉丝的所谓公知。根据蛊惑人心的需要，他们不断变换角色，以信誓旦旦的当事人、煽风点火的局外人、挺身而出的代言人、悲天悯人的救世主等面目出现。

其三是立足底层。他们不放过任何一个机会散布危害国家类信息，不放弃所谓有纪念意义的时机，同时更加注重普遍性、经常性的传播。他们沉下身段，混迹社会，无孔不入，随时发难，抓住任何一个可能的风吹草动，牵强附会，借题发挥，煽风点火，散布对社会主义制度和中国共产党的不满，唯恐天下不乱，从社会底层入手，以搞乱社会为基本目标。对中国温州动车追尾事故，他们假仁假义地祈祷——高铁啊，你慢点开，中国啊，你慢点走，等等你的人民，等等你的灵魂。对于房价飞涨和雾霾严重，他们诱导关注中国航母建造和国家海权的人们——你们都是"盛世下的蝼蚁"！航母和岛礁，跟你们有什么关系？房价和雾霾，才是你们该关心的事。对于肆虐全世界的新冠疫情，他们与国外敌对势力此呼彼应，不顾事实和科学研判，竭力把病毒源头的黑锅抛给中国。

其四是通过文化教育施加反动影响。在这方面，新疆和香港发生的"毒教材"事件具有代表性。在新疆，一段时间以来，一些人利用双语教育的特殊性，把歪曲新疆发展史和少数民族成长史的内容穿插到教材里，毒害新疆的青少年，导致有些青少年后来成为"三股势力"的炮灰。在2020年1月3日香港立法会教育事务委员会决定开始清理通识教育教科书之前，在相关教科书中充斥预设立场，存在严重错误和具有政治煽动性的内容，譬如叫嚣"《中华人民共和国香港特别行政区基本法》没有写行政长官要爱国"；鼓吹"'香港人'与'中国人'的身份会出现冲突"，撕裂国民身份认同；刻意放大香港与内地的矛盾，宣称因为"内地空气污染物随季风吹到香港"而造成香港空气污染；号召以"战斗""驱赶内地游客"；甚至鼓吹暴力违法，宣扬所谓"公民抗命"，鼓动学生用暴力等激进手段表达诉求。上述这些公然违背中央政府"一国两制"根本原则的货色毫无疑问应该被清除出通识教育教科书。

其五是亮出底牌。他们从遮遮掩掩、转弯抹角地借助抽象的自由民主，掩盖其心向往之的西方世界，转变为迫不及待，猖獗无忌地亮出底牌，赤裸裸地推崇美国等西方国家的政治制度。他们说——在美国，执法者面对弱势群体，绝不会像（中国）城管那样；贸易战、科技战，你们中国人打不过美国的，趁早妥协、投降吧！关于民主问题，他们更是大放厥词，说什么——中国为什么总是遇到问题和灾难？因为中国不是"民主"国家，只要实行一人一票，这些问题分分钟就能解决；只要实行美式民主、三权分立、多党制选举，中国就再也没有腐败了；香港的暴力示威者在"用爱与和平"捍卫"民主和自由"，这一切都是中国"不民主"导致的；中国互联网行业出现的"996"现象是因为中国没有"民主"的政府，无法建立你想要的工会去限制资本家；等等。

看到以上主要变化的同时，必须认识到危害国家类信息制传者的目的没有改变，他们的"主子"没有改变。他们抓住我国宪法所确定诸项基本原则中最重要的两条——社会主义制度和中国共产党领导，进行攻击、丑化、污蔑，触及我国宪法关于社会主义制度和中国共产党领导地位的底线。他们曾借用中国象棋术语，表示"宁可十年不将军，不可一日不拱卒"，目的在于通过"拱卒"实现置对方于死地的"将军"。他们散布危害国家类信息，目的就是颠覆国家政权、推翻社会主义制度。他们之所以如此猖獗，在于他们自恃有国外势力撑腰——国内外敌对势力同气相求，沆瀣一气，妄图在中国实施西方国家瓦解苏联的有效伎俩，重演"和平演变"的一幕。

二、我国的社会主义制度和中国共产党的领导地位不容颠覆

我国宪法对于我国的政治制度予以全面确认："中华人民共和国是工人阶级领导的、以工农联盟为基础的人民民主专政的社会主义国家。社会主义制度是中华人民共和国的根本制度"，"禁止任何组织或者个人破坏社会主义制度"。我国政治制度包括作为根本政治制度的人民代表大会制度，中国共产党领导下的多党合作和政治协商制度，民族区域自治制度，基层群众自治制度，特别行政区的"一国两制"制度等。

习近平总书记强调坚持社会主义制度和中国共产党领导的极端重要性，强调社会主义制度是中华人民共和国的根本制度，中国共产党领导是中国特色社会主义最本质的特征，指出："国内外敌对势力往往就是拿中国革命史、新中国历史来做文章，竭尽攻击、丑化、污蔑之能事，根本目的就是要搞乱人心，煽动推翻中国共产党的领导和我国社会主义制度"；"要广泛开展爱国主义教育，让人们深入理解为什么历史和人民选择了中国共产党，为什么必须坚持走中国特色社会主义道路、实现中华民族伟大复兴"；并有针对性地指出："在中国实行人民代表大会制度，是中国人民在人类政治制度史上的伟大创造"，"人民政协在建立新中国和社会主义革命、建设、改革各个历史时期发挥了十分重要的作用"。

国内外敌对势力制传危害国家类信息，企图歪曲中国共产党的历史、丑化中国共产党的性质和宗旨，企图把中国共产党和中国人民割裂开来、对立起来，企图歪曲和改变中国特色社会主义道路、否定和丑化中国人民建设社会主义的伟大成就，企图通过霸凌手段把他们的意志强加给中国、改变中国的前进方向、阻挠中国人民创造自己美好生活的努力，企图破坏中国人民的和平生活和发展权利、破坏中国人民同其他国家人民的交流合作、破坏人类和平与发展的崇高事业。对此，中国人民都绝不答应，也绝不会让他们的阴谋得逞。

第二节　丑化英模类信息

丑化英模类信息是指丑化历史正面人物和英雄模范人物的违法信息，亦即含有国家网信办《网络信息内容生态治理规定》所说的"损害国家荣誉和利益的"及"歪曲、丑化、亵渎、否定英雄烈士事迹和精神，以侮辱、诽谤或者其他方式侵害英雄烈士的姓名、肖像、名誉、荣誉的"信息。丑化英模类信息的社会负面影响和危害程度严重。

著名学者周汝昌在解析"英雄"时指出：英者，植物的精华发越；雄者，动物之才力超群。合起来，是比喻出类拔萃的非凡人物。一个民族的历史正面人物和英雄模范人物是民族的骄傲，不容歪曲、丑化、亵渎、否定。

一、丑化英模类信息的表现及其影响

从 20 世纪 90 年代起，某些人以扭曲的心态和片面性的思想方法，无视或蔑视历史遗产，或鼓吹历史虚无主义，使人无端自卑；或鼓吹民族沙文主义，使人无端狂妄。他们以恶搞为主要方式，制传了许多丑化英模类信息。

他们以历史虚无主义为理论后盾，打着"学术研究"的旗号，以"学术自由"之名，却不遵守学术研究的规则和严格的学术方法。他们不尊重历史，在"理性反思""重新评价""还原真相""范式转换"的幌子下，借"人性复杂""好人不好""坏人不坏""细节考证"来抹杀英模人物，对中华民族的历史文化，采取轻蔑的、否定的态度。

他们解构中华历史，污蔑开国领袖，质疑先烈，调侃英雄，戏说历史经典，嘲笑英雄行为，丑化英雄精神，嘲弄社会正义。在他们罪恶的口中和笔下，我国历史上的一些正面人物、英雄模范被丑化。古代史上的大禹、孔子、屈原、岳飞，近代史上的林则徐、孙中山，革命战争中的方志敏、左权、刘胡兰，抗美援朝战争中的毛岸英、邱少云、黄继光，社会主

义建设时期的雷锋、欧阳海、焦裕禄，甚至连少儿英模王二小、刘文学、赖宁等，都成了他们居心叵测、口诛笔伐的对象。

在他们笔下，孔子是"丧家犬"，岳飞是"大地主"，花木兰成了贪吃、不孝、胸无大志、贪生怕死的傻大妞，林则徐的禁烟运动"祸国殃民"。举行著名"刑场上的婚礼"的周文雍和陈铁军烈士被他们污蔑为"欲将广州付之一炬"而"被判死刑的纵火犯"；诋毁狼牙山五壮士是"欺压当地村民"的"土匪"，而追击他们、无恶不作的日寇成了替村民"主持正义"的"英雄"；有人用编段子的方式，丑化董存瑞炸碉堡时的大义凛然、视死如归；称刘胡兰并非被国民党所害，而是死于乡亲们的铡刀下，还有人中伤刘胡兰"精神有问题"。

他们不仅使秦始皇成了大情圣，而且诬蔑爱国诗人屈原是因与楚怀王宠妃郑袖有暧昧关系而被以政治名义放逐，后被捕杀；还诬蔑抗侵英雄有断袖之癖，民主革命先驱"包二奶"。

纵览上述无耻行径，皆为他们凭空杜撰，生拼硬凑，颠倒黑白，指鹿为马。网络平台中一批公众账号以"揭秘""真相"为噱头，打着"你不知道的历史""这才是历史""我知道的历史""秘闻野史"等旗号捏造事实，撩拨人们的窥私欲或好奇心，对历史上的英雄人物、革命历史歌曲、标志性图像、主旋律影片等进行放肆丑化，都是以恶搞和解构为常规套路，以调侃代替客观中立的叙述，以戏说代替正说，以质疑代替解读，编造各种谣言段子，用戏说经典的低俗手法消解英雄精神、诋毁英烈形象。始作俑者一马当先，"网络推手"们助纣为虐、推波助澜，在网络上快速传播，一人丑化，广泛传播，寻找相同声气者，把网络搞得乌烟瘴气、昏天黑地。

从目的看，他们无不是寄希望于虚拟世界向现实世界转化，影响现实生活中人们的意识、观念和思想。每一条污蔑英雄的谎言，每一条诋毁先烈的谣言，无一不是在抹黑英烈、虚无历史、混乱人心，都是射向对我们民族精神的子弹，意图推倒全国人民的信仰支柱，瓦解人们的意志和力量。

丑化英模类信息产生的负面影响不可小觑——把历史正面人物和英雄模范糟蹋得一文不值，彻底颠覆固有的传统道德价值观，这不仅涉及历史的真相，而且关系到做人立身的根本，如果长期无视甚至放纵，必然导致严重的后果。听信丑化英模类信息的学员诘问教师："您难道不看微博吗？您刚才讲的邱少云事迹，违背生理学常识，根本不可能！"有的学生当堂质疑方志敏烈士的生命绝唱《可爱的中国》的真实性，认为是教育者编造的。有的家长声称，刘胡兰之死是"让一个十三四岁的孩子去参加你死我活的政治斗争"，"不论是哪个领导人倡导别人学习刘胡兰，以后这个活动请允许我们放弃，请刘胡兰离我的孩子远点儿"。河南郑州一家照相馆把少年儿童化妆成日本鬼子模样来拍照。北京个别商店有出售德国纳粹的徽章、服饰、标号、卐字旗者，一些文艺作品和一些演艺人员对丑化名人事迹很热衷，颠覆名人事迹的现象屡有发生，甚至连相声也拿渣滓洞搞笑。

如果让丑化英模类信息通行无阻、成为时尚，其积蓄的负能量是非常可怕的，不仅精忠报国的英烈、舍生取义的行为和抵御外侮的壮举被否定，而且颠倒是非、荣辱、美丑，污染社会风气，破坏道德生态，阻碍文明进步，尤其对青少年形成健康的思想道德、价值观念的破坏力非常大，将导致青年一代对历史迷茫，对现实困惑，导致人们价值观的缺失与精神信仰的迷失。

二、以史为鉴，尊重英雄

历史既是一面映照现实的明镜，也是一本富于哲理的教科书。牢记历史，不忘过去，是为了开创未来，此即所谓"古为今用"。历史的经验分为正面经验和反面教训，无不饱含着前人的奋斗和血泪，"书到用时方恨少、事非经过不知难"，都是后来者需要尊重、珍视的。

古今中外的许多国家和有识之士重视历史经验，捍卫历史人物从民间而言，具有影响力的人物形象在广大百姓心中具有不可替代的作用，能够鼓舞和提高广大民众创新发展的士气；从社会而言，英雄不仅是社会健康发展的航灯，也是社会发展前行中不可或缺的重要营养；从民族而言，每个民族都有自己要守护、捍卫的英雄人物，这不仅是历史，更多的是民族精神与历史传承。简言之，那些经过历史评定的、民族达成共识的历史人物，已经成为整个社会进步的符号象征，某种意义上说，尊重历史英雄形象已经不仅仅是教育问题，更是信仰问题。

历史教训则从另一个角度告诫后来者。在苏联政权易帜的多种原因中，沦陷于敌对国家的"和平演变"是主要原因之一。美国前国务卿艾伦·杜勒斯曾在关于"和平演变"的公开演讲中说道："人的脑子，人的意识，是会变的。只要把脑子弄乱，我们就能不知不觉改变人们的价值观念。""只有少数人，极少数人，才能感觉到或者认识到究竟发生了什么。但是我们会把这些人置于孤立无援的境地，把他们变成众人耻笑的对象；我们会找到毁谤他们的方法，宣布他们是社会渣滓。"敌对势力通过"第五纵队"分化瓦解苏联，就是从否定他们的英雄（卓娅等）开始的。

1991 年初，苏联的《论据与事实》杂志刊登了署名为若夫季斯的文章，作者声称该文是根据已故的苏联作家阿诺夫的回忆写成的，"恍然大悟"地撰文揭露卓娅的"真相"。在成功地勾起人们的兴趣之后，该文作者煞有其事地暗示读者们："我不敢说，你懂的！"（又是查无实据的死者回忆，又是装作战战兢兢不敢直言，这一切与前几年发生在我国网络上的丑化英模类信息如出一辙。）接着，与敌人同归于尽的苏军战士、战斗英雄马特拉索夫的事迹被描绘成当局编造的谎言；不屈服于侵略者的严刑拷打、凛然赴死的奥列格·科舍沃伊被他们认定成精神失常的母亲编造的离奇骗局；牺牲在敌国刑场上的尤利乌斯·伏契克被他们判定为反复无常卑鄙的小人……这是 1991 年上半年席卷苏联全国的舆论热点，半年后苏联解体。历史告诉人们，众口铄金必定积毁销骨，英雄被解构之后，国家早晚会走上覆灭之途。

看到这些，令人想起中国清代龚自珍《定庵续集》中所言："灭人之国，必先去其史；隳人之枋，败人之纲纪，必先去其史；绝人之材，湮塞人之教，必先去其史；夷人之祖宗，必先去其史。"想要一个民族灭亡，必须让它的史观消亡，践踏其民族历史，解构其民族文化，涤荡其民族自信，破坏其民族认同。而毁灭支撑浩浩青史的英雄人物正是解构民族历史的基本环节。正如革命烈士郁达夫指出，一个没有英雄的民族是可悲的奴隶之邦，一个有英雄而不知尊重英雄的民族则是不可救药的生物之群。

对于中国，捍卫英雄人物更是历史的镜鉴，是每一个有良知的中国人面对丑化英模类信息的根本立场。英雄人物的个人名誉、荣誉，总是与一定的英雄事件、历史背景相关联，也与近现代中国历史紧密相关，更与我国的社会共识和主流价值观相关。是否对英雄心存敬畏、虔诚以待，体现着一个社会的价值导向，标示着一个国家的道德底线，彰显着一个民族的未来走向。英雄人物的事迹、形象和精神价值，已经成为中华民族共同记忆和民族感情的一部分，丰富着中华民族的传统美德，成为社会主义核心价值观中最为丰厚的精神养料，对现代中国具有不可替代的伟大意义，并由此成为我国社会主义核心价值观的重要组成部分。

人民意志和国家法律是捍卫英雄人物的武器。中华英模被丑化，受损的是中国人最根本的良知，丑化英模类信息引得人神共愤，广大公众对之深恶痛绝。我国网络空间中的大多数网民能够自觉守住底线，把住边界，对相关丑化英模类信息进行自发抵制。

当微电影《热血雷锋侠》再度"无厘头"地讲述发生在雷锋侠和地沟油侠、师傅盲侠、周女侠、葫芦娃侠之间的恩爱情仇时，就有网民指出这是"看似宣传雷锋精神，实则辱骂雷锋，太没劲太低劣"，"这部电影的走红是时代的悲剧"，"打着塑造中国第一超级英雄的旗号，干着西方颠覆中国英雄的勾当"。

网民们对于丑化花木兰的小品《木兰从军》表示极大义愤和鲜明的倾向性，据凤凰网做的一项调查显示，自 2015 年 6 月 27 日上海东方卫视《欢乐喜剧人》栏目播出该小品后，截至 7 月 11 日的半个月中，已有 9 万多网友（占投票总人数的 62%）表示有关创作表演人员对花木兰这一事件"必须道歉，英雄人物不得玷污"。

除了社会舆论，对于丑化英模类信息制传者的行为，应当依法予以严厉处置，不仅要依法保护英雄人物的个人权益，也要强调判决的公共价值，引导社会公众崇尚英雄、捍卫英雄、学习英雄、关爱英雄。最高人民法院秉承人民的意志，于 2016 年 10 月 19 日发布依法保护"狼牙山五壮士"等英雄人物人格权益的典型案例，倡导依法保护英雄人物，包括去世英雄人物在内的所有社会成员的合法权益，彰显社会正义，维护社会主义核心价值观。

2018 年 4 月 27 日，十三届全国人大常委会第二次会议全票表决通过《中华人民共和国英雄烈士保护法》，以立法形式对英雄烈士进行保护。为了在新时代传承红色基因、弘扬优良传统，2018 年 6 月中央军委印发《传承红色基因实施纲要》，全面贯彻习近平新时代中国特色社会主义思想和党的十九大精神，深入贯彻习近平强军思想，明确了传承红色基因的指导思想、基本原则、着力重点和主要工作。

在贯彻执行有关法律法规过程中，2018 年 7 月 29 日，上海臻海实业有限公司（一家以"百臻堂"为商标销售男性用品的企业）邀请日本成人影片演员苍井空作为"助学使者"，参加在云南德宏州举办的"公益活动"并佩戴红领巾，通过其企业微博发布活动图文，以宣传公益之名，行博人眼球之实。对此，上海市浦东新区市场监督管理局依法对上海臻海实业有限公司不当使用红领巾的违法行为作出行政处罚，处以罚款 100 万元，另案罚款 30 万元，这是多年以来上海市场监管部门对于此类案件的最高处罚，也是全国关于不当使用红领巾行为的最高处罚，是依法捍卫国民精神家园的正义之举。网络上 133 个以"揭秘""真相"为噱头，打着"你不知道的历史"等旗号的微信公众账号被关闭；侮辱英烈的"暴走漫画"被勒令内部进行无限期关停整顿等。上述举措及时遏制了丑化英模类信息泛滥的势头，大快人心。

习近平总书记指出，要用心用情用力保护好、管理好、运用好红色资源。要深入开展红色资源专项调查，加强科学保护。要开展系统研究，准确把握党的历史发展的主题主线、主流本质，旗帜鲜明反对和抵制历史虚无主义。

在抵御丑化英模类信息时，人们的耳边不时飘来一些奇谈怪论。有人说什么"在一个越来越开放、多元的社会，恶搞确实是一些人创作的手段和自由"，"有些网民急切地为了出名而搞怪，但不免手段低劣，文化含量偏低"，"只是社会发展过程中的一点点杂音"，"最好承认他们的自由"，"只要这种恶搞没有成为主流，社会就应该有容忍的雅量"，"实在不必上纲上线喊打喊杀，这种容忍有助于社会的多元和文化的繁荣"。这些论调的根本错误在于把违法信息与不良信息的危害性同等看待，把违法的丑化英模类信息与同样使用恶搞方式的不良信息（粗鄙类信息、戏谑类信息）混为一谈。自贬损人的戏谑类信息散布低级趣味，恣肆无状的粗鄙类信息自甘下流，而卑鄙险恶的丑化英模类信息重在蛊惑煽动，绝不是简简单单"为了出名而搞怪"。一段时间内，丑化英模类信息层出不穷，对此"有容忍的雅量"就是对于违法信息的袖手旁观，"承认他们的自由"就是自我解除精神武装。"社会的多元和文化的繁荣"并不包括对于违法信息和不良信息的宽容或纵容，对于诸如此类的论调必须持之以恒地坚决抵御。

第三节 淫秽类信息

一、淫秽类信息的性质及表现形式

淫秽类信息是违法信息，是指在整体上宣扬淫秽行为，淫亵性地描写性行为、性交及心理感受，描述或传授性技巧；具体描写乱伦、强奸及其他性犯罪的手段、过程或细节，宣扬淫荡、淫乱；具体描写少年儿童的性行为；淫亵性地描写同性恋的性行为或其他性变态行为，以及描写与性变态有关的暴力、虐待、一夜情、换妻、侮辱行为和其他令普通人不能容忍的对性行为的描写；推介淫秽网站和低俗信息的链接、图片、文字等；关于色情交易、不正当交友等信息；关于非法的性用品广告和性病治疗广告等。淫秽类信息可以转化为人类信息传馈的所有符号，目前主要是那些存在于互联网、移动通信终端的文字、图片、音频、视频。

人类历史上对淫秽的认识是不断变化的，随着社会的发展，淫秽的涵义也有很大变化。中国优秀传统文化从古至今始终鄙视和谴责淫秽类信息，宣称"万恶淫为首"，谴责"诲淫诲盗"。世界各国虽然对淫秽定义的界定不一，但无不将其视为社会公敌，在各国诸多违法信息中，一般淫秽类信息首当其冲；杜绝淫秽类信息跨国界传馈也成为相关国家携手共同治理的重要内容之一。

淫秽类信息具有诲淫性，对社会的危害程度极大。古人云"食色，性也"，亦即饮食男女之大欲，是人的本性，是人生欲求的基本构成。淫秽类信息赤裸裸地把信息受传者的注意力吸引到异性的性器官，毫不掩饰地渲染对于异性的肉欲和占有欲，刺激人们的性欲，明目张胆地把人们引入追求低级感官刺激的邪路，导致人们腐化、堕落。淫秽类信息很容易使人迷恋，不利于人的正常身心发展，毒害普通人特别是未成年人的身心健康，甚至导致未成年人发生性犯罪行为。

二、淫秽类信息的阶段性表现

20 世纪 70 年代末 80 年代初，一些淫秽类信息就以非正式出版物为主要载体，在火车站、飞机场等人员流动场所和城乡接合部等监管薄弱之处。某些性学者充当理论后盾，把性分析推崇为真理，甚至把老子的《道德经》乃至《周易》都解释成为性学书。某些性文学家以表现性为能事，他们笔下的人物关系首先是性关系，文字结构是性事结构，情节讲究始乱终乱，性铺垫、性发展为贯穿红线，把贩卖色情当做文学反映人性的高层次表现。更有"下半身写作"的风潮，诸如"一切都要从我第一次遗精说起"之类的文字畅行于市。一些淫秽书刊封面封底皆是裸女，广告招贴画刺目煽情——或明示书中有做爱、性的露骨描写；或"半卷香帘半掩门"，以庸俗和挑逗性标题吸引消费者；或图文并茂，暧昧插图，美其名曰"写真"，堂而皇之地显山露水，吸引着追求感官刺激者。

跨世纪前后，由于多方面原因，淫秽类信息的泛滥出现高潮，大有公开化、大行其道之势，海内外都有人专门从事此类勾当，主要阵地是音像光盘（录像带、光碟）和电脑（电脑软盘、软件）网络。

其一，从音像制品看，大量低级庸俗甚至渲染色情暴力的走私片从东南沿海涌入内地，严重污染文化市场；初期大多为战争片、科幻片、武打片，后来是枕头大腿拳头等清一色少儿不宜的成人影片。在色与利的双重诱惑下，从偷偷摸摸放映到堂而皇之展示，放映厅门前广告高悬——引人想入非非的剧照，片名极尽诱人之能事，"一夜艳遇""黄色诱惑""花心野玫瑰""偷情"等，甚至发明了"色艳恐怖犯罪片"的词语。镭射厅的普及速度惊人，官办、民办、集体、个体、合资、联营等七八个轮子一起转，发展规模突破应有的限制规定，甚至主管部门也以创办经济实体为名涉足其中，多家经营、多头经营。对此，有人指出：淫荡镭射片既是赤裸裸的性挑逗、性教唆，又是精神鸦片，腐蚀公众心灵，污染社会风气，诱发犯罪，不能等闲视之。有人投书报社、电视台和宣传主管部门，要求抵制泛滥成灾的黄潮。

其二，从电脑网络看，电脑黄毒分为黄色信息（黄色照片，淫秽小说）、黄色软件（将印刷品、彩色照片扫描到电脑软件或刻录在光盘中）和黄色电脑游戏，内容主要是展示纯粹露骨的淫秽动作，各种女性裸体写真，把淫秽内容寓于游戏之中。电脑黄毒复制简便，传播快捷，信息量极大（软件内存量大、光盘存储量大），不宜为外人和公安人员察觉，毒害甚于黄色书籍。电脑公司和商家招徕顾客，出售电脑时赠送游戏软件，成立电脑玩家俱乐部，通过各种软件服务，为不良嗜好者提供禁忌游戏和脱衣扑克等。此外在网络平台上，有人专门把各种书籍中被删除的文字集中起来，作为专帖在网上发表，或专门散播相关部门禁止传播的淫秽和有伤社会风化的文字、音视频内容，利用淫秽类信息吸引某些网民的"眼球"，以达到赚钱的目的。同时，某些"洁本"中外文学作品以"恢复原貌"的名义重新出版（洁本中被删除的文字往往是淫秽文字）。

近年来，淫秽类信息的泛滥受到有效的遏制，不法分子遂求新求异以谋暴利，转到歌舞厅、茶舍、发廊等私密性场所，或通过有线和移动互联网，以求一逞。圣诞节之际，有人在网上抛出鼓吹吸毒、纵欲的所谓圣诞节歌曲。一名在媒体任职的林姓已婚男子，以"杭州失足女"的身份开设微博，贴有"小姐、性工作者、底层、80 后"等标签，在网上大晒其工作日记和思想动态，吸引了 25 万以上网民的关注。据杭州警方揭露，所有微博内容都是他为吸引网民关注而编造的。

应该申明：依据《中华人民共和国刑法》的相关规定，有关人体生理、医学的科学著作及其揭示的生理和性行为规律的科学知识不是淫秽物品；含有色情内容的、有艺术价值的文学艺术作品不视为淫秽物品。其中，含有色情内容的有艺术价值的文学艺术作品一般具有文雅含蓄的性意味描绘，称之为情色——情色未必有直接或简单露骨的性描写，有时借助一些意象来表达；其与淫秽类信息的根本区别在于不以刺激受众的性欲、引起感官功能刺激为目的，而是以性来表达一些哲学或艺术的概念，或借助描写与性相关的内容反映社会等。

第四节　暴力类、残酷类、恐怖类信息

一、暴力类、残酷类、恐怖类信息的性质

暴力类、残酷类、恐怖类信息，亦即含有国家网信办《网络信息内容生态治理规定》所说的散布"暴力、凶杀、恐怖或者教唆犯罪的"信息，三者都属于违法信息。但依具体程度不同，一些暴力程度较轻的属于"展现血腥、惊悚、残忍等致人身心不适的"不良信息。

暴力类信息刻意描绘使用激烈而强制的力量侵害他人人身、财产的强暴行为，热衷于表现那些故意杀人、强奸、抢劫、绑架、放火、爆炸、投放危险物质或者有组织的暴力性犯罪；对于暴力行为和暴力性犯罪之恃强凌弱、

强力施行、迫人就范诸特点和施行者暴戾、怨恨的内心世界津津乐道。

残酷类信息强调所谓的真实性，对于暴力行为和暴力性犯罪之动机残忍、心狠手辣、施行酷烈、结果可怕之处一一展现，无视其出人意料、令人无法接受，渲染对人感官及心理的刺激冲击，不作任何技术的或艺术的处理，或至多饰以"供批判、供参考"字样。

恐怖类信息的前提是恐怖，是对于人感官的刺激冲击超过一定的限度，更加强烈，更加深刻。同时恐怖具有一定的臆想性，通过臆想、幻想、荒诞、怪异的情境，以控制人的心理、情志等，是对于人的主观能动性的反动和异化。恐怖类信息放大恐怖之居高临下的强势、不由分说的强硬手段、威逼胁迫使人服从的结果，不仅当时对于人的感官施以强烈的负面刺激，而且重在后续的持续影响，摄人魂魄，久不消退，长存心底，影响深远。

暴力类、残酷类、恐怖类这三类负面信息，以赤裸裸的负面形式，强行进入耳目，强烈刺激感官，强化负面影响，长期影响心志。

需要申明的几点：

其一，之所以把暴力类、残酷类和恐怖类的信息放在一起，集中加以分析，是鉴于这三类负面信息都产生于一定条件下的信息传馈过程中，往往是你中有我、我中有你，交织作用，共同表现，负面影响是三者共同作用而产生，难以截然划分出各自的纯粹形态。

其二，之所以按照暴力类、残酷类和恐怖类的顺序排列，而没有按照官方"护苗行动"所列举的暴力、恐怖、残酷的顺序排列，是因为这三类信息略有先后之别，有着一定的前承后续关系。动机（居心、出发点）、手段（为实现一定的动机）、后果（目的达到）是一个行为的全过程，是循着这一顺序进行的。暴力类信息反映了居心残忍、手段毒辣而后果残酷，或可称之为是残酷类信息、恐怖类信息之源，应该位居首位。在此基础上，残酷类信息通过符号把暴力类信息具体化，超出信息接受者已有的承受力而使感官受到震撼，令人震惊，引发心理结果——或是惊惧（害怕），即由外而内的浅层心灵创伤，时过境迁可以消除；或是惊恐，即由外而内的深层心灵创伤，印痕深刻，在一定条件下受到刺激后会由内而外地重现，如此陷于长期恐惧，阴影难以消除。恐怖类信息对于身心尚在成长，感官承受力差的未成年人来说，既引发惊惧（害怕），又引发惊恐，本质是后者（令人惊恐），是深层次的心灵创伤。

其三，暴力类、残酷类、恐怖类信息的制传者宣扬暴力、展示残酷、渲染恐怖。暴力行径作为一种客观存在，不应该去宣扬，而应明确表示否定的态度；残酷情景作为一种现实场景，不应该去展示，而应准确把握详略的程度；恐怖作用作为一种心理后果，不应该去渲染，而应给予适度的揭示。这是暴力类、残酷类、恐怖类信息的制传者与报道相关事件记者的基本分界线。

二、暴力类、残酷类信息的表现形式

社会上的暴力行径时有发生，抛开其中杀人越货、谋财害命的刑事犯罪者和有政治或宗教色彩者，很多暴力事件都具有突发性，有的由小纠纷引起，因一言不合、一气之下、争强斗狠而酿成的惨案，然而对社会而言却是出人意料和猝不及防的。有的与社会黑恶势力寻衅滋事、欺行霸市有关。如2022年6月10日发生在唐山烧烤店的暴力殴打他人案件，影响恶劣，引发公愤，罪犯受到严惩。

究其根源，无不是阴暗心理和暴戾之气。暴力类和残酷类事件的始作俑者心地极其黑暗、凡事做得狠、偏向走极端、充斥着戾气。既表现为动辄起杀心、下毒手，偏爱杀戮残害、毁灭物质，也表现为对小事反应激烈，举止粗鲁，方式凶暴。这些人久已有之的暴戾之气，经过滋生积累养成，以非常极端形式发泄出来，成为某些人的心理、习气乃至标志。他们以暴力和残酷宣扬暴戾之气，加害于社会，社会不能熟视无睹，必须加以遏止。

有失偏颇的文学艺术作品间接助长了霸凌之风。文学艺术作品的真实源于社会生活的真实，而以其艺术表现高于社会生活的真实。文学艺术作品如何描述和表现残酷血腥，实在是仁者见仁、智者见智。笔者记得20世纪50年代的《三国演义》连环画曾在第二次印刷时，删除了孙坚、许褚斩杀敌将的残酷血腥画面，出发点之一就是保护少年儿童。国产电影《秦颂》在表现遥远时代的酷烈冥顽昏暗壮观方面写意技巧调动得当，战场厮杀和处死受刑并没有出现人头滚滚的场景，而是由刀斧卷刃、河水变红、刽子手气喘等予以表现。相反，也有一些影视作品却在艺术与真实之间剑走偏锋，过度真实，失却艺术。例如电视连续剧《东周列国·春秋篇》中，把大战过后血流成河的比喻，直接表现为鲜血横流，汩汩漫漫，俨成江河；表现壮士横剑自刎，只见其倒地后身躯痛苦扭曲，鲜血如泉喷溅；表现刑罚，只见巨碾凌空，轰然锤落，受刑者顿成肉饼，血浆如雨泻地；表现五马分尸酷刑，五驾兵车拖拽之下，人体被撕扯成 5 块，零落四处（有报道说有的高中女生看到此处被吓得掩面哇哇大哭）。如此强调真实直观，追求感官刺激，以酷烈的镜头过度展示血腥场面，给观众留下的只能是恐怖。

有些文学艺术作品在如何反映社会现实中的暴力与反暴力、如何表现黑社会、如何表达中国武术等题材方面，在方法上存在一定的偏颇。20 世纪 80 年代，随着电影《少林寺》的上映，打斗片迅速占据影视作品的中心，连篇累牍，接踵而来。一些引进的好莱坞影片，内容涉及暴力、凶杀和抢劫；以暴力作为个人英雄主义的衬托，个人英雄主义反过来以更强的暴力来制暴，这就是好莱坞影片的所谓个人英雄主义。

黑片浸染银幕荧屏对我国未成年人影响较大，如自暴力漫画改编而来的香港黑帮题材《古惑仔》系列电影，曾在 20 世纪 90 年代风靡全国，对当时的未成年人身心健康已经造成了巨大负面影响。《古惑仔》系列电影向涉世未深的未成年人展示了黑色的世界，他们在校内外拉帮结伙，争强斗狠，称王称霸，沉沦、堕落等成了一些人追求时尚自我、放纵、燃烧青春的行为模式，甚至引发校园暴力，必须引起重视。

三、恐怖类信息的特殊性

恐怖类信息基本是围绕死亡展开的。人类自产生后就一直对于死亡存在恐惧，死亡、死亡的感觉、死亡的情景、死尸、死后灵魂等困扰着人们，代代相传。对于婴幼儿的哭闹，或可用"大灰狼来了"施以吓唬；对于儿童少年，愚昧且别无他法的成年人就以"讲鬼故事"来制造恐惧，或把现实的人赋予能够带来死亡的神鬼形象。古时东汉末年三国纷争，张辽在逍遥津一役大破江南兵马，杀得江南人心惊胆寒，闻听张辽名字，连小儿也不敢夜啼，此传说有其内在道理。优秀的儿童影片乃至动画片、连环画，会给未成年人留下美好的印象，伴随他们的终生。如《大闹天宫》《小鲤鱼跳龙门》《九色鹿》等。与此同时，某些儿童影片乃至动画片、连环画中的反面角色形象、恐怖残酷的镜头画面会给未成年人留下一生难以消除的印痕。反面角色之"恶"是内容与形式的统一，通过其外貌言行等多角度体现，这对于成年的信息受传者可能完全没有影响，但是对于未成年人尤其是儿童和幼儿来说就会产生未曾预料的后果。例如《还珠格格》中紫薇被关入黑屋遭到针扎，《太阳之子》中造型丑陋、色调压抑、只睁一只眼的阴森的黑风婆，《古堡幽灵》中的无头幽灵。

20 世纪 90 年代出现 80 年代罕见的现象——形形色色的传媒不约而同地集中扫描社会阴暗面，导致社会暴力、黑色文化与社会恐惧症逐渐蔓延。各种街头小报、非法出版物、通俗读物以及在 1992、1993 年流行的相关报纸周末版（版版有专号、大特写、大写真之类的文化快餐），报道古今抢劫偷窃、凶杀强奸、乱伦变态、艾滋病等，详尽描述丑恶现象的特写，仿佛越是血淋淋、令人作呕肉麻，就越精彩。黑色文化的恐怖污染着整个社会的风气和道德，给人们造成世风日下、道德沦丧、人心可畏、充满杀机的恐怖感，势必助长社会邪恶势力膨胀。当它左右一个人的灵魂与观念时，必然也在悄悄地转变着整个社会一代人的行为与动机。这种不良意识一旦确立，当遇到不能理智处理的感情矛盾时，就会习以为常使用类似的残忍手段。

近年来，智能手机即时通信盛行，许多恐怖类信息通过微信转发，影响广泛。应该看到，恐怖类信息通过生动符号呈现在手机屏幕上，由于手机屏幕与人的眼睛、耳朵距离很近，给予人的感官刺激往往十分强烈，远远大于远距离见闻。

恐怖类信息的基本方式就是利用恐怖灵异形象。所谓"恐怖灵异类"是指以冤魂厉鬼、异型怪魔等非人异类为形象塑造,以奇异的超验幻想、离奇的梦魇谵妄为虚构手段,以恐怖骇人、惊悚阴森、离奇悬疑的超现实情节为故事题材,以追求惊惧恐怖的感官刺激效果为目的。简言之,是否属于恐怖灵异,以是否具有科学性、是否以故意追求感官刺激作为关键的评判标准。

所谓恐怖,重在"怖",指的是氛围,因恐而怖,恐而愈怖;既包括现实情景,也包括臆想中的情景。从人的个体而言,称得上是"恐怖"层级的精神压力,其来源无外乎分为外因和内因。外因引发的称之为"惊",是浅层刺激引起的害怕,时过境迁,逐渐淡化,杳然无存;即使在一定条件下重新提起,也不再会恢复原有的刺激印痕。内因引发的、或内外因共同作用引发的称之为"恐",是深层刺激、强烈刺激引起的恐惧,深入大脑和心灵,摄人魂魄,投下阴影,印痕深刻,形成的意境或氛围就是"怖",难以清除;一旦提及,即重现乃至进一步深化原有的刺激印痕,久而久之,不可救药。

恐怖类信息无论付诸于什么符号形式,都是以追求恐怖、惊惧、残酷、暴力等感官刺激为目的,没有任何思想性和善恶标准,严重危害未成年人身心健康,引发麻木不仁、恐惧症甚至精神崩溃,不仅毒害未成年人,而且污染社会,后果值得重视。

恐怖灵异形象与中国传统神话故事、魔幻故事、科幻故事是有本质区别的。文学对人最大的作用是审美体验,是一种精神的熏陶,是一种心灵的保健,也是人类认识自我和理解他人的一种方式;没有文学可以生活,有了文学可以生活得更丰富。例如《西游记》《封神榜》《聊斋》等中国传统神话故事,都具有较高的文学性、艺术性和思想性。

四、抵御暴力类、残酷类、恐怖类信息

我国改革开放政策的实施,不仅需要良好的外部环境,而且需要社会

内部的稳定。影响社会稳定的信息多种多样，首推恐怖类信息，其中既有自然灾害后的流言蜚语，也有凭空捏造的涉及经济、政治、文化和社会等方面的信息。恐怖类信息极力渲染一种涉及民众身家性命的恐怖氛围——例如毫无根据的经济崩溃、股市塌方、政局不稳和社会混乱的信息，使得人心惶惶，惴惴不安，茫然无措，不知道今后的社会去向何方、生活将怎么过，极大地干扰人们对于社会的信心和正常的工作生活。暴力类、残酷类、恐怖类信息对于整个社会的稳定，特别是未成年人的健康成长是有害无益的，中国成语中惊心动魄、胆战心惊、肝胆俱裂、摄人魂魄等均可用于描述这三类信息对于人的心理不同程度的创伤，对这三类违法信息必须加以抵御。广东省曾在2006年11月27日就提交特定时段禁播恐怖片的立法增加条款——禁止广播电台、电视台播放恐怖残酷等不适宜未成年人收听观看的节目；禁止电视台在7—23时播放涉案影视节目。

面对形形色色的恐怖，彻底的唯物主义者应该是无所畏惧，让种种怪异荒诞的妖魔鬼怪在大无畏精神的面前显露出虚无缥缈的本质。简言之，就是要敢于斗争，善于斗争。我国在20世纪60年代初期倡导大讲"不怕鬼的故事"，表面上看似乎是破除迷信、移风易俗，实质却是重在全民破除对于外来压力的恐惧，实现"全军民，要自立。不怕压，不怕迫。不怕刀，不怕戟。不怕鬼，不怕魅。不怕帝，不怕贼"（毛泽东《杂言诗·八连颂》）。对于暴力类、残酷类、恐怖类这三类信息进行抵御，不能谨小慎微、缩手缩脚，不能战战兢兢，如履薄冰——例如担心与现代和谐社会导向不符，从中学教材中撤下《鲁提辖拳打镇关西》（文学名著《水浒传》节选），显然是将现代社会的规则生搬硬套到文学名著中的古代人物身上。又如公交车上张贴标语"请主动示弱"——人们在发生争执时主动退让示弱是应该的，但是遇到在车上偷盗、调戏女性的行为应该见义勇为、挺身而出，怎能示弱而且还主动示弱？

对于暴力类、残酷类、恐怖类这三类信息进行抵御，应该注意适度而为，不能防卫过当，杜绝过犹不及。必须重视暴力类、残酷类、恐怖类信息的负面影响，对于相关事件的客观报道，应该予以控制，在一段时间内数量要适度；对于一时间出现的蜂拥而至的事件，要予筛选，不可借口如实报道和及时报道而数量过多，过于集中；后续的追踪报道要把握节奏，有始有终且不温不火。对恐怖灵异的定义和划分，应该更加具体和人性化，不要以偏概全。或许可以效仿香港设定的"家长指引"类别，这样更有助于未成年人价值观和审美观的培养。必须看到，"恐怖灵异类"音像制品毒害未成年人、污染社会最普遍的渠道，并非正规出版途径，而是猖獗的盗版、网络下载等。现在很多书店里，恐怖玄幻鬼神类的小说已经有了专题书架，上架的音像制品都已经过审核把关。

五、关于软暴力信息

软暴力信息以语言和文字为载体，语言暴力和文字暴力虽然没有明火执仗地施加针对生命、身体和财物的暴力行径，但在伤人尊严的基础上折磨和损伤人心，给社会造成极大危害，此为软暴力的要害。

现实社会的软暴力信息有语言和文字两种形式，由于文字暴力是语言暴力的书面化，一旦变成白纸黑字难以收回，容易成为施行软暴力的证据，所以相关人等在文字暴力上小心谨慎，减少授人以柄，从而使得语言暴力在现实世界大行其道，成为主要的软暴力形式。

目前，社会上的语言暴力主要表现在具有畸形优越感的人士对于下属、普通百姓和弱势群体的蔑视、鄙视中；在卖方市场条件下具有相对优势者（厂家商家）对于消费者的歧视中。这些人的社会地位高，有权有势，自以为高人一等，以自己目之所及的繁荣景象、体之所感的温暖舒适来断言世界的繁荣，认为对于社会地位较低的人施以语言暴力是天经地义，但实际上恰恰暴露其色厉内荏的素质和低劣平庸的水平。

2008年汶川大地震导致8万多人受难，某省官员未能与受灾民众感同身受，却说出"地震未必是坏事，比如去年岷县地震，震后盖的房子就很漂亮嘛"，话语冰冷，寒彻人心。更有甚者，《齐鲁晚报》发表山东作协副主席王某某的词作，以地震中遇难者的口吻，胡诌什么"十三亿人共一哭，纵做鬼，也幸福"、"只盼坟前有屏幕，看奥运，同欢呼"，让人难以理解。

在我国的中小城市和广大农村，经常看到各种宣传标语的彩色横幅（绝非民间涂鸦的提示语或警告语），施行较有难度的政策时尤其盛行。当年推行计划生育政策、推进拆迁工作、宣传禁毒、倡导公共卫生、宣传环境保护、宣传植树造林、宣传爱护草地、警示防偷防盗等横幅中，往往看到一些诅咒式的、"泼妇骂街"式的低俗语言作为标语发布，污染视野。

现实社会软暴力信息频发的重要原因在于社会秩序失衡，权力意志、等级观念作祟，个人教养和职业道德的缺失等，表现为肆无忌惮、违背常理、不容分说的"出口伤人"，与社会和谐背道而驰。

网络上的软暴力信息表现形式与社会上有所不同。首先，网上软暴力信息表现形式多样化，可以是语言（音频），可以是视频，可以是白纸黑字，可以是表情符号，统统可以用来施行软暴力。其次，文字暴力成为虚拟世界软暴力的主要形式，由于网络的隐匿性，短时间内无法查找到网址，这就使得一些人有恃无恐，不再忌讳文字把柄，而是实行语言暴力和文字暴力一体化，肆无忌惮地把心中所想、口头欲说付诸文字。再次，网上软暴力也会从线上延伸到线下。2017 年 1 月上海体育学院女研究生由于在网上反驳男学霸观点，竟然在校园中遭到尾随和暴打，真是斯文扫地！

网上软暴力信息主要有网上"互怼"和网上欺凌两种形式。其中的网上欺凌是别有用心的个人或群体，恶意、敌意地利用互联网所做出的针对个人或群体的伤害行为。随着社交网站的盛行，网上欺凌已成为越来越严重的社会问题；凭借软暴力横行无忌的、国籍不一的"泼皮牛二"是虚拟世界欺凌事件的主角、施虐者。我国网上软暴力信息的制传者有若干种，其中的"喷子"值得重视。

"喷子"是实施网上欺凌的主角，不同于热衷于网上"互怼"、以抬杠为乐趣的"杠精"，也不同于整天摇羽毛扇、说风凉话的键盘侠。"喷子"以戾气情绪为本，活跃在网上论坛、社交网站、新闻评论、微博论坛、专栏留言、公众号、朋友圈等。他们咄咄逼人、来势汹汹，只要一言不合就立刻开始攻击，动辄寻找一个由头，以似是而非的谣言和刻薄残忍的人身攻击，无限制地宣泄个人情绪，侵犯人的基本权利，冲击了道德和法律的底线。他们的行为毫无忌惮，蛮不讲理。常用伎俩有"起底"，把对方个人资料如真实姓名、相貌等公开；有"改相"，在对方照片旁加诽谤性文字，把对方形象移花接木到暧昧甚至下流图片；或发表粗鄙的、具有攻击性、侮辱性的污言秽语；或施行谩骂攻击、人肉搜索和所谓的道德审判"三件套"。他们率性而为，根本没有底线，为骂而骂，以谩骂为业，任何人都可能进入其射程之内，成为扫射攻击的靶子；"脑残！""变态！""去死！""猪！""狗！""无耻！""虚伪！"等是其常用语，从国外到国内，从上层到下层，乱骂一通后按下暂停键，以待新的话题和目标产生后再次登场开骂。

值得注意的是一部分"喷子"的言行，他们有一定的文化水平，服务于某种特殊目的，或单兵作战，或结成水军；面对特定目标有备而来，为了把攻击对象"打翻在地，再踏上一只脚，要其永不翻身"，他们发表议论振振有词，滔滔不绝，写出无数文字，或舍本逐末，避重就轻，大是大非的关键问题避而不谈，不厌其烦纠缠于细枝末节，用超级放大镜来寻瑕索瘢，紧盯死咬对方的袖角裤边，拿着鸡毛当令箭，攻其一点不及其余；或自诩为卫道士，卖弄其高大上情怀，咬文嚼字地关心国家的命运和危亡，偷梁换柱、设立伪命题，居心叵测故意挑刺，妖魔化对方，乱扣"负能量、不爱国、卖国贼、颠覆国家……"等帽子；或践踏事实，断章取义，以选择性眼盲来造谣惑众，单凭道听途说、主观臆断就血口喷人，大泼污水，造谣中伤，恶意诋毁，无所不用其极。他们"恨"字当头、秉承极左思维，暴露对方的住址，扒对方几代人的底细，动用抡棒子、抓辫子、扣帽子、大字报、大批判式的低劣方式，进行大规模长时间的辱骂造谣诬陷，掀起污名化的风暴，面目狰狞地实施正常人难以忍受的攻击，甚至上升到对个人的安全威胁。继而以团伙方式，在网上"人肉"支持对方的人，发起围剿——举报、攻击、辱骂，无所不用其极，要把社会拖入人人"以邻为壑"的阶级斗争泥潭之中。他们的所作所为，根本不是平等的争辩、质疑、批评乃至有论有据的批判，而是人身攻击，是恶意诋毁，是黑白颠倒。令人感叹：时至今日，他们竟然仍有着如此疯狂、阴毒、乖戾的斗争思维与暴力人格！他们的能量更强，能够带动其他"喷子"，还能够忽悠不明真相的人们尾随其后，仿佛在为真理而斗争。千万不能小看他们的裹挟力，千万不要认为虚拟世界的事物不会出现在现实世界中。

"喷子"劣行的靠山是网络的匿名性，他们以网络遮挡自己的脸，似乎他人无法辨别。殊不知，在遮住自己脸的同时还遮蔽了自己辨别虚假的眼睛，一任心底的恶与丑泛滥，最终害的是自己。

现实世界的软暴力信息和虚拟世界的软暴力信息是双胞胎，对被欺凌者造成的心理伤害，会影响人的健康发展和成长，也会极大影响社会生活和网上生活的安定与和谐。

第五节　迷信类信息

迷信类信息属于违法信息，亦即含有国家网信办《网络信息内容生态治理规定》所说的"破坏国家宗教政策，宣扬邪教和封建迷信的"信息。

一、迷信浅析

所谓迷信，主要在于"迷"字。因迷（迷惘）而信，由信而愈迷（痴迷），非理性地相信某种行为或仪规具有神奇的效力。由此导致迷信者具有递进式的若干特点——首先不具备分辨能力，不能全面深入地认识事物的本质；其次由于没有判别能力，而又对某种现象或说法信以为真，甚至坚定不移地信仰和崇拜；最后盲目地将所谓"信仰"和"崇拜"的现象和说法付诸于积极不懈的行动。当然，迷信也泛指缺少科学论证基础的信仰和盲目的崇拜（政治上、思想上的神化个人、个人崇拜即此）。

从宣传迷信者来说，其根本任务就是惑人心智、迷人心性使之陷于其中。只希望听者接受其讲述的观点，不希望听者去验证；或是让接受者增加似是而非的"据说"、迷迷糊糊相信的可能;黔驴技穷时则祭起诅咒手法,宣称"如若不听从他的话语,就会大难临头"云云。从接受迷信者来说,关键在于因迷而信后的思想和行为 —— 对超自然解释的盲目相信,信仰神仙鬼怪等不存在的事物,相信占卦、风水、占星术、命相等,表现为迷信宣传资料并根据某些资料做出格的事。

本书所述的迷信类信息主要有两大类,其一是千百年来流传至今的封建迷信,包括卜筮、风水、星占、命相和鬼神等,在当前有些死灰复燃,以中老年人为信奉主体。其二是明星崇拜和"颜值是刚需"的颜值崇拜,以及沉醉于数字科技新产品功能体验之中的"新科技控"等,让一些人走火入魔,信奉者以年轻人居多,属于新的迷信。上述两类都属于群体性偏执的信奉、追求、迷恋和崇拜活动,具有一定的社会影响。至于某些人陷入追求"商品、物资和批条"的商品拜物教,对"金钱万能"的金钱拜物教,追求享乐至上、超前消费而不顾一切等,在此不专门阐述。

二、现代迷信表现之"科学"迷信

在中国进入现代历史之际,反帝反封建的五四运动的锋芒所向之一就是倡导科学,反对封建迷信,揭露封建愚昧,令中国人民耳目一新从而初步觉醒;在新民主主义革命的各个阶段,反对旧式迷信的斗争不断深入。20世纪50年代前期,我国掀起了移风易俗、改造世界的热潮,旧式迷信被扫荡到社会角落。从此以后,所有的迷信货色无不披上"科学"的外衣,旧酒新瓶,以求一逞。

20世纪八九十年代,旧式迷信阴魂不散,沉渣泛起,乔装打扮,从地下到公开,从乡村到城市,卷土重来。一些居心叵测者以科学为外衣,以开发传统文化为幌子,利用现代声、光、电等设备,制造种种神秘效果,装神弄鬼,欺骗群众。一些乡镇以发展旅游和民俗文化为名,兴建各式各样的鬼府佛龛、庙宇祠堂,出现"农民住宅未见大有改善,土地庙城隍庙富丽堂皇"的怪现象。文化水平较低、对宗教缺乏正确认识的农民或游客，逢寺庙必烧香，遇神佛皆叩拜，严重影响了人们的思想和行为。

为封建迷信借尸还魂、为邪教传播鸣锣开道服务的是一些非法出版物（书籍、杂志、报纸等）。仅据当时全国政协委员叶至善的个人调查，图书市场上看相、算命的封建迷信图书270余种，种类之多、数量之大、触目惊心。这些非法出版物或打着弘扬民族传统文化的旗号，或标新立异以东方神秘文化研究、预测学、符号学等唬人，或以批判为名、行宣扬之实，或是将被查禁的非法出版物改头换面。一家古籍出版社1993—1994年以整理评注为名，出版各种占卜、相面、风水等图书36种。在封建社会也被严格禁止的《推背图》社会上居然有11种版本。叶至善指出，这些都是封建迷信、神秘主义、宿命论的货色。

一些人打着科学算命、风水堪舆、神功治病的招牌进行敛财，是现代封建迷信的主要形式。在科学算命方面，以前的卜筮、风水、星占、命相、鬼神等迷信活动多见于乡间及街头地摊，如今在城市和旅游区，"四柱预测""八卦预测"的霓虹灯广告耀眼，掷铜钱、抽蓍草、批四柱（排八字）、相面等各种方式也经常见到，有的还打出"计算机算命""复兴周易"的旗号。《长江日报》曾载，武汉三泰周易应用研究所把卜卦相面当作科技经营，拥有4家连锁店，算命先生20多人。研究所工作人员承认：这些卜筮人原来都是在街头摆地摊算命的。上述迷信活动已被执法部门取缔，挂靠企业和责任人被查处。

在神功治病方面，"神医"胡某某粉墨登场，不久就治死了患者；号称"华佗再世"的张某某，四处鼓吹《把吃出来的病吃回去》；"排毒教父"林某某吹嘘"红薯抗癌"。君不见，许多所谓的神功治病就是跳大神，所谓的带功报告就是符咒治病，所谓的信息茶等就是符水，这些画符念咒的巫术、灵符治疗乃至房中术等迷信，都是打着弘扬民族传统文化、弘扬气功的旗号骗钱敛财。

在特异功能方面，20世纪70年代末，类似"耳朵识字""隔空取物"者被传得格外邪乎。号称能够远距离发功灭火的严某，能"隔空取物"的张某某，靠着暗藏机关的玻璃缸水下闭气两个多小时的李某，"隔山打牛"的闫某，以及"意念拌药""透视矿藏""化纸为刀"等神技纷纷出笼。于光远、叶圣陶、何祚庥等科学家明确表示不认同特异功能。实验也证明，许多所谓的特异功能都是假的。

在伪气功方面，有段时间各种头衔的气功大师比比皆是，气功门类如雨后春笋。号称能与自然对话的张某某创立了所谓的香功，天降神人张某某创立了所谓的"中国益智养生功"，还有头顶大锅接收信息的奇葩神功。气功大师以价格不菲的带功报告、带功服务和磁带等，骗取钱财。

上述诸多现代的"科学"迷信，无论是懵懂的记者和多种形式大众传媒为之造势，还是不明真相的相关部门为之颁发许可证、营业执照等必备资质证件，迷信终归是迷信。众多不同表现形式殊途同归，核心就是不择手段地谋取金钱和物质利益。其人骗取钱财事小，迷信肆虐扰乱社会影响事大。

三、现代迷信表现之明星崇拜

所谓明星，一般是指在一定阶段的社会生活中由于各种各样的因素引人关注或有一定影响力的人物。人们对于明星人物的关注，实乃人之常情。在一定的社会制度和意识形态主导下，根据客观形势推出不同的英雄模范人物，有利于社会的稳定和进一步发展，同时为一代乃至几代未成年人提供学习榜样和指出努力方向。许多英雄模范人物，如雷锋、焦裕禄，已经成为深入人心的楷模，是整个社会的耀眼明星，成为几代人一生的榜样。对于明星式人物，社会上的人们适度关注，完全符合情理，只是各人的着眼点不同。

一些传媒在商品经济大潮和市场经济模式建立过程中，没能处理好社会效益与经济效益的关系，把有限的媒介资源过多地向影视歌坛的演艺明星倾斜，常常使他们成为信息载体的主角。由此形成的追星一族，他们广为搜集明星的各种信息（星座、生辰、爱好等），对此如数家珍，倒背如流，在卧室、办公室张贴明星的图片，甚至明星姓名中的某个字等都会成为崇拜目标。

如果此类明星崇拜失控，陷入盲目崇拜的境地，滋生出某种程度的迷信，小到个人言行失态，大到影响到社会的稳定和发展，对此应予遏止势头、纠偏引导。尤其有些人的明星崇拜已出现某些失度，应该重视和适度介入，予以引导。

（一）向谁学？崇拜谁？

20 世纪八九十年代以来，文艺不断繁荣发展，"影星帝""歌星""男神""女神"等日渐泛滥。"歌坛时有偶像出，各领风骚没几天""你方唱罢我登场"。有的明星风光一时，难能长久，必然结局肯定成为流星。有的明星自我膨胀，吸毒、嫖娼、出轨、聚众斗殴，此类事件时有发生，令追星者大失所望，有所觉醒。

凡是真正的明星式人物，在其获得社会承认之前，必定有其努力奋斗的过程；而且要保持荣誉，必定需要继续付出辛劳。体育明星的日常训练无不以人体极限为准，航天员培训和模拟飞行更是出生入死，演艺明星台前风光远远逊于幕后之辛苦，著作等身的文章大家"板凳要坐十年冷，文章不写半句空"，那些"两弹一星"的元勋更是以身许国、默默无闻一辈子……这些真正的明星式人物以其专业特长奉献社会，值得全社会向他们致意致敬。

（二）学什么？崇拜什么？

人们崇敬明星式人物，应该崇敬得法，学习有方。譬如未成年人爱好唱歌无可非议，当年有的中学生与明星通信，表达敬意，索要歌篇，汇报学唱心得，甚至在明星演出前跑到后台请教，都是合情合理的。而有些人在向明星式人物学习什么的问题上存在一定的误区，试论一二。

1.是崇拜业绩，还是崇拜颜值？

所谓颜值是个网络新词，意即容貌。从社会文明心态来说，尚美也是一种正常的心理态势。什么是美？古人云"充内形外之谓美"，直截了当地兼顾了外表美和心灵美，心灵美是外表美之外的真诚、善良，为人处世有益于他人。

如果说所谓的"网红"或可有形象的区别，不计颜值，那么所谓的"主播"绝大部分都是以颜值为首要条件。他们（女性占相当比例）基本依靠颜值招徕观众，以点击率张扬于外，以获得金钱打赏为实际收益。一个人有姣好的容貌本是美事，而如何对待自己的美貌，就显出其品位高低。

各行各业的明星人物都是由于作出常人所未能达到的功绩，才受到大家的崇拜，其中并没有什么颜值因素。体育的竞技项目以更高更快更强为标准，并不考虑颜值因素。即使是演艺明星，也是重在演技，不在颜值。相关高校的表演专业并不是唯颜值录取，并不是清一色的帅哥靓妹，需要培养各种形象的演员以利于塑造各种人物。

从大众传媒看，电视主持人形象（容貌、服饰等）是观众的第一印象（节目是否精彩和主持能力高低有待展开方能评价），应该崇尚端庄简洁、亲切自然、朴实大方、恬静典雅、富有个性，并不排斥在眉毛、眼圈、睫毛、两颊、嘴唇、发型、耳坠、秀颈项链等处展现个人风格。广播、电视的主持人无论是否出镜，都应该以广博的知识，应变自如的反应力和幽默感、风趣感等打动观众。

历史仿佛兜了一个圆圈，当前盛行的"唯颜值论"与以前影视作品中正反派人物的"脸谱化"有着异曲同工之妙！当年的正面人物以"高大全"（不是高富帅和白富美）为特点，形象好的演员是正面人物专业户，而形象不符合正面人物需要的演员则是反面人物专业户。有的导演曾反其道而行之，例如让一贯扮演反面人物的陈述扮演正面人物，而一贯扮演正面人物的凌元反倒扮演暗藏特务，被誉为"出奇兵"。

2. 是学习精神内涵，还是模仿外在形式？

明星式人物散布在各行各业，我们不可能学习和掌握他们所有的专业特长，而是重在学习他们的敬业精神——他们正是以这种精神在其位谋其政，钻研专业，掌握技术，运用技能，以特长为社会服务，获得了社会认可。

学习精神、学习内涵是个艰苦的向上登攀的过程，自然不如形式上的模仿来得快。而未成年人的特点之一恰恰是长于效仿，善于从形式上向明星式人物靠拢。改革开放之初，年轻人追求时尚和前卫，以模仿港台青年服饰为开端。在当时的北京流传着："板砖（盒式录音机）一响，蛤蟆镜一戴，喇叭裤一穿，小胡子一留，齐活了您呐！"

有的大众传媒介绍影视歌星，不是论及其实力和艺术长短，而是艺术之外的诸多风采，直至个人星座、喜爱的食物。

在网络上同样也是一波又一波的时尚潮流，向未成年人推广形式各异的服饰和奢华的生活方式。"××明星同款项链""××明星同款包包""××明星同款连衣裙、衬衫、裤子、鞋子"，连内衣都有，好像穿上这些明星同款服装就能立刻变得像明星一样。如此这般，给全社会和未成年人提供了不良的效仿样板。

（三）怎么学？如何崇拜？

是清醒、含蓄、得体，还是盲目、直白、失控？这是正常的明星崇拜与畸形的追星炒作的三个分水岭。其一是头脑清醒地表达崇拜心情，还是盲目地人云亦云、随波逐流？其二是秉承中华优秀传统文化之含蓄的特点，还是过于直白地向明星表达敬意甚至爱意？其三是把相关表达表示得适中得体、使明星欣然接受同时崇拜者如释重负，还是崇拜者头脑发热、情绪失控、言行恣意而使明星陷于尴尬？君不见，在某些媒体的推波助澜之下，一些人乐于效仿几近疯狂状态的粉丝追星，在与明星的见面会上呼喊尖叫，机场迎送不舍昼夜，追随尾随妨碍明星自由，现场声援不远万里。甚至某明星随意在一个邮筒旁留影，也引发百十来人排队与邮筒合影。某些媒体以赞赏的口吻、不厌其详地描述追星浪潮，立场明显有问题。他们在不破不立问题上，破的是清醒、含蓄、得体，立的是盲目、直白、失控。

粉丝盲目疯狂追星，将大把大把的青春时光抛洒在无甚意义的追星之中，既耽误工作又耽误学习，实在是得不偿失。鲁迅曾对明末清初顾亭林概括的南北士大夫或"群居终日言不及义"或"饱食终日无所用心"发表评论，指出：以懒惰为享乐、借空谈以度日，确是有闲阶级的特点。一懒一空，一言以蔽之：无聊！鲁迅强调：浪费时间就等于浪费生命。他主张应该十分珍惜时间，严肃、踏实、紧张地工作，各种无聊和清谈、懒散和恶趣都在批评和鄙弃之列。整日地把宝贵的时间浪费在一些毫无意义的事情上，不以这种浪费痛心，反而沉醉其中，是为无聊的一种表现。

2020年7月，国家网信办开展为期2个月的"清朗"未成年人暑期网络环境专项整治，重点整治诱导未成年人无底线追星、"饭圈"互撕等价值导向不良的信息和行为。严厉打击诱导未成年人在社交平台、音视频平台的热搜榜、排行榜、推荐位等重点区域应援打榜、刷量控评、大额消费等行为。大力整治明星话题、热门帖文的互动评论环节煽动挑拨青少年粉丝群体对立、互撕谩骂、人肉搜索等行为。严格清查处置"饭圈"职业黑粉、恶意营销等违法违规账号。深入清理宣扬攀比炫富、奢靡享乐等不良价值观的信息。追星并非不可，但不能越出法律道德界限。网络空间不是法外之地，虚拟社会也有规范秩序，不能无成本、无负担地肆意妄为。如果因为追星而失了心智、乱了行为，只会害人害己。

对于人生观、世界观、价值观尚未成型的青少年来说，这种制造冲突、党同伐异、网暴互撕的"饭圈"负能量十分危险。它所影响的，不仅仅是当下，更有未来，最终伤害的是青少年的健康成长。

四、现代迷信表现之"新科技控"迷症

（一）"新科技控"初现与普及

"某某控"是网络语言，表示人被某某事物控制住，深陷其中，不能自拔。大背景是新科技服务于社会生活、家庭生活和个人生活，这一服务随着科技发展而日益入细入微，使得人们离不开科技产品，离开则不方便。而"新科技控"则是指一些人对于某一新科技产品笃信依赖，须臾不能离开，否则怅然若失；同时对于亲友逐渐冷淡，漠不关心。新科技产品利用人的自然属性之一——好奇，引人入胜，自控力差者深陷其中，疏远人际交往，挫伤了人的社会属性。

遥想当年广播、电视先后进入人们生活时，拥有者先是工作单位，后是家庭；人们为了收听收看广播或电视节目，或早出，或晚归，有时在晚饭后拖家带口赶到单位看电视。及至广播、电视逐步普及进入部分家庭后，在四合院里，每逢好的广播节目（评书、重要新闻、好听的歌曲等），拥有者要把音量开大，以满足邻居收听的要求；每逢重要的电视节目，则是把电视机搬到院子里，全院共享。磁带录音机、磁带录像机、傻瓜相机出现后，能够操作这些较高水平设备者，会获得更多尊重。传呼机、"大哥大"及一二代手机问世后，由于给工作和生活带来方便和利益，拥有者越来越离不开它们。

"新科技控"是相对于已有的"科技控"而言——遥想当年的收音机就令人着迷，"先完成作业，要不然不能听广播"是家长督促子女完成学校作业的口头禅，而孩子们则是当年的"科技控"。继广播、电视之后，电脑和网络进入千家万户是"新科技控"出现的标志，而泛化的转折点是智能手机的出现及迅速普及，手机控、蹭网控、刷屏控、微信控等屡见不鲜。特别是近年来，微信在我国大行其道，几乎无人不微信，皆是低头族，几乎到了"开谈不说微信事，莫非君是外星人"的地步。除了自控能力较强者外，"成瘾、受控"不分年龄，且与经济收入、文化程度、事业是否成功无甚关系。一些人受到以智能手机为代表的新科技产品的控制，臣服于它，身陷其中，享受便利，不愿自拔（极少数难以自拔）。对这类电子产品（网络游戏、社交媒体、网上购物乃至网上赌博等）失去自控力，从着迷、着魔到成瘾，醉心执迷，难以割舍，完全是一派信徒的表现，称之为是一种新的迷信形式并不为过。据某机构对 6 万人的调查显示，每个手机用户平均每天会打开他们的手机屏幕 88 次，每天在手机上花费两个半小时，其中只有 7 分钟用于通话，大部分时间花在社交网站和游戏上。某媒体对 2002 名受访者的调查显示，55.0% 的受访者几乎从不关手机；75.5% 的受访者自认为存在一定程度的"手机依赖症"，其中的 18.0% 自认为非常严重。我国网民中十分之一或多或少有网瘾，其中 70% 是年轻人。他们被称为"网虫"，网瘾一来，八匹马也拉不动，长时间泡在网络上，任意检索、交流、嬉戏、猎奇。长此以往，必将出现人文社会危机。对于网络世界充满幻想，百般追求不切实际的目标，不惜代价以求达到，必定会忽视身边的现实世界，忽视亲情。其实，这才是最珍贵的。

（二）走火入魔的网络游戏

网络游戏在国外兴起于 20 世纪 60 年代末，在中国出现在 20 世纪 90 年代末。在网络游戏出现前，中国在 20 世纪八九十年代已经出现电子游戏，诸如饲养电子宠物、垒方块、软件游戏《仙剑奇侠传》等，受到未成年人的喜爱。真正意义的网络游戏出现后，在中国迅速发展普及，青少年已成为网游文化创造与消费的主力军。

所谓网络游戏简称网游，是指以互联网为传输媒介，以游戏运营商服务器和用户手持设备为处理终端，以游戏移动客户端软件为信息交互窗口的具有可持续性的个体性多人在线游戏，旨在实现娱乐、休闲、交流和取得虚拟成就。早期以免费 PC 游戏形式出现。所谓手机游戏简称手游，是指以一定硬件环境和一定系统级程序为运行基础，在手机等各类手持硬件设备上运行的游戏类应用程序。

随着智能手机的普及及 5G 覆盖率增加，我国的手机网游玩家数量剧增。据 2019 年手机游戏行业半年报告，从 2018 年 6 月到 2019 年 6 月，月活跃用户规模达 6.91 亿。如果以国家统计局发布的 2018 年中国人口为 13.95 亿为标准计算的话，相当于中国有一半的人都在玩手游，以青年人或未成年人为主。据有关报道：青少年上网的主要目的是打游戏、浏览新闻资讯、看微信朋友圈和听音乐；13—17 岁青少年网瘾比例最高，为 30.5%；其次为 18—23 岁青少年网民，网瘾比例为 26.6%。"一入手游深似海，从此闲暇是路人"，他们在网上操作时间超过一定的限度，沉溺于虚拟世界，对网络过度依赖，以此来获得心理满足。他们在网络世界迷失自我，对现实生活失去兴趣、情绪易变、精神空虚、社交困难和思想偏激等。这种沉迷状态俗称上瘾，上瘾作为一种心理失调会以某种化学物质影响大脑机能——目的、决策力、学习能力、自控力、享乐方式。这种网络依恋失控成为一种心理障碍，称之为"网络成瘾综合征"。在各种相关症状中，网络游戏成瘾性最大。可以肯定，如果不加强对于网络游戏的设计、试发行的前期监管，如果不落实网络游戏防沉迷系统，如果不铲除教唆青少年犯罪和危害青少年的网络游戏，那么将出现越来越多的网络游戏沉迷者，他们的社会生活和家庭生活将难以安定。

综上所述，迷信（包括迷态、迷症）日渐泛滥的事实告诫我们，科学精神不会随着科学文化水平的提高而自发树立，不破不立，必须用科学思想、科学观念去揭露和批判封建迷信的本质、内幕和危害，揭穿并抨击沉渣泛起的封建迷信和陈规陋习。对于迷信（包括迷态、迷症）者，应该施以耐心的劝告、教育和宣传，扫除人们头脑中的愚昧迷信思想，用科学精神、科学思想、科学方法同愚昧、迷信、落后等丑恶现象作深入持久的斗争。必须捍卫科学尊严、弘扬科学精神，树立科学文明，大力宣传唯物论，宣传无神论，进行科技知识的普及，进行科学思想、科学方法和科学精神的普及，大力倡导文明、健康、科学的生活方式和先进的生产方式。必须进一步加强法制管理，做到标本兼治。

第五章

违法信息和不良信息（二）

　　不良信息是指违背社会主义精神文明建设要求、违背中华民族优良文化传统与习惯及社会公德的各类信息。

　　本章主要剖析违法和不良信息中的亵渎文化类信息、侵扰"三观"类信息、粗鄙类信息、戏谑类信息、颓废类信息、不实类信息和无用类信息。

第一节　亵渎文化类信息

　　亵渎文化类信息是指不尊重敬畏中华优秀文化，为了某种目的肆意对中华优秀文化进行作践、歪曲、诋毁、剽窃的不良信息。亵渎文化类信息属于不良信息，属于国家网信办《网络信息内容生态治理规定》所说的"损害国家荣誉和利益的"信息。

　　中国是世界上历史最悠久的国家之一。中国各族人民共同创造了光辉灿烂的文化，世世代代的中华儿女培育和发展了独具特色、博大精深的中华文化，为中华民族克服困难、生生不息提供了强大精神支撑。历史告诉人们：文化强，则中国强；文化殇，则中华殇；文化灭，则精神灭。有鉴于此，必须高度重视抵御亵渎文化类信息。

一、社会语言中的不良文化现象

语言文字是关系到国家尊严和民族形象的大事，任何一个有独立地位、有影响力的民族都以文字驾驭文化，以文化主张思想。萨尔瓦多谚语"语言不灭，民族不亡"和法国作家都德的名言"即使亡了国当了奴隶的人们，只要牢牢把握住他们的语言，就好像抓住了打开监狱大门的钥匙"等，都强调语言与民族存亡的关系。口头语言是文字的源泉，文字是书面化的语言，中文汉字是中华民族薪火相传至今的文化瑰宝。中华人民共和国成立以来，国家始终倡导"说话要说普通话，写字要写规范字"，对少数民族的语言文字进行保护。国家历年进行的扫盲工作均以规范字为本，且不提倡在大庭广众使用方言俚语。

（一）部分成语被篡改为谐音广告

成语是我国千古流传的文化遗产的有机构成，近几十年来却经常被别出心裁地利用成为谐音广告用语，被篡改得面目全非，使今人愧对祖先前人。

洗衣粉把成语"依依不舍"变成"衣衣不舍"，感冒药把成语"刻不容缓"变成"咳不容缓"，皮革制品把成语"别具一格"变成"别具一革"，养生餐饮把成语"别来无恙"变成"鳖来无恙"，眼药水把成语"一鸣惊人"变成"一明惊人"，某芯片把成语"得心应手"变成"得芯应手"，驱蚊灵把成语"默默无闻"变成"默默无蚊"等。甚至有痔疮膏把成语"有志之士"变成"有痔之士"，把成语"志在必得"变成"痔在必得"，不胜枚举！

乱改成语危害极大，对中国文化遗产是一种破坏，此风不可长，此风应该刹，此风必须刹。它不仅容易误导青少年，还容易造成语言使用混乱局面。

（二）西洋化、封建化、贵族化倾向

改革开放以来，我国社会语言生活中出现了西洋化、封建化、贵族化等不良倾向，主要表现在厂商的字号、产品的名称等方面。

西洋文化倾向出现。一些厂商的字号、产品名称崇洋，展开一场"拉洋配"比赛，诸如戴拿斯歌舞厅、洛尼兹海鲜馆、维也纳酒吧、芝加哥娱乐厅、圣保罗精品屋以及路易十八、丘比特、玛丽亚等；向洋人看齐的中国的皮尔·卡丹、中国夜巴黎、东方威尼斯等；中国的文学艺术作品及其作者、演员受到国外赏识则受宠若惊；20世纪80年代年轻人戴遮阳镜不揭外文商标，盲目崇洋的女士身着"KISS ME"（"请吻我"）字样的上衣招摇过市，歌词里半通不通的外文语句等。据中国社会科学院社会学研究所曾经的调查，1994年北京商店、商品名称取洋名者占10%，1995年增长到13%。

封建沉渣泛起。一些厂商的字号、产品名称涂抹封建色彩，摆出宫廷帝王气派，突出皇家御用，皇家宾馆、贵妃美容厅、皇冠、公主、御膳和帝王将相、才子佳人、宫妃等名称大行其道。某大城市闹市区皇宫牌号的舞厅，广告语是"御酒伺候、宫妃伴舞、保君神往、怡情心舒"。四川大邑县把尽人皆知的大地主及其庄园乃至其父当作历史遗产，近十种商品、饭店、别墅的注册商标纷纷靠拢，甚至连腐乳的包装袋也注明"此品曾为某某某享用"。

贵族消费喧嚣。封建等级带来攀龙附凤的贵族心态和贵族气派炫耀张扬，诸如贵族美食城、王子饭店、富豪大酒店、绅士购物中心；贵族们在豪华酒店中逞强斗富，精品屋里一掷千金，美容院塑造龙哥狐妹，访谈室里展示旷世奇服等。"只买贵的，不买对的"之类的贵族消费经过各种传媒的衔命报道，声势显赫一时。

此外还有粗俗化、文理不通、语言不规范等，在此不作赘述。

概括地说，一切向钱看的歪风是造成语言文字污染的主要原因，厂商借助于洋气和封建气图谋钱财，因而制造语言文字污染，浊化社会风气——洋化名称泛滥，于己丧失民族气节，于社会损伤民族自尊心；封建气息弥漫，商风伪劣，毒化社会风气；贵族气派泛滥，世风日尚浮华，官风腐败，民风浇薄。上述因素之外，还有其他复杂的社会原因。国家工商行政管理局曾在一段时间内，对全国800多万家登记注册的商店企业名称重新审查，重在清除具有不良倾向的名称。

（三）一些媒体的语言文字失范

所有的媒体应以汉语的语言文字作为基本工具。自改革开放以来，"说普通话、写规范字"没有得到应有的尊重和敬畏，经常受到来自多方面的多种冲击。面对这些冲击，主流媒体责无旁贷，理应站在捍卫汉语语言文字的第一线，率先垂范，带动同行，影响全局。在此，且不说主流媒体出现的语言文字失误（有些失误难以避免），一些主流媒体的产品、节目及其主持人，在相关冲击下也曾出现较大幅度的摇摆不定。

他们在外来语言的冲击下，出现媚洋倾向。20 世纪 30 年代的上海被讥为"洋泾浜"的构词在现今主流媒体屡见不鲜，体育漫谈改为体育沙龙，漫画称为卡通，激光唤作镭射，饼干变身克力架；报纸的文章和标题夹带洋文，电视屏幕上的中外文字混杂，主持人满嘴 DIY 等外文缩略语等。对此，国家广电总局《广播电视加强和改进未成年人思想道德建设的实施方案》中作出有针对性的规定，要求主持人不许在普通话中夹杂外文。有条件地择用外来语，独具匠心艺术地吸纳外来文明，将他国词语之花嫁接于我国的语言文字大树上，是为正道。

他们面对方言的潮流一时把握不定。我国改革开放前沿阵地是沿海的若干省份和经济特区，粤语为首的方言俚语对"说普通话、写规范字"的冲击率先兴起，广东译音词挟着商品经济之势走向全国，较早出现在北方报刊上的粤语文字是广告词"一个电话搞掂"中的"搞掂"（搞定、办成之意）。后来，按粤语音译的新流行名词由香港广东传入，诸如菲林（胶卷）、唱碟、雪柜（冰箱）、买单（付账）等；引进的动画片《狮子王》配音是与普通话相比用词发音都极不标准的"港白话"。国家广电总局《广播电视加强和改进未成年人思想道德建设的实施方案》中，要求主持人不模仿港台腔。

如何对待网络语言和滥造新词也是一种考验。网络语言作为一种新的"话语权力"，先盛行在网上，后浸润并逐渐流行于社会。应该指出，网络语言一开始并不是亵渎文化遗产的，而是以文字、图形符号开玩笑，或利用发音，如"酱紫"意为"这样子"等；或利用谐音、欲扬先抑，如以字面上的"摔锅""衰哥"意为"帅哥"等；或使用缩略语方式，把相关的若干成语串联成一个四字成语，如"喜大普奔"（喜出望外、大喜过望、普天同庆、奔走相告）等；或想方设法、规避直接的骂人，以"绝绝子"替代"好极了"等。以上虽然尚且无伤大雅，但已显现出其短处——有的没有遵循汉语的构词规律，有的擅自改变词性，有的晦涩难懂。在主流媒体上播放的某一食品广告中，一会儿乒乓球比赛，一会儿篮球比赛，无外乎是一个队员体力不支，吃该食品后力量倍增。只是广告词让人听着不那么顺耳——称呼体力不支的队员："饿货！一饿就弱爆了！""饿货"（相当于"饿死鬼托生的"）和"弱爆"（能力低下）都是网络语言，用于广告，无异于大庭广众之下污辱人。

总而言之，主流媒体在汉语的语言文字方面失范，主要在于使用者自觉不自觉向外语和港台地区方言等靠拢，语言不健康也是民族自尊心和自信心缺失的表现。

（四）语言违反逻辑、晦涩难懂

亵渎文化类信息导致现代汉语在文化传承方面遇到不少问题，主要表现是有人不是使用现代汉语明白无误、符合逻辑、准确地表达一定意思，而是违反逻辑、晦涩难懂。

放眼望去，违反汉语的词性和语法的表达比比皆是。诸如黄山很风景，啤酒很德国，他们真青春，重金属的感觉很男人；赵某疯狂北京青年，书上说有情人千里能够婵娟；漂不漂亮，恶不恶心，鄙不鄙视，傻不傻帽等。

在广告和港台歌曲为代表的流行文化中，有些作品连最起码的文学要素都不讲，远离了现代汉语的表达规范，不遑自解，蒙混读者。有的音乐创作人盲目追求"集词、曲、唱一身"的全能型形象，在创作中盲目追求前后语句的押韵，为适应旋律高低变化而背离基本语法规律，必然失去歌词应有的大众化品位。有些歌词和歌曲名称匪夷所思、不知所云。至于若干号称民谣的通俗歌曲，半文半白，朦胧含混，下句不接上句。还有许多乱七八糟的广告词，似乎前卫得很，实际上连中国话都没说准说对。

有些自称为诗作的作品闪烁其词、故作艰深。"有的诗朦胧得让人喘不过气来，晦涩得让人望诗兴叹，我几乎看不懂他们的诗，快成诗盲了。"（著名诗人臧克家语）谈到"海的心上躺着贝，贝的心中含着泪"的歌词时，北大中文系著名教授朱德熙无可奈何地表示："我一点儿也不懂！"面对大量不合逻辑、不合语法的歌词，黄霑喟然长叹："我几十年中文白学了！"人们并不是反对作品的新奇，而是有如清人李笠翁所云："琢句炼字，虽贵新奇，亦须新而妥，奇而确。"面对那些堆砌辞藻、令人不知所云的作品，令人想起鲁迅在《"寻开心"》中所言："用怪字面，生句子，没意思的硬连起来的，还加上好几行很长的点线。作者本来就是乱写，自己也不知道什么意思。但认真的读者却以为里面有着深意，用心的来研究它，结果是到底莫名其妙，只好怪自己浅薄。假如你去请教作者本人罢，他定不加解释，只是鄙夷的对你笑一笑。这笑，也就愈见其深。"

二、传统文化的精华被歪曲恶搞

（一）若干文化经典遭歪曲

任何一个历史时期产生的文学作品不可避免会打上时代的烙印；如果以新时代的新观点加以改编，那就是用现实图解历史；如果为迎合部分低级趣味者，以庸俗低俗无聊乃至色情去篡改、歪曲相关文学作品，那无疑就是文坛上的地痞流氓。

提及篡改歪曲名著题材，有人定会说这是港台影片的拿手好戏。本书并不打算对港澳台的信息污染展开评述，只是对港台影片在名著改编中怪相丛生及其对于内地的影响，在此略叙一二。毋庸讳言，香港曾经经历近百年殖民文化的侵蚀，港人对于中国传统文化或许会有不同的感受，以致出现不严肃甚至可以称之为极不严肃的现象——从剧本而言，各大名著的翻拍剧篡改剧情人物和故事情节，甚至彻底颠覆剧情内容的"狗血剧情"屡见不鲜。诸如：武松并没有打虎，而是窃取猎户打虎的功劳；武松与西门庆打斗不是替兄报仇，而是为了争夺潘金莲等。在我国四大古典爱情悲剧中，脍炙人口的梁祝悲情，两位主角被篡改成了武林高手，刀光剑影，飞檐走壁；而所谓经过新奇考证，梁山伯迟迟不去迎娶祝英台，实因其乃同性恋者，对八姐九妹不感兴趣。1998 年陈妙瑛版《花木兰》逗趣搞笑的手法拙劣，一时为人诟病。传奇爱情故事《唐伯虎点秋香》被改编的内容粗俗，搞笑方法下流。《西厢记》等反映男女青年追求冰清玉洁爱情的题材，被糟改成男欢女爱、贪图淫欲，令人不齿。

上述篡改、歪曲之风不可避免地也会影响到内地。当年，即将拍摄《水浒传》电视剧的消息传出后，有社会人士对此善意提醒"拍摄水浒，但愿别跑题"，不要把功夫放在西门庆与潘金莲、裴如海与潘巧云、李固与贾氏、宋江与阎婆惜的性关系上。编导自称在《水浒传》改编过程中，把书中原有的几个坏女人用新观点重新审视。实际播出的电视剧《水浒传》安排了女性反面人物潘金莲 3 次洗澡，人们理所当然认为是在适应低级趣味者的需求。此外，有人对人们耳熟能详的文化经典大不敬，处心积虑加以歪曲。譬如有人歪曲神话故事《愚公移山》，居然把"帝感其诚，命夸娥氏二子负二山，一厝朔东，一厝雍南"，歪曲成玉帝派人帮助愚公家生孩子，以便"子子孙孙无穷尽"便于移山，真是亏编纂者想得出来！

中华优秀传统文化属于整个中华民族，各民族的文化都是中华优秀传统文化的组成部分。各民族的服饰文化也在某些人那里遭到歪曲——有人破坏旗袍的规制，左右两侧的开衩过高且取消应有的搭襻，把婷婷信步改为左右大幅度扭动胯部，分明是过度显示着装者的大腿。蒙古族和藏族的袍服是适应高原气候条件的，有人却大作改动，远不是揎袖出臂，而是公然袒肩露臂——完全褪下一侧，露出一侧手臂连同肩膀和部分前胸后背，没有半点蒙古族和藏族女性的内敛和矜持，几近色情。对此，人们惊呼："这是哪里来的风尘女子？"

（二）文化瑰宝书法受践踏

汉语的文字是象形文字，在华夏五千年文明的发展过程中，汉字的书写逐渐升华为一门艺术。中国书法作为国粹，是中华民族的骄傲，为全世界所欣赏。近几十年来，中国书法这一文化瑰宝也被某些人歪曲践踏。

丑书横行就是书法乱象的一景。近几十年来，有人急功近利，标新立异，以丑为美，抛开汉字的结构胡编乱写，有人凭个人想象的符号胡抹乱造，有的作品违反书法法度、毫无传统书法味道，让人看不出所写是汉字。还有人利用书法消解崇高、戏谑传统，贩卖低俗、庸俗、媚俗的货色。

最不能容忍的是有人公然亵渎中国书法。有人身体健全，却以脚执笔；有人肢体完整，却将双笔插进鼻孔里写字；有人将头发蘸上浓墨，甩下堆堆墨迹……更有胜过无赖的孙某，用女性阴毛制笔，宣扬"性书法"，低级下流，莫此为甚。糟蹋书法，践踏文明，不仅亵渎了书法，也亵渎了中国文化。

（三）低俗之风侵蚀中华文化

跨世纪前后，我国一些文艺乱象的基本特征之一是以低俗为基色。习近平总书记 2014 年 10 月 15 日在文艺工作座谈会上的讲话中指出："低俗不是通俗，欲望不代表希望，单纯感官娱乐不等于精神快乐。"一语中的，指明了诸多文艺乱象的基本特征。

一些文艺创作者把一些腐朽的、本来已经消亡的陈规陋习和社会沉渣都找出来，玩味欣赏。在其作品中，充斥着虚情假意、娇柔的媚态、随口编造的谎言，在体面的外衣下，掩盖着难以启齿的肮脏和丑陋。翻开书页，听到的是呻吟叹息、嬉笑调侃、粗话辱骂、窃窃私语，看到的是放纵勾引和形形色色的交易。某位作家写朴素散文多年默默无闻，却在出版了一部引人无限联想的性爱小说之后一发不可收拾，连续写作和出版了多本村野小段子的集子、作品集、经典作品选等，是为低俗乱象的一个缩影。

经某些人的歪曲，革命歌曲走了腔调——拥有汹涌澎湃气势和悲壮豪迈时代节奏的《黄河大合唱》被歌手轻声叙说和缓慢敲打的鼓点演绎；沉雄浑厚的《国际歌》被摇滚的自我宣泄取代。特别是《国际歌》的歌词也被篡改成："这是最后的聚餐，嗨皮起来到明天，人均喝掉 30 杯，就一定要实现。"令人不能容忍！某些音乐制作人平静直白地表示："现在谁还在乎英雄啊，有流量就干！再说了，我们也就是蹭个热度"，"视频要想火，就得大逆不道！越是颠覆常识，越火！"

曾几何时，由于受到音乐制作商业化影响，音乐成了不是用耳朵而是用眼睛欣赏的艺术形式，人们对于歌手的嗓音品质、演唱技巧期望不高，而是变为看歌手的容貌是否悦目顺眼、服饰是否奇特。歌词充斥搔首弄姿故作媚态的"悄悄话"，飘荡灵魂空虚醉生梦死的酒后狂言，弥漫庸俗浅薄虚情假意的流行语，越来越多鄙俗不堪的歌曲跳跃出笼，有的甚至把一些粗鄙行为也编进歌曲，见钱眼开卖弄风情去媚俗。观看那表演，或为所谓的爱情喊个天昏地暗，或为所谓的失恋披头散发上蹿下跳，或甜言蜜语迷惑人，或悲苦之极抱恨含怨……一片低俗，乌烟瘴气。

有的女演员笃信一脱成名，有意无意地在红地毯上"走光"，暴露女性的第二性征甚至第一性征或隐私部位等。有的演员积习难改，在小品大赛上的表演实在不堪，被劝下台；有的曲艺演员不仅演唱男女偷情的成段唱词，而且与女主持人"插科打诨"，"荤词荤段子"齐上阵，怂恿女主持人"大声叫春"。有人把误入大众传播的文艺形式回归到小剧场、使之焕发生机，有人把民间文艺形式发扬光大、挤入"大舞台"，这些都是功德无量的；但是无论小剧场，还是大舞台，都不应藏污纳垢，低俗媚俗。

《中国文艺工作者职业道德公约》也明确要求广大文艺工作者坚决抵制调侃崇高、扭曲经典、颠覆历史，丑化人民群众和英雄人物，反对唯洋是从、历史虚无主义和文化虚无主义；坚决抵制粗制滥造、抄袭跟风，反对唯票房、唯流量、唯收视率；坚决抵制庸俗、低俗、媚俗，坚决抵制造谣诽谤、网络暴力，反对拜金主义、享乐主义和极端个人主义。

综上所述，对于博大精深的中华文化必须敬畏，这与批判地继承文化遗产并不相悖。批判地继承文化遗产的目的在于创立新文化，其前提是如实承认文化遗产中精华与糟粕并存，在吸收文化遗产精华过程中注意选择与消化。这对于我们正确认识文化遗产，反对虚无主义，反对复古主义，有着直接的指导意义。复兴中华传统文化重要的不是文化复古，而是文化创新；不是以传统文化替代现代文化，而是以传统文化辅助现代文化。

第二节　侵扰"三观"类信息

　　侵扰"三观"类信息是特指侵扰人的世界观、人生观和价值观的不良信息。世界观是人们对整个世界的总的看法和根本观点，也叫宇宙观。人生观是指对人生的目的、意义和道德的根本看法和态度。价值观是人用于区别好坏、分辨是非及其重要性的心理倾向体系，反映人对客观事物的是非及重要性的评价。世界观、人生观和价值观都处于人的内在的精神层面，同时无不表现在人们日常生活和关键时刻，内化于心、外化于行是三者的共性。

一、信息污染侵扰人的世界观

　　世界观涉及哲学的物质与精神何者为第一性、客观世界是否可知等基本问题，其中唯物主义与唯心主义、辩证法与形而上学、可知论与不可知论、奴隶史观与英雄史观等的斗争相互交织、错综复杂。由于多种原因，目前在社会上涉及世界观的错误观念为数不少。

（一）涉及辩证唯物主义原理的相关错误观念

　　辩证唯物主义坚持物质是客观世界本源、物质决定精神和精神对于物质有反作用、客观世界的物质性和多样化等基本观点。

　　多种拜物教先后出现。经过思想上的拨乱反正，在否定了盛行一时的"精神万能"后，人们的思想观念从一个极端走向另一个极端，即对于物质和金钱的拜物教。在实行商品经济后，一些人过分看重物质，讲究物质享受，出现商品拜物教。一些人在建立市场经济模式过程中，从搞紧俏商品转为兼职"走穴"捞钞票。在他们心中，"为人民服务"变成了"为人民币服务"，金钱拜物教出现，"没有钱是万万不能的"大行其道。金钱开路，经过经纪公司的包装运作，无名之辈可以迅速蹿红，名利双收。例如电子设备拜物教，从"电子宠物"开始，一些人开始对新款电子设备无休无止的追逐，甚至出现青年人为此出卖身体器官的惊人消息。一些人沉湎于物质的占有和享受，一头栽倒在追逐物质方面，却对人应有的精神世界弃若敝屣。不久前那种对奢侈故作娇嗔、低调，却甜宠地表达着优越感的所谓"凡尔赛"体，实属欲扬先抑。值得注意的是，拜金主义至今依然势头很猛。

网络世界带来困惑。电脑和互联网从国外引入后，互联网最初被人们作为现实世界的避风港——现实世界很纷扰，工作生活劳累之后，到网上喘喘气，进行虚拟社交，求得放松身心、缓解疲劳。随着虚拟世界吸引力的极大增强，一部分网民有意逃离现实社会，更有不少人开始成为多日挂在网上、寸步不离的"网虫"；更有相当数量的网民，其中青少年占有相当比例，沉溺于网络游戏；一系列社交平台的运营，相关社交软件的更新换代，虚拟的网络社会日渐强化，网上社交占据了人们大量时间，成为生活不可缺少的一部分（甚至是大部分），在网络世界中过着"似乎很充实"的生活。他们醉心网络世界，对现实世界冷漠。

精神世界无处安家。改革开放以来，人们精神世界受到的冲击最大，在一段时间里，相当比例的人们仿佛忘记人生精神世界的存在。且不说滥竽充数或挂羊头卖狗肉的精神产品生产者，甚至有个别主流媒体，在精神产品生产中，不能摆正社会效益和经济效益的关系，无所顾忌地将经济效益放在第一位；它们罔顾信息的真实性，搞有偿新闻，雇佣网络水军、推手大有人在；它们迎合社会中的低级趣味，制作亵渎历史和文化的文学艺术作品。与此同时，各地的城隍庙、寺庙香火正盛，承包了相当多人们的信仰；逢年过节赶烧"头炷香"者形成人潮，小升初、中考和高考的学生顶礼膜拜等，记录着一幕幕信仰缺失的情景，向人们提出了"人们的精神世界向何处去"的严肃问题。

（二）涉及唯物辩证法原理的相关错误观念

唯物辩证法包括三大规律、五对范畴和三个基本观点，在此基础上，强调对立统一观点亦即一分为二的观点，这是辩证法的实质和核心。唯物辩证法无处不在，无时不有，对于唯物辩证法的认识和把握，需要以理论学习为前导，更需要日常多加思考，或可主动思索探求，或可被动地认识。无论是年轻人还是成年人，囿于相关条件不足，看问题往往失之于片面性。

例如一些青少年片面追求明星形貌，盲目整容，除了因身份证照片与整容后形象相去甚远、给安检部门添麻烦外，曾经有的大学迎接新生入学时"撞脸"纷纷，校内突现若干个李冰冰、若干个林志玲和一大把范冰冰。而这类"明星脸"的拥有者往往在学业、为人处世方面乏善可陈，显然是没有认识形式与内容的辩证关系。又如一些青少年憧憬美好的秀外慧中，实践中却轻视内在调养，对于青春期内因决定的面部出现痤疮这一常见现象，企图一味掩盖或涂药速决，显然是没有认识内因与外因的辩证关系。再如一些青少年一味追求时髦，以标新立异为荣，发型随着影视剧主角改变，服饰随着港澳台影视剧改变，一时盛行的男生皮带松垮、女生不问季节的露脐装、青少年的乞丐服等，此起彼伏。标新立异本来是以少取胜，年轻人却是蜂拥而上，随波逐流，个体时髦向着群体时尚转化，也就无所谓标新立异了，显然是不懂量变与质变的辩证关系。

一些网民对某些公众人物的个人主义以及某些教授或学者抄袭造假、浪得虚名、丢脸国外等劣行不满，把"教授"一概憎称为"叫兽"（人面兽心兽行之人），把"专家"憎称为"砖家"（欠挨板砖之人），显然是忘记了部分与整体的辩证关系，忘记了具体问题具体分析。正如鲁迅在《一思而行》中所说，"一个名词归化中国，不久就弄成一团糟"，"学者和教授，前两三年还是干净的名称；自爱者闻文学家之称而逃，今年已经开始了第一步"，"受之者已等于被骂"。世界上真的没有实在的学者和教授吗？"并不然，只有中国是例外"。鲁迅反对绝对化，反对人云亦云，主张要区别不同的对象，"在乌合之前想一想，在云散之前也想一想"。

（三）涉及辩证唯物主义认识论原理的相关错误观念

辩证唯物主义认识论原理告诉人们，对于任何事物的认识都是一个辩证发展的过程，都是在实践基础上由感性认识到理性认识，又由理性认识到实践的能动飞跃；是实践、认识、再实践、再认识，认识的基本环节循环往复以至无穷、认识的内容无限发展的过程。每一个人成长过程中对于知识的逐步把握,都是循着认识论原理扩展和深化的。而在实际生活中,违背这些原理的社会现象比比皆是,权且以当前的社会矛盾焦点之一教育为例。

先看所谓的"不能输在起跑线上"的观点在社会上广为流传,导致各种体育音乐美术外语等兴趣班遍地开花,家长争先恐后给孩子报名参加辅导,趋之若鹜。但人们恰恰忘记了,知识来源于人们对生产和生活实践活动的认知思考和经验积累,重要的、不可或缺的前提条件是要具备能够胜任认知思考和经验积累的脑力条件。人们以牺牲少儿乃至婴幼儿的玩耍时间为代价,寄希望于低层次的重复、量变的盲目积累。殊不知眼下所占用的几个月乃至更多时间所实现的教育效果,在脑力发展适度后仅仅需要几个星期即可达到。

再看应试教育。为了高考榜上有名,部分中学在高中阶段的知识传授完全以应对高考为目的,高中学生完全成为考试机器,学习内容大部分是死记硬背,是"题海战术"、应试技巧,称之为"应试教育"名副其实。大部分教师注重"鱼"而不注重"渔",忽视青少年的全面发展,只追求学生钓鱼的数量(感性认识),而不注重提高钓鱼的能力(理性认识),亦即不注意揭示同类题目中的规律性,不注意提高学生举一反三、触类旁通的能力。

还有,历史唯物主义原理的主要方法论之一就是分析历史问题必须坚持具体的历史的统一。无论是分析近现代中国革命历史,还是分析中华人民共和国成立以来的历史,有些人以想当然、假如、假说之类的思想方法认识历史问题,没有把握历史唯物主义的立场、观点和方法,没有认识到人类社会是一个自然的、历史的过程,背离具体的历史的统一。

世界观并不抽象,而是具体地存在于我们的生活中。世界观并不玄妙深奥,只要善于思考,接受辩证唯物主义和历史唯物主义原理的引导,就能够进入正确世界观的大门。要坚持具体情况具体分析,使之成为我们观察世界、认识世界、探索世界、改造世界的向导。

二、信息污染侵扰人的人生观

人生观需要回答人究竟为什么活着、人生的意义和价值是什么、人应当怎样度过自己的一生、应当使自己成为一个什么样的人等基本问题，体现在人生目的、人生态度和人生价值三个方面，具体表现为人的幸福观、苦乐观、生死观、荣辱观、恋爱观等。在实际生活中，某些人把"明哲保身""人不为己、天诛地灭"的处世哲学玩味到极致，"精致利己主义"曾经盛行一时。

（一）信息污染影响正确幸福观的树立

幸福是指人们在创造物质生活和精神生活条件的实践中，由于目标和理想的实现而感到精神上的满足。幸福作为一种主观感觉，侧重于个人的感受，是物质与精神二位一体的综合感受，绝非偏颇一端。幸福观是人类历史发展的产物，幸福是人类永恒的追求，得到人们普遍关注。考察幸福观应该以人的主观能动性和人的根本属性——社会性为出发点。

一个时期以来，主要有两种不正确的幸福观招摇过市。

其一，名利主义驱动下的幸福观。那些见利忘义、重利轻义、追名逐利者，那些为了博得眼球、追求流量和打赏额度而哗众取宠、"海量吃播"者，那些在现实世界追求出人头地和名利双收而弄虚作假、抄袭伪作、巧取豪夺、浪得虚名者，他们不会拥有可靠的、长久的、切实的幸福。

其二，以物质享受为主旨的享乐主义幸福观。一些明星名人炫富、夸富、斗富，一些传媒也纷纷炒作明星、名人豪华奢侈的物质生活，那些"超时代的享受""王子生活""贵族享受"等的广告词构成了一幅唯有物质享乐方才幸福、精神生活仿佛不存在的画面。一些青年读物的内容与主旨相去甚远，推崇名牌高档、野性、性感，不恰当地鼓励高消费，误导青少年。2011年，自称"住大别墅，开玛莎拉蒂"的郭某某事件即是炫富、夸富的代表性事件，成为社会热点。党的十八大以来，随着党和政府反腐败的推进，片面追求物质享受的享乐主义幸福观开始退潮。

（二）信息污染影响正确苦乐观的树立

苦乐观是人们对痛苦和快乐及其关系的基本见解，是人们在物质生活和精神生活中产生的不同感受和认识。正确的苦乐观提倡以苦为荣，以苦为乐，先苦后甜，乐在其中；强调在实践中吃苦在前，享受在后，把方便让给别人，把困难留给自己，正所谓"险争上，甘相让，苦先尝，难独当"。

在树立正确苦乐观的过程中，必须摒弃唯心主义干扰。以苦与乐为主题的名言警句俯拾皆是，人们总能接触到具有时代烙印的励志名言。特别是在现代传馈科技条件下，每个人都喝过不少励志"鸡汤"，对此应该重在分析，取其精华，弃其糟粕。唯心主义的心灵鸡汤总是脱离人们具体的社会实践，力图使人认为似乎遇到的苦难是冥冥之中的安排，坚持下去就会出现好运。这是欺人之谈，是随心所欲的异想天开，这种脱离实践的臆想必然在实践中碰得头破血流。具体的实践与具体的苦乐相联系，不同实践中的苦与乐各不相同，不能相互替代。正如以苦作舟方能领略无涯学海之乐，傲霜斗雪才能凝练苦寒梅香，各有千秋。

在树立正确苦乐观的过程中，必须正面回答"为谁吃苦"这一核心问题。不同社会环境中存在着相对的"大家"与"小家"之分，不同层次的人们对于"为谁吃苦"有着不同的回答。对此，人们没有任何理由否定胸怀苍生、以天下为己任的那种"身在茅庐，举世烽烟望"的情怀。"小我"为"大我"——为其他人，为多数人，为普天下民众谋幸福、作奉献，是马克思"无产阶级只有解放全人类才能最后解放无产阶级自己"的具体化。寻常百姓邹方明忍受手术之苦为父献肝，人们绝不因器官捐献者与接受者是儿子与父亲的关系而贬低其社会意义，而是予以高度赞扬。同样，拥有无疆大爱的父母在生育、抚养、教育儿女的过程中耗尽心血，吃尽苦头，自得其乐，同样应予褒扬。职业革命家、社会活动家以天下为己任，为了国家和社会的进步抛家舍业，四海为家，奔走呼号，"苟利国家生死以，岂因祸福避趋之"，献出毕生的精力，更是赢得人们的崇敬。

在树立正确苦乐观的过程中，必须正确面对顺境与逆境——逆境往往往意味着困境、苦难、折磨，顺境则往往意味着轻松、随心、顺意。"勤逐炎凉看黄鸟，独欺冰雪挺苍松"。遭受挫折容易产生挫败感和颓废情绪，受过挫折教育、明了顺境和逆境辩证关系的人会较好地渡过难关。正所谓"有时候，我们为了操守，被人群远远地丢在后面。可是当道德转身的时候，你一定是置身于人先，且被人仰望"。

（三）信息污染影响正确生死观的树立

生死观建立在比幸福观、苦乐观更加深刻的思考基础上，是人们对生与死的根本看法和态度，对生与死的不同价值评价形成不同的生死观。生而必死，死是必然的、简单的，而生是复杂的，要活得有价值。有的人认识到生命赋予人神圣的责任，珍惜光阴，积极生活，做自己喜爱的事情，让每一天都过得对己、对人、对社会有意义，实现生命的价值。有的人不知为生命寻求正确方向，无所用心，得过且过，沉溺于吃喝玩乐、荒废时光。

青少年在生死观问题上容易出现两大误区。

其一，生不感恩。生命的获得是人生铺展的基础，亲情是人生伊始幸福感的源泉。在婴幼儿时期，恐怕每个人都曾经发出"我从哪里来"的提问，对于父母的依恋感恩之心是自然的，是不可扼杀的人性。

在2017年9月前后，网上披露了一名10岁男孩鄙视父母的"爸妈不配有我这么好的儿子"的言论，其他小朋友表示这说出了他们敢想却不敢说的"心里话"。在网络上，相关欺亲灭祖的言论混杂在八卦、玩笑、戏谑之中，一些未成年人缺乏现实世界与虚拟世界的分辨力，鹦鹉学舌，不知轻重地把"没经过我同意就生了我"的话语抛向父母，毫无感恩意识的冰冷话语不知伤害了多少父母心。

其二，死非其所。改革开放以来，商品经济大潮澎湃，市场经济模式建立，为了获得金钱从而改善物质生活条件，人们选择生财之道无可厚非，只是不应以生财作为人生唯一或首要目标，重蹈"人为财死，鸟为食亡"的覆辙。在现实生活中，一些人不能正确认识自己对于父母和家庭的责任，不能从事脚踏实地的劳动，游走于法律法规的边缘（搞色情或恶趣味）。

在以不同方式自杀结束生命的事件中，相当比例的人（特别是部分青少年）没有树立正确的生死观，不能正确认识诸如作弊暴露、受骗失身、一时失恋、求爱不成、毕业泡汤、工作无着、业绩困顿、事业受挫等，不能正确认识逆境的出现与自己的责任，一时看不到希望、前途以及长远的人生之路，轻而易举抛弃生命。一位以"要有一定社会地位，要有一笔数目可观的钱，或者掌握一定的权力……"为生活目的的学生，声称"如果30岁以前，最迟35岁以前，我还不能脱离平凡，那我就自杀"。更有甚者，有的青少年受宠无状，肆无忌惮，在要求双亲提供超额金钱、要求购买高级电子设备、沉溺网游等受到阻止或制止后，竟以自杀要挟父母和老师。

（四）信息污染影响正确荣辱观的树立

荣辱观是人们对荣与辱的根本观点和态度，受一定的社会风尚、习俗和传统的影响，其意义在于社会评价与自我评价的有机结合——一方面，社会通过舆论的力量，用光荣和耻辱的概念，表明社会支持什么，反对什么，亦即荣辱观的社会性；另一方面，个人力求通过自己的活动，盼愿得到荣誉，努力避免耻辱，表明对自己行为所导致社会后果的关切，亦即自我评价意义上的荣辱观。在某种意义上，荣辱观的社会性比人生观的其他观念更为凸现。党和政府在全社会倡导社会主义核心价值观，对于时代风尚的指导具有前瞻性，对于遏止社会乱象具有针对性。

在现实世界和虚拟世界中，羞耻意识淡薄、羞耻之心沦丧导致一些人在性观念、性道德等方面发生错乱。改革开放以来，国内有人推广女权运动本身无可厚非，只是受到西方性解放等观念的影响，社会上沉渣泛起，以践行男女平等为借口，把合法的男女平等引入歧途，鼓吹畸形的性平等或性解放，性别张扬失范失度，把羞耻观念抛到九霄云外，渐成一股歪风邪气。社会上为出名、博出位的风潮见涨，以女性过度裸露为主要代表，打着艺术旗号暴露身体部位者大行其道。某些新老传媒使尽浑身解数，争先恐后地报道什么"突破尺度大秀性感美背""中门大开性感秀美胸""上围丰满身材惹火""满屏长腿";甚至公然报道某位明星出场"没穿内裤",在相关部位加框,满足窥私癖。某些不自重的明星及其经纪公司"艺妓化",某些记者及其传媒公司"狗仔化",世风日下。

为博得眼球注视率、回头率,一些女性在服饰上表现出畸形暴露欲。20世纪80年代初一本名声不错的青年杂志,封面刊登一位身着短裙女青年跷着"二郎腿"的正面坐姿全身照片,曾经引发一片质问。谁知此后却是越发不可收拾,女性服装的"紧、透、露"被发展成为"短、薄、紧、透、露";对女性敏感部位半遮半掩的所谓"乞丐服"势如潮涌。此外,赤裸裸地踩踏法规红线、突破公序良俗的恶劣现象出现 ——广西某地的"穿着短裙女性半价特惠入园"、湖南某景区的"处女免门票观光"、湖南某地的"C罩杯处女采茶"、杭州"全城追XIONG"等所谓促销活动,对《中华人民共和国广告法》中的"违反公序良俗"条款置若罔闻,为了金钱无视女性尊严。从现实社会的半遮半掩到网上的肆无忌惮,从静态图片到动态视频,从微信有所限制的圈群到以牟利为目的的色情直播网红,直至出现未成年人妈妈成网红,可谓跌破了道德底线。一些女性为所谓"吸睛"而不顾羞耻,谄媚陋俗,无耻招摇,自甘沦落,混淆荣辱观念,破坏公序良俗。

(五)信息污染影响正确恋爱观的树立

恋爱观是指一个人对于爱情的认识、态度及行为倾向,不同的理想、信念、思想、人生观和心理素质,形成了不同的恋爱类型。

多年来,在相关信息污染影响下,青少年围绕恋爱观产生了若干问题。

1.青少年的性别意识弱化或异化

健康的性别意识是适龄青年择友、恋爱、缔结婚姻、组建家庭的前提。男女性别差异乃人世之自然,原本无须强化;一旦社会提出相关问题,则反映了人们对于既有性别意识弱化和异化的焦虑。正如人言:一个民族只有豪情而无柔情,傻乎乎地喊些假大空口号,男人女人都满口粗言、一身野气,这样的民族无论国事还是民事质量都不会高。同样,一个民族过分柔情化、闲情化,见不到雄性风情和雄性文字,也是一种弱化征兆。所谓性别异化指的是性别意识颠倒，阳刚与阴柔在男性、女性之间换位，其中尤以男性阳刚的缺失为主。青少年尚未立足于社会，缺乏生活经验，不能正确区分艺术偶像与人生榜样，是青少年性别意识弱化或异化的内因；社会上涉及男女性别的审美错乱、美感错位是主要外因。

"食色性也"指出饮食男女是人生无可非议的本性，并非人的"软肋"。几十年来，对于性别意识的引导出现了矛盾的两种导向。其一是秉承封建社会的传统，视女性为男性的附庸——把妇女比作商品。拿女人说事的广告不在少数，在电视广告中，女人为肥胖愁眉不展，为头皮屑烦恼不已，一包茶、一瓶水、一块香皂可以转悲为喜、笑逐颜开；"高跟鞋不仅是女性脚上的化妆品，更重要的是它是穿给男人看的"；以片面追求性感的"花瓶"，迎合男人眼光，宣扬"为了讨男子欢心就要穿他喜欢的牌子"。其二则是鼓吹中性，某杂志1995年第一期刊登鞋的广告"新潮女性"——头戴礼帽身披长风衣，脚穿男性十足的鞋，以男女不分的怪异装束造作阳刚之气。

阳刚之美是从男性派生出来的对于男性之美的颂词，阳刚是一种内在气质，有阳刚之气，书生卢嘉川被公认是顶天立地的男子汉；没有阳刚之气，即使外表如同高仓健般冷峻、体格如同史泰龙般强健，也不会为人们所瞩目。20世纪80年代就有硬汉与奶油小生之争，人们对于杨在葆、刘信义、唐国强等的外在形象褒贬不一。90年代，由吴奇隆、苏有朋、陈志朋组成的中国台湾男子偶像组合以青春、阳光的小虎队形象出现；大陆解晓东等歌手边歌边舞，男子阳刚之气尚存。但是一股浊流逐渐从潜在到风行——来自日本、韩国和港澳台的油头粉面的男青年形象逐渐成为银幕荧屏的主角，哈日族、哈韩族先后产生，崇拜效仿。舞台上涌现为数可观的雌雄难辨的男歌手，一身半男不女珠光宝气的行头，浓妆艳抹，衣着鲜丽，美目盼兮，忸怩作态，一水儿的演唱少气无力、吐字含混不清，一时间，"年轻偶像无硬汉"令人扼腕。为时不远的一段时间里，由于传媒的误导，社会上"雌化"现象严重，以怪异博出名，明明是男性却因烟熏妆、穿蓝色丝袜和高跟鞋等"女性化"的装扮和表演，涌现了一批佩戴耳环、搔首弄姿、装腔作势、模仿女性的所谓"小鲜肉"，把性别意识差异化推到极点，人们斥之为"伪娘"。在"雌化"潮流影响下，少不更事的青少年中出现一大批以"伪娘"为偶像的"不像男子汉的男孩子"。对此，"拯救男孩"成为社会上的热门话题，人们呼唤摒弃伪化，培养阳刚之气的血性男儿，呼唤表现"真正男子汉"的雄性文学和雄性文艺。

同样性质的问题也发生在以女演员为偶像的女性青少年中。中国历史文化中不乏女扮男装的故事，多种文艺形式都曾讴歌女中豪杰，赞美抗敌御寇的巾帼英雄。在现代，豫剧《花木兰》使名家常香玉的声名更上一层楼。电影演员王苏娅由于成功扮演了国产电影《战火中的青春》中女扮男装从军的高山，成了"豪气干云式女性角色"的专业户，后来又先后扮演了《五朵金花》中快人快语的炼铁厂金花和《海霞》中民兵骨干阿洪嫂。20世纪80年代末，以《黄土高坡》为代表的"西北风"滚滚而来，随之涌现一批西北风声腔的歌曲和豪放派女歌手，与当时蔚然成风的港台抒情演唱方式形成鲜明对立。在现实生活中，出现了性格和行为更接近"男性"的女性，她们拥有言行直率、个性豪爽、能干重活等世俗认为原本不属于女性的特质，获得大众的认可和称赞，人们以褒义词"女汉子"称呼之。跨世纪以来，以微电影《我们都是女汉子》的主题曲《你牛什么牛》为代表，产生若干所谓女汉子歌曲，舞台上也出现能模仿男女声对唱的女性歌手等，以上这些无不影响着相关女性青少年的身心发展。

2. 对青年恋爱择友的误导

恋爱择友是适龄青年的权利，在这一问题上需要相关方面的教育和指导。未成年人的早恋是相关各家各户最为关注和防范的，而歌曲传唱是一个防不胜防的关口。20世纪80年代初，从港台传入程琳演唱的《童年》，其国语版删节了有关女生朦胧之恋的语言，"隔壁班的那个男孩，怎么还没经过我的窗前……心里初恋的童年"。《爱得死去活来》《当我想你的时候》《奔向那爱的怀抱》《离开情人的日子》《唇印》《难以抗拒你的容颜》《自作多情》《我是情痴》《为你朝思暮想》《背心》等传唱一时，在流行歌曲排行榜上几乎无恋不歌，让家长和老师防不胜防，无可奈何。

进入 21 世纪以来，我国电视台的相亲节目火爆，诸如《为爱向前冲》《百里挑一》《非诚勿扰》《缘来是你》《我们约会吧》等接踵而来，对适龄青年给予多方面的影响，同时不乏有意的误导。

误导之一：感情被物质条件、金钱额度所湮没。鲁迅指出："奢侈和淫靡只是一种社会崩溃腐化的现象，绝不是原因。"在恋爱中，以金钱为手段或以豪宅、汽车、绿卡等为条件时有发生，很多生活上的悲剧由此产生。从男方来说，不管他是否意识到，当他想用钱财宝物去打动女方的心时，他实际上是把妇女看成一种可以用金钱买来使用的工具，爱情也不过是商品；当女方要求男方满足她买多少东西才肯结婚，无论她是否想到，她也实际上把自己的人格贬低一等，贬低到可以为金钱出卖爱情。这种现象是旧道德观念在部分人思想上深刻的印痕。

误导之二：颜值高于一切。主持人和所谓的嘉宾自己不具备正确的审美观，除了对物质条件和金钱收入表示惊叹外，最经常的就是夸赞征婚者的容貌；与之相呼应的就是微信等社交平台上广泛流传的"颜值即正义"的判断。其实，两情相悦究竟是"始于颜值"还是"始于共鸣"或其他，因时而异且因人而异，二者兼而有之自然再好不过；如果只有其一，还是感情和观点的共鸣较为靠谱。如果对"颜值至上"追根溯源，欧阳山的小说《三家巷》中那个"长得很俊的傻孩子"周炳或可称之为文学作品中"高颜值"的"小鲜肉"之先驱，居然引得陈家三姊妹要"一同嫁给他"。其实，颜值只是一个客观存在，一个人在社会上有无成就、能否受人尊重，还得靠自己的努力获得。据调查，有许多人在婚后认识到：相爱容易，因为五官，相处不易，因为"三观"；物以类聚，人以群分，道不同，不相为谋。因"三观"不合，即使在同一屋檐下，心却那么远；"三观"相近却不那么契合的两个人，彼此包容和欣赏，相互磨合，求同存异，逐渐趋同，可以幸福地在一起。寻找配偶时只重颜值、忽视感情和忽视"三观"的相近或一致，婚后不能正确对待容貌的渐变和"三观"分歧等，是相当比例的青年人不结婚尚可相敬如宾、结了婚却快速分离的重要原因之一。

3. 关于恋爱婚姻中责任的认识偏颇

承认青少年在"性"方面应有自主权、选择权和决定权，是改革开放以来最为喧嚣的一种观点，乍一看是以"自由"注释青少年在"性"方面的基本权利。在现代社会，责权利三位一体，相互交织，共同作用，缺一不可，实乃常识；权与利直接联系，以权获利之外，还有无可推卸的责任，怎么能置若罔闻？一味呼吁"权权权"，貌似体现"天赋人权"，竭力规避的就是恋爱婚姻中的责任。记得 20 世纪 80 年代有漫画《"毙"月羞花》，画面上的花朵害羞地用叶子遮住脸，月亮递给正在亲吻的男女青年一把手枪，要求"你们把我毙了吧！"——表明人们尚不接受在公众场合接吻；电视剧《海马歌舞厅》非夫妻关系的合伙人同居，曾经引起舆论反响，此俱往矣。而后来，浙江大学开"守贞课"，倡导大学生婚前禁止性行为，引发公众及学界激烈争论；南京有政协委员建议中学增加爱情课，引发家长老师和学生热议等，这些足以说明在青少年的性权利等相关问题上不同观点争论的胶着状态。演说家李燕杰说得好——"真正的爱情，既是男女双方互相的征服，也是双方无条件的投诚"。只要全面坚持责权利的统一，恪守婚约的公正性和严肃性，正确认识双方在恋爱婚姻中的责任权利义务，就不难制止婚前性行为、动辄解除婚约等轻率行动。婚姻不是保险箱——轻率的婚前性行为并不能表示真心实意，只能表现一方或双方意志力不强而放纵情欲；轻率的离婚动议往往以感情不和为借口，实际上是为一方或双方推卸责任的说辞。

要提倡志同道合的爱情，恋爱双方要懂得爱情是一种责任和奉献，恋爱要严肃认真、感情专一，双方在恋爱过程中应多一些理解、信任和宽容，互相尊重，共同进步。要提高承受恋爱挫折的能力，在追求爱情的过程中，遇到如单恋、失恋、爱情波折等种种挫折是在所难免的；应该在勤奋浇灌、尽力呵护之后，以直面挫折的勇气，去摘取爱情的果实，在这一点上，无论青年男女都是一样的。

三、信息污染侵扰人的价值观

价值观是人用于区别好坏、分辨是非及其重要性的心理倾向体系，反映人对客观事物的是非及重要性的评价。价值观对人们自身行为的定向和调节起着非常重要的作用，决定人的自我认识，直接影响和决定一个人的理想、信念、生活目标和追求方向的性质。从整个社会而言，价值观对人们的行为具有重要的驱动、制约和导向作用，对社会存在具有重大的反作用。价值观是在改革开放以来进入人们视线的，日渐受到重视。

党的十八大报告首次以 24 个汉字、从 3 个层面阐述积极培育和践行社会主义核心价值观。社会主义核心价值观是社会主义核心价值体系最深层的精神内核，是现阶段全国人民对社会主义核心价值观具体内容的最大公约数的表述，可以分为 3 个层面 —— 国家层面是富强、民主、文明、和谐，社会层面是自由、平等、公正、法治，个人层面是爱国、敬业、诚信、友善。与国家层面的价值目标和社会层面的价值取向相比较，公民个人层面的价值准则是社会主义核心价值观的坚实基础，更加细化，具有可行性。以下从公民个人层面剖析信息污染影响成年人和未成年人树立正确价值观。

（一）信息污染影响爱国价值准则的树立

爱国即热爱祖国，作为公民基本政治操守的价值准则，是社会主义核心价值观的政治基础。爱国主义是个人或集体忠诚和热爱自己祖国的思想和感情，对祖国的成就和文化感到自豪，对祖国其他同胞的认同感，坚持民族平等和民族团结，集中表现为民族自尊心和民族自信心，反对民族自卑感和盲目的民族优越感。

爱国主义是中华民族的光荣传统和崇高美德，也是各民族大团结的政治基础和道德基础。中华民族在几千年的历史中形成了以爱国主义为核心的团结统一、爱好和平、勤劳勇敢、自强不息的伟大民族精神，这是我们民族赖以存在、发展的情感纽带与精神支柱。在现阶段，爱国主义最基本、最本质、最重要的表现，就是要巩固最广泛的爱国统一战线，为维护祖国统一、加强民族团结、构建和谐社会、实现中华民族的伟大复兴而作出自己的贡献。

对于爱国价值准则的树立，存在一些信息污染。据抽样调查，在记忆明星的生日、星座、爱好等蔚然成风的大中学生中，能够完整唱国歌者数量堪忧。

爱国主义与拥护国家统一具有一致性，自不待言；爱国主义与爱社会主义具有一致性，却在一些人那里画了问号。正确认识祖国和国家两个概念及其相互关系——祖国的直接体现是同胞，国家的直接体现是政权；既要从理论上准确把握民族与国家、民族国家与多民族国家、公民是联系祖国和国家的纽带等，又要结合历史与现实，说明中国作为一个多民族国家从站起来、富起来到强起来的渐进过程等。在理论上如实承认祖国与国家既对立又统一，是理论自信的表现；而瞻前顾后，生怕犯政治错误以及动辄扣帽子、以势压人，恰恰是理论薄弱、坚定性不足。要正本清源，进行长期细致、入情入理的宣传教育，规避狭隘民族主义、极端民族主义和民粹主义。

（二）信息污染影响敬业价值准则的树立

敬业作为公民职业道德的价值准则，是社会主义核心价值观的经济基础。敬业是一个人对自己所从事的工作负责的态度，具体表现为有坚实的专业思想，热爱本职工作，追求崇高的职业理想，严格遵守职业道德，忠于职守，持之以恒；有强烈的事业心和主人翁的责任感，尽职尽责；有认真勤勉的工作态度，脚踏实地，恪尽职守，任劳任怨；有旺盛的进取意识，不断创新，精益求精；有无私的奉献精神和崇高的荣誉感，公而忘私，忘我工作。

对于敬业价值准则的树立，存在一些信息污染。一方面，在实行商品经济之后，绝大多数岗位实行聘任制，导致雇佣思想抬头——在一般劳动者中盛行"干活拿钱，回家吃饭"的论调，在相当比例的干部中出现得过且过、"当一天和尚撞一天钟"的心理和懒政怠政的现象。另一方面，以前某些宣传曾经树立了一些仿佛毫无个人利益、工作精神认真到难以理解、明明可以两全其美却偏偏舍小家为大家、为国家的所谓英雄模范，其敬业事迹到了超乎人之常情、高不可攀的程度，也造成一定负面影响。

上述两方面都不利于敬业精神的传承和发扬光大，不利于公民职业道德的价值准则的确立，问题的核心是如何正确认识和处理事业与个人利益的关系。

（三）信息污染影响诚信价值准则的树立

诚信作为公民个人道德的价值准则之一，是社会主义核心价值观的道德基础。诚信之"诚"，本意指修为自己，真实无妄。诚信之"信"，本意指修为人际，人言以实。从个人的品德修养而言，诚信强调诚实劳动，是心灵良药，立人之本，齐家之道。从人际交往而言，诚信强调诚恳待人、信守承诺，是交友之基，经商之魂，为政之法。用践诺、守责搭建人与人之间信任的桥梁，维护社会的健康发展。

对于诚信价值准则的树立，存在一定信息污染。改革开放以来，由于信用制度、市场规则尚未健全，在物欲横流、急功近利的精神因素推动下，出现各种诱惑，使得社会诚信缺失有目共睹，失信、无信问题几乎遍及社会各个领域——商品交换中假冒伪劣、以次充好和食品安全等问题，社会生活中碰瓷、假摔等问题，文化教育中的跨省替考等。失信、无信典型事件的信息在社会上传播，极大损害了公序良俗，模糊了人们对于诚信的价值判断，动摇着社会的诚信支柱。对此，党和政府大力弘扬诚信，构建诚信风尚，倡导践行诚信，表彰先进模范，使得整个社会看到诚信是道德信念的坚守，是家风理念的承继，是商海的"真金白银"，是市场经济条件下最"接地气"的价值准则。

（四）信息污染影响友善价值准则的树立

友善作为公民个人道德的又一价值准则，也是社会主义核心价值观的道德基础。友善主要是指人与人之间的亲近和睦，要求人际交流应与人为善，互相尊重、互相关心、互相帮助、和睦友好。"礼之用，和为贵"和"地势坤，君子以厚德载物"等古训从不同角度反映了这一基本思想。

对于友善价值准则的树立，存在一定信息污染。在社会转型过程中，社会整体浮躁，许多不顾社会公德、不听劝告、扰乱社会秩序的事件时有发生。例如凤爪女（在有相关禁止规定的公共场所旁若无人咀嚼鸡爪）、咆哮女（在公共场所一言不合，污言秽语大骂出口）、抖腿女（看电影时把脚搭在前排抖个不停、引发纠纷后被拘）、抛币妪（为个人祈求平安而向飞机发动机里抛撒硬币）、广场舞老人（不分时间地点场合大跳广场舞，甚至为此大打出手）等纷纷出现，成为不友善的代表。

还有校园欺凌问题。校园欺凌是发生在学生之间、同学之间的一种失范行为，欺凌是外在形式，借以炫耀力量、社会关系和地位，有时手段可能残忍，带有轻微违法，但不属于校园暴力犯罪，对此必须综合整治。

由此可见，必须加强友善的宣传教育工作。善待亲人以和谐家庭关系，善待朋友以凝结牢固的友谊，善待他人以构建和谐的人际关系，善待自然以形成和谐的自然生态。

爱国、敬业、诚信、友善是公民个人层面的价值准则，四者各有要求，共同作用，交织互补，相辅相成。四者从政治基础、经济基础、个人道德基础等方面构成公民个人层面的价值准则的总体，以适应国家层面的价值目标和社会层面的价值取向。只要奉行和践行爱国、敬业、诚信、友善的价值准则，就会促进社会稳定，国家兴旺，实现中华民族的伟大复兴。

第三节　粗鄙类信息

一、粗鄙类信息简析

粗鄙类信息是不良信息，包括含有国家网信办在《网络信息内容生态治理规定》中指出的"带有性暗示、性挑逗等易使人产生性联想的"信息。粗鄙类信息是以粗野鄙陋形式表现的低俗信息。

与淫秽类信息聚焦人的性器官、性行为、性感受等不同，粗鄙类信息着眼于两性男女的性别差异，围绕男女有别的第一性征和第二性征做文章，言语赤裸裸丝毫不加掩饰地突出生殖系统、排泄系统（排泄器官，排泄动作，排泄物）等，偶有略加遮掩或半掖半藏。

信息污染制传者往往热衷于打粗鄙类信息这一"擦边球"来贩卖淫秽类信息。粗鄙类信息往往是语言暴力、软暴力信息的基本成分，是戾气"喷子"为肆意发泄不满、不服情绪而信手拈来的低俗之语。

中国社会文化对于粗鄙类信息的规避久已有之，对于粗俗口语的文字化，对于本性粗俗鄙陋的文学形象，对于某些字词的使用等都有约定俗成。鉴于汉字是象形文字发展而来的表情达意的符号，对于"月、尸、毛"等偏旁部首中的某些字词一般采取刻意而适当的规避，以免引发人们特别是未成年人的联想。有些字典、词典和字库则索性回避、不收入；现实文学作品中实在无法避开时，则以其他字替代，并进一步简略成为"他妈的"，直至以汉语拼音首字母缩写"TMD 或 tmd"替代，用心可谓良苦。对于无法回避的男女性事，有社会责任感的作者会以"一饮一啄莫非前定"一带而过；对于文学作品中的淫秽、粗鄙描述，有社会责任感的出版单位会以"□□□"删去若干字。

二、粗鄙类信息的阶段性表现

粗鄙类信息许多见于民间，20 世纪八九十年代，社会风气在雅与俗、正与痞的路口，粗鄙类信息非但没有偃旗息鼓，反而摆出"我是流氓我怕谁"的架势站在十字街头；所谓的国骂"他妈的"似乎已经远远不能显示气势，"×你大爷"、"×你姥姥"等少闻的旧日词语出现在街头巷尾；某些畅销书中满纸撒野，某些影视作品中痞子腔调、黑话脏话连篇累牍；有人甚至把泼妇骂街当成诗句四处贩卖；语言和文字形式的脏话痞话曾在一段时间内泛滥成灾。在社会活动中，每逢足球比赛，许多人口中的"牛×"用以赞许、"傻×"用以呵斥。

大众传播也陷入低俗化——一代枭雄秦始皇被标榜为"中国第一个

站着撒尿的男人",把千秋功罪与排泄站姿相提并论;有人使用卫生巾效用方面的语言称赞某人才华出众为"霸气侧漏";某年春节晚会的小品中,与计划生育管理部门打游击的孙满堂和满堂孙,在老婆没能生出儿子后,大呼"咱们还得干呀"(民间称呼夫妻性生活为"干"),一语双关,舆论哗然。社会生活中出现的"小蜜""泡妞""二房"现象,有人不以为耻、反以为荣。"小蜜傍大款"被用来命名冰棍,"泡妞"用来命名小食品,"二房佳酿"(俗称小老婆酒)则作为一种白酒的名称。无聊娱记风生水起——坐便器餐厅和日本屎宴出现在他们笔下,津津乐道,甘之如饴;把"抠女"、"丢"之类的低俗口头禅装扮成时髦风度用语,把"波霸"等粗鄙词语推上报刊版面。有些报纸趣味低级、以丑为美、以怪为美,成了鲁迅口中"上海的街头巷尾的老虔婆"。

21世纪以来,粗鄙类信息来势汹汹。黄段子异常活跃,荤段子穿靴戴帽上相声,荤词儿改头换面上小品。相声回归剧场后,一些演员以低级趣味的粗鄙话语逗乐,听众约定俗成地报以起哄声"吁……"。民谣歌曲有的歌词或空洞无物,或粗俗不堪——不堪入耳的歌词,蜂拥而至。抒情民歌遭到阉割,陕北著名的信天游歌曲《一对对毛眼眼瞭哥哥》被低级下流地篡改为《情哥哥你快来,进我的暖窝窝里来》。

近年来,大量粗鄙类信息出现在公众传媒及自媒体。在某些心术不正的人们手中,公众传媒及自媒体成了自我宣泄的工具,被下流坏用来肆无忌惮地宣泄无耻,其自由和肆意已不能再用轻浮来形容。在微信圈群中,人们以朋友圈为途径传送信息——朋友圈以其私密性、亲近性异于一般网络社交,成员本应有所约束,事实却远非如此。那些与狗仔队无二的题图,那些从题图到内容半真半假、半雅半谑、半认真半随意的原创或转发,其中庸俗不堪的粗鄙类信息令人防不胜防,难以处理。如若置若罔闻,恐怕粗鄙类信息会得寸进尺、接踵而至,最后只有主动退出圈群了事。

有人误以为低俗是人际关系的润滑剂,低俗是彼此之间关系铁、不设防的表现。一些企业把粗野低俗当作亲民性的表现,进行安全教育竟然以

"一旦发生事故，别人睡你媳妇"等作为告诫语。一些捞到第一桶金的大款、准大款社会地位上升而内心深处没有提升。有些人本质就是痞子，他们习惯用自己的优越感亵渎普通人的精神世界。

三、"事业线"与"小鲜肉"

分析粗鄙类信息，在媒体上曾有一定市场的所谓"事业线"和"小鲜肉"是绕不过去的，不能熟视无睹、置之不理。

不尊重女性的所谓"事业线"是社会发展的畸形产物，可以说是对于禁欲主义反弹的产物。一些影视新星以标新立异出奇制胜，走的是卖弄色相和暴露肉体之路。国外对于女性的评价标准如"三围"等登堂入室；无良传媒诱导人们的目光注视女性的性别特征，什么"修身长裙勾勒 S 曲线"，什么"胸前开小 V"和"深 V 到腰性感大气"，什么"低胸礼服亮相"等，后来索性以"事业线"替代"V"。如果说"三围"作为舶来品或可参考，那么所谓的"事业线"就无疑低俗了——事业线者，女性乳沟的深度和长度也，而且标榜到能否成就"事业"的高度，人们不禁要问"成就的究竟是什么事业？"无外乎是吸引那些百无聊赖的所谓评委的目光和社会上低级趣味浓厚者的口水。此标准一旦打开大门，狗仔之风更加有恃无恐，围绕女性的秀色可餐、凹凸有致、腿长腰细、衣着暴露等喋喋不休。还有源源不断的各种搔首弄姿的"写真集"，着力展示女性的第一性征和第二性征，极力推销狗仔队的"审美观"。

不尊重男性的"小鲜肉"同样是社会发展的畸形产物。"小鲜肉"之类的称呼此前常见于大人对于婴幼儿描述——皮肤细腻，胖嘟嘟，嫩呱呱，如同水蜜桃，一掐一汪水，有让人想捏一把、咬一口的冲动，往往称呼是"我的心头肉"，这不足为奇。"小鲜肉"最早是中国粉丝对韩国男性明星的称呼，着眼于青年男性的肌肤容貌，专指长得漂亮好看甚至容貌有些女性化的小伙子；此种把"小鲜肉"用于称呼娱乐圈新生明星中的青年男士偶像是前所未有的。一些率先富裕起来的富婆追求腐朽的生活方式，效仿古已有之的豢养面首，推广了"小鲜肉"这一称呼。在某些所谓女权主义者片面宣传鼓动下，一些无良女性仿佛突然觉醒，撕去一切内心的掩盖，毫不掩饰地袒露对于男性肉体的关注，她们彼此之间争的是谁更肆意舔屏、爱肉嗜腐，诸如"我愿意为之下跪""想舔屏""真想扑到××怀里"，一切可以舔屏的肉体支撑起了女性的趋势型欲望。在这种意识主导下，所谓粉丝对于"小鲜肉"蜂围蝶阵，不舍昼夜地追逐追随，表现出近乎疯狂的言谈举止。

对于异性身体，是尊重欣赏，还是放荡狎昵？这是所谓的"事业线""小鲜肉"所回避不了的问题。如果是正常人的尊重欣赏，就不会有相关的乌七八糟的名词、标准和现实乱象产生，即使产生了也会得到较快的纠正和克服。正是狗仔队、日益狗仔化的经纪公司和某些无良媒体的共同作用，导致一些人不能自持和放荡狎昵，所谓"事业线"和"小鲜肉"造成的伤害远远超出我们的想象。涉世不深的青年男女演员受到的损害最大，有人视身体为积累财富的本钱，误入歧途。更为严重的是导致一大批没有接受正确性教育的懵懂青少年沉溺色情，甚至犯罪。有的影视导演居然提出以往的性别概念和人物形象是传统刻板的，主张让阴柔稚嫩、女里女气的"小鲜肉"饰演充满阳刚之气的革命先烈，靠"小鲜肉"的粉丝基础来宣传主旋律，还振振有词地称非如此就是把爱国主义和革命理想肤浅化。"小鲜肉"近年受到社会的普遍抵制，然而经过一段时间又卷土重来——黑发染成异色、描眉画鬓、眼神顾盼、樱桃小口、倚立歪斜、走路晃荡的不正经青年男子形象又出现在某广告中；某些网络视听平台公司无视广电行政部门有关管理规定，不切实履行主体责任，打着"青春""偶像""选秀""出道"等旗号，还在以炮制女性化的青年男子为己任，让人齿冷。

淫秽类信息及粗鄙类信息与社会主义核心价值观健康向上的导向格格不入。虽然粗野鄙陋的网络语言仅仅是网络语言的一部分、且不能断定所有的网络语言创造者都是男性，但是低俗与高雅的分水岭是不可逾越、不可模糊的，信息雅俗不分地在大雅之堂、特别是在大众传馈领域并行，无疑有害，必须纠正！

对于粗鄙类信息的始作俑者，我们只能感叹，他们的人格何在？在此不妨借用鲁迅呵斥色情文学作者的话语——他们做了"只要是'人'就绝不肯做的事"。他们除了自我表现了低劣的人格、提供了粗鄙类信息的靶子供人们辨析和批判之外，岂有他哉？！

第四节　戏谑类信息

本书的戏谑类信息，亦即含有国家网信办《网络信息内容生态治理规定》所说的"宣扬低俗、庸俗、媚俗内容的"信息及"炒作绯闻、丑闻、劣迹等的"信息，属于不良信息。

一、戏谑类信息简析

笑是人类与生俱来的表情，表达的是内心的愉悦。为了发笑，人们开玩笑——包括拿自己开玩笑，或是拿他人开玩笑。适度开玩笑可以放松情绪、宽松氛围、润滑关系等；关键在于适度，不能过度失度，否则就会走向反面。戏谑类信息指的是以开玩笑、贬损自己或他人的形式，宣扬低俗、庸俗、媚俗的内容。在现实世界和虚拟世界中，为开玩笑而开玩笑，不管不顾，不计场合、对象、方式等，不自尊也不尊重他人，戏谑成风，把开玩笑需要注意的分寸抛到一边，以开玩笑的态度对待所有的（哪怕是应予严肃对待的）事情，似乎这就是他们理解的所谓"和谐"。

戏谑类信息远离开玩笑本身，要害在于搞笑之"搞"。笑是发自内心感受的面部反应，绝不是搔腋窝、挠脚心的结果；搞笑之"搞"未免有生硬之嫌，生拉硬扯，拿自己或他人开涮一把，非要以博一笑不可。所谓庸俗之"庸"，意为只图开心找乐，不惜低级趣味，皆因无聊所致；所谓庸俗之"俗"，则是本不可笑而非要人付之一笑，不免要刻意制造情景以自贬或贬低他人，徒费心力而听众索然无味，亦即装腔作势谓之俗是也。《兰亭集序》中"极视听之娱，信可乐也"被推到顶峰而走向反面。为了搞笑，有人调侃英模，有人张扬粗鄙，更多的人是戏谑一切。通过戏谑，正经变为低级，严肃变为庸俗，文雅变为粗俗，这就是现代"戏谑"的威力，表现为现实世界和虚拟世界的戏谑成风，形成了一种"娱乐至上"的风潮，所有的晚会、比赛、社会活动等都要与娱乐挂钩。

在现实世界，传媒中广告的创意不是新奇而是怪异、戏谑。如某品牌味精的广告词是：好太太人人爱，参加抽奖可得好太太。一些电视节目质量品位差，只能走低级下流之路——劣质电视剧中的耍钱调情，小品中的自扇嘴巴为乐，相声中糟践亲妈媳妇的轻浮取笑，综艺娱乐节目中无聊游戏的大呼小叫，MTV 中媚眼妖冶加准色情吟唱，以及扭捏做作、打情骂俏、桃色挑逗、国骂展示等，许多都是不顾社会影响的文化垃圾！

在网络世界，一些人面对网络提供的一个使人无所顾忌的空间，误以为可以放荡言行，特别是在搞笑方面，怀着"我不伤人，不下流，自黑（自贬）还不行么"的心态，在搞笑视频区穿红戴绿、涂脂抹粉作出百般丑态；或八卦明星人物，散播一些道听途说的所谓新闻而津津乐道、自娱自乐等。

现实社会的泛娱乐化引发人们的思考。媒体社会学家尼尔·波兹曼在《娱乐至死》一书中指出："人们感到痛苦的不是他们用笑声替代了思考，而是他们不知道自己为什么笑以及为什么不再思考。"如何看待这种全民狂欢、娱乐至上？有人称之为是人们真实心情的表露；有人说因为今天的世界发展速度快，几千年来有条不紊的慢节奏被彻底打破，人们有了因紧张而宣泄的需求、因压抑而释放的涌动，泛娱乐化是缓解现实物质压力和心理压力的对策。

人生需要娱乐，但是否需要把娱乐视为唯一渠道？放到至高无上的地位？如果真是这样，那么"娱乐至上"不啻为"娱乐至死"。我们不否认偶一为之的插科打诨可以释放压力，但不能冲淡主题，演变成不分时间地点的胡闹。我们主张应该因时制宜、因地制宜和因事制宜地进行正面宣传、教育和引导，而不能听凭曲解、歪曲畅行无阻。在这里，且不说网络所传的"奶头战略"①是否属实，仅就人们开心愉快而言，低俗并不是通俗，欲望也不代表希望，单纯感官娱乐更不等于精神快乐。电视剧《海马歌舞厅》插曲《游戏人间》的歌词"何不游戏人间，管它虚度多少岁月"，一语道破了娱乐至上的要害就是鼓吹玩世不恭、虚掷时光、无所作为的人生态度。

二、几点评论

凡事总有度，不能没有自我的主观节制，不能没有正确的客观引导。游戏人生、玩世不恭、全民狂欢、娱乐至死、低级趣味等层出不穷的状况，是缺乏主观节制和客观引导的必然结果。

（一）戏谑既非讽刺也非幽默

讽刺与幽默是双胞胎，基本符号是文字，以此为基础，可以转化为其他多种符号加以表现；亦即关于讽刺与幽默的文字脚本产生后，可以使用各种语言符号、文字符号、模拟符号和数字符号进行围绕主题的演绎，以利于传馈。

讽刺作为重要的文学表现方法之一，是突出表现人物性格的一种艺术方法。鲁迅在他的创作和杂文中，针对敌人和剥削阶级广泛运用了讽刺。对于讽刺的运用，鲁迅坚持两个侧面。一是坚持写实，"讽刺的生命是真实"，讽刺不是捏造，不是发人阴私，不是奇闻，而是从平常的、众人不以为怪或未加注意、轻易放过的生活现象中，看出其可笑可鄙之处，用精练和夸张的笔法揭示出平凡中蕴藏的可笑、可鄙、可憎、可耻，使读者看

---

① 为了规避全球化造成的贫富悬殊引发严重的阶级冲突，美国前总统卡特的国家安全顾问布热津斯基提出，要想让20%的社会精英高枕无忧，就得像安抚婴儿一样，给80%被"边缘化"的人口中塞上"奶嘴"，把令人陶醉的消遣娱乐及充满感官刺激的产品堆满人们的生活，占用人们大量时间，使其沉浸在"快乐"中，在不知不觉中丧失思考能力，无心挑战现有的统治秩序。

到人物的灵魂。二是艺术加工，讽刺作品不可缺少的主要文学艺术笔法是精练和夸张——精练是要善于抓住对象最主要的特点，用艺术语言贴切、形象、传神地加以描绘，既要筛选以去掉琐细、无特色的细节，又要使用简洁扼要的文字，借以体现对象的特点，显示作者对事物的观察与判断、歌颂或批判。夸张是指对于局部的扩大而不是片面夸大，夸张透了，反而变成空虚，通过艺术加工或不脱离原物基本特点的比喻，将对象某一方面的特点有意地加以放大，使之鲜明、突出，产生更加强烈的印象。毛泽东同志1942年5月《在延安文艺座谈会上的讲话》中指出："我们是否废除讽刺？不是的，讽刺是永远需要的。但是有几种讽刺：有对付敌人的，有对付同盟者的，有对付自己队伍的，态度各有不同。我们并不一般地反对讽刺，但是必须废除讽刺的乱用。"我们在抵御戏谑类信息时必须以这些重要思想为指导。

幽默是一种形式，逗人发笑是幽默的作用所在，关键在于借此形式传播什么内容，引导什么样的思想意识。幽默和笑话有什么区别？笑话是你马上就笑了，幽默还要等一下；幽默的笑声延迟出现，需要时空来联想品味理解，可以豁然开朗开怀大笑，也可能是抿嘴一笑。作家汪曾祺曾经说过："人世间有许多事，想一想，觉得很有意思。有时一个人坐着，想一想，觉得很有意思，会噗噗笑出声来。把这样的事记下来或说出来，便挺幽默。"鉴于幽默仅仅使用文字，笑话仅仅使用语言，滑稽逗笑使用手段太多，所以有"一等幽默、二等笑话、三等搞笑"之说。相声介乎笑话和幽默之间，文字和语言二者兼顾，表演现场以语言为主。

而戏谑无论是形式还是内容都与讽刺、幽默相去甚远——不仅在形式上自我作践或戏弄他人，而且在内容上以低级趣味开路，散布不健康的思想意识，既不诙谐也不幽默。喜怒笑骂没有正经、玩世不恭、随心所欲、出言不逊，引导好学上进的未成年人走入语言表达的歧途。戏谑类信息泛滥，似乎仅仅是有伤大雅，实际是贻害无穷。

（二）提倡雅谑，鄙弃戏谑

我们并不反对开玩笑，只是提倡高雅的玩笑，鄙视庸俗的玩笑。高雅的玩笑、逗乐，称之为雅谑。雅谑高明之处在于情理之中与意料之外二位一体。雅谑有赖于人的机警幽默的能力和水平。现实世界的信息传馈中不乏机智高雅的幽默，有人在《三国演义》马岱斩魏延的历史故事上别出心裁，说魏延姓魏名延字馈阳，马岱姓马名岱字丁林，魏延之所以被马岱所斩，是因为吗丁啉（马丁林）专治胃溃疡（魏馈阳），古今结合，令人捧腹叫绝。有人打趣说，从蜀汉后主刘禅3岁时为勇将赵云"怀抱"突出敌人重围，推算出刘禅当时身躯太小，分明先天不足或发育不良，自然智力有限，难免最后投降敌国、乐不思蜀，可谓独辟蹊径。有人抓住"我们"与"雾霾"在使用中文简拼输入法时的声母完全一致、在常用词置顶方面互争第一，于是借题发挥，提出与空气污染紧密联系的话题——是"我们"战胜"雾霾"，还是"雾霾"战胜"我们"，也引人深思。

规避戏谑过度、失度的关节点就是远离低级趣味。过度、失度的戏谑一旦成为风气，其敦风化俗的负面作用就被放大。在戏谑成风的时候，仿佛一切严肃的东西都会变形，一切神圣的东西都被解构，一切庄严的东西都被打得粉碎。众多人口，各色人等，正常开玩笑、正常进行幽默与讽刺者有之，开玩笑、幽默与讽刺过度失度者也有之，而蓄意以玩笑伤人、以冷嘲热讽实现有意攻击者亦有之，不足为奇。我们应该因势利导，进一步营造开明、开放、开心的氛围，劝导和引导那些开玩笑过度、失度者，坚决抵御那些蓄意以玩笑伤人、以冷嘲热讽进行有意攻击者。

第五节　颓废类信息

一、颓废类信息简析

颓废类信息是指那些使人意志消沉、精神萎靡的一类不良信息，也包括国家网信办《网络信息内容生态治理规定》所说的"不当评述自然灾害、重大事故等灾难的"内容。

把握颓废类信息，需要对"颓废"作一简析。"颓"字的基本字义是崩坏倒塌、消沉萎靡、败坏、灭亡等；"颓"的组词无不给人一种压抑感——颓败、颓废、颓景、颓塌、颓靡、颓然、颓势、颓唐、颓萎等，都是描述事物外在样子衰微破败。"废"字可以用于名词"废物"，也可以用于动词"废弃"。试想：因故碌碌无为，荒废人生时光，无益社会家庭，岂不是个废物？不仅如此，更应该从动词"废弃"角度加以深入思考——人之所以外在样子颓然，是因为废弃了一个人最为宝贵的主观能动性；无论客观环境如何，发挥人的主观能动性，就能或抗争命运、反守为攻；或乘势而上、建功立业。

人生活在社会中不免遇到一时挫折，产生挫败感和颓废情绪是经常发生的普遍现象；尤其是年轻人初涉社会，奋斗一时遇挫、壮志一时难伸或理想在现实中碰壁、一时看不到出路而产生挫败感和颓废情绪，遂自思自叹，慨叹自己生不逢时、步履维艰、进退无路等，导致冷眼看待一切，冷漠待人接物，这些皆属正常，不属于颓废。一时的百无聊赖、无所事事，也不属于颓废。

二、颓废类信息的表现

在学习、工作和生活中，当有人因受挫产生颓废情绪时，父母亲友往往是对其劝慰化解，鼓舞情绪，振奋精神。但相反，人们看到不少违反人之常情的对于颓废情绪的推波助澜。

历史学家资中筠揭示"爱的对立面不是恨，是冷漠"，冷漠的最初表现是冷淡，冷淡以孤独为前提。一些人的物质精神需求不能得到满足，或者相关的努力奋斗没有实现预期效果时，颓废类信息往往在此时乘虚而入，渲染一系列意境，使受到挫折的年轻人从孤独、冷淡、冷漠逐步走向颓丧，使受挫折者堕入郁闷沮丧的泥潭不能自拔。

颓废类信息散布错误的价值观和人生观。地摊小说、电影电视中的某些调侃，流行歌曲中的某些歌词，鼓动受挫折者排斥理性，什么"管他昨天明天，管他是对是错""留一半清醒留一半醉""我拿青春赌明天"，以及玩文学、玩艺术等；传播浑浑噩噩、貌似无求的追求，什么"不想从前，不想未来"，"日也无所求，暮也无所求"以及"何不潇洒走一回"等纨绔习气；鼓吹"何苦自己苦自己"，不如"游戏人生""过把瘾就死"。

颓废类信息宣扬恣意颓废。有人把受挫折者的颓废情绪接过来，加以放大强化，杜撰散布颓废主义的帖子，公然自我标志"毒"与"丧"，通过"丧学姐""毒鸡汤语录"等微博页宣传此类言辞，每天定时向粉丝输送"毒鸡汤"语录——诸如："有时你不努力一下都不知道什么叫绝望？""今天一天过得不错吧？梦想是不是更远了？""别年纪轻轻就觉得自己陷入人生低谷，你的未来还有很大的下滑空间。""只要你成为一个废物，就没有人能利用你！""什么都不想干"，"其实并不是很想活"等。这些看似无厘头的夹杂着消极颓废和幽默自嘲的语言，有的是自我宣泄、聊以自慰，有的是他人代笔、刻意撰写，引起许多年轻网民的共鸣，粉丝人数最多可达几十万，使得一股"什么都不想干，只想蹉跎岁月"的沮丧情绪在社交媒体上病毒式地传开。电视剧中好吃懒做的小混混蓬头垢面、倚立歪斜、颓废茫然躺在沙发上的形象，成为颓废青年的代表形象。玩世不恭的形象不少，荧屏上有服饰奇酷、吸毒、侮辱女性、嘲讽死者的所谓嘻哈艺人；网络上有没落、颓废、下流不堪的歌曲；社会上有身着薄透露紧身裙装的年轻光头男性招摇过市等。

颓废类信息使人们放弃努力。在以往的百无聊赖后，出新的佛系粉墨登场——日本某杂志在2014年介绍的"佛系男子"，近年来在我国落地生根，衍生出"佛系青年""佛系女子"等一系列网络词语。唐朝诗人王维的古诗作品《终南别业》中"行到水穷处，坐看云起时"几成热搜，出世遁世、一切看淡、与我无关似乎成了冷漠的新意境。佛系作为一个网络流行词，是指无欲无求、不悲不喜、云淡风轻而追求内心平和的生活态度；同时作为一种文化现象，表达看破红尘、按自己生活方式生活的一种生活状态和人生态度。"佛系"一词成为国家语言资源监测与研究中心发布的"2018年度十大网络用语"之一，足见其影响力和网民的追捧程度。

三、几点评论

年轻人误入颓废歧途，久已有之。仅从第二次世界大战结束以后看，以美国"垮掉的一代"和英国的"X一代"最为典型。美国"垮掉的一代"在20世纪60年代发动蔑视传统的咖啡馆"暴动"，聚合在反战和摇滚乐的大旗下，迷醉在性解放和迷幻剂所构成的虚幻世界中。20世纪80年代后期全球进入信息时代，一部分计算机迷（用电脑武装起来的朋克）以计算机作为背叛正统、向主流社会挑战的工具，用计算机捣乱，欧美社会称这种新的反主流文化为电脑朋克文化。英国的"X一代"则是在20世纪90年代追求绝对的个人主义，对家庭和社会无责任感，对周围一切表示冷漠和厌烦，身穿奇装异服，口吐污言秽语，招摇过市，使得治安不断恶化，人们越来越缺乏责任感。我们当年在揭露西方国家时抨击的"年轻一代玩物丧志、玩世不恭、颓废没落、甘心堕落"等如今也出现在我们身边了，在现实世界和虚拟世界，半明半暗地涌动着一股听天由命、颓废无为的浊流。

（一）普遍出现的挫败感心态值得重视

如何面对逆境、面对挫败？挫败是人生的必经之路，"人只有通过跌跤才能学会走路"，"不如意事常八九，最知心者仅二一"。人从小到大直至死亡，总是要经历大大小小、程度不一的挫折、失败。有的人面对逆境愈挫愈奋，斗志始终不减；有的人善于调整情绪，通过交谈倾诉、吟诗作赋等予以排解；有的人一筹莫展、郁闷沮丧久久缠身而不解。

引导宣泄，振奋人心，提供条件，指明方向，应该成为指导年轻人克服颓废类信息影响的主要环节。自嘲和自我打击往往是自我安慰的方式和维护自己心理的策略，对于心理健康具有一定的积极作用——总比什么都憋在心里好得多。鲁迅不是也有题为《自嘲》的诗作吗？正是在自嘲"运交华盖欲何求，未敢翻身已碰头；破帽遮颜过闹市，漏船载酒泛中流；……躲进小楼成一统，管他冬夏与春秋"的同时，鲁迅表达了"横眉冷对千夫指，俯首甘为孺子牛"的坚定立场和不懈斗志。

物质决定精神，环境影响情绪。不能否认，一些人郁闷沮丧心绪与现实的政治、经济、文化和社会条件有关。中国经济的迅速发展使得人们对生活的期望与日俱增，但是经济发展与个人工作岗位是否如意、与工作所获报酬是否同步提高是两码事。并不是每个人都能够认识和理解——个人改善居住条件、享有医疗教育等需要一个时间段的资金积累，并不是一蹴而就、唾手可得的道理。当个人对生活有憧憬和追求，而期望和现实之间出现落差时，内心必然产生挫败感。

（二）"丧文化现象"值得重视

丧文化是颓废类信息的主推方式之一。有人把受挫折者的颓废情绪接过来，公之于众，并通过商业活动加以物化固化，提出令人大为不解的所谓"丧文化"。

商家认为人们欢庆时需要消费、悲伤时也得靠消费排解情绪，于是提出创意，制造有趣、有内容的商品出售，赋予其迎合消费者的含义，引导有同感的以年轻人为主的人，从网上社交媒体走到线下，进入商家搭建参与门槛很低的社交场景中，感受乐趣并结交朋友。据说，通过将沮丧郁闷情绪娱乐化和商品化，参与者或可通过饮用"丧茶"，把不快乐的心绪宣泄出来，实现娱乐解压，或可通过比较，看到自己尚未"丧到嗨"而聊以自慰。

虽然"丧文化"目前仅仅是在社交媒体上获得一些年轻人的理解和认同，网上网下的较为年长的消费者未必产生共鸣，但是颓废类信息所代表的诸多信息污染动辄打出文化旗帜的现象不可轻视。

中国传统文化主张对于不利的、负面的事物防患于未然，以预防为主，对于业已出现的不利的、负面的事物以化解和转化为主。"丧文化"及其商业活动的着力点却是公之于众，大张旗鼓，扩大、强化沮丧郁闷情绪，似乎非如此不能达到活动的目的。

以放大、强化郁闷沮丧情绪的方式，无异于伤口撒盐，能够有所宣泄已是求之不得，而商家宣称可以将颓废情绪"转化为正能量"是八竿子打不着的、没有丝毫可能的牵强附会！颓废等不良情绪的特点是弥漫性，进入郁闷沮丧者人群之中，正常人都会多多少少受到感染，何况原本已经有所郁闷沮丧者呢？他们或可通过对比，看到自己尚未属于"丧到嗨"层次，但是置身其中，反倒加强群体性，获得并不孤立之感，不利于颓废情绪的纠正和克服。

人生历程中的顺境与逆境是常见现象，戏谑与冷漠是人的情绪的两极表现。顺利时忘乎所以，张扬外露，调侃一切，戏说人生，狂欢无忌，娱乐至死；失意时一蹶不振，意志消沉，一落千丈，冷眼世事，消极颓废。在通信发达的今天，在浮躁的生活环境中，尤其在情绪多变的年轻人世界里，"小确幸"和"小确丧"是并存的，你方唱罢我登场——时而以"小确幸"沾沾自喜，摇头晃脑，欣喜异常；时而又变为"小确丧"状态，为一时挫折而不快、郁闷甚至沉沦。戏谑类信息和颓废类信息正是借助顺境与逆境的客观存在，以人们的情绪为切入点，散布错误的人生态度——戏谑类信息使人玩世不恭、忘乎所以，颓废类信息使人一蹶不振、万念俱灰，是人生基本态度的两个极端，极大地影响、干扰未成年人形成正确的人生态度；而不正确的人生态度一旦形成且固化，又如同瘟疫传染一般，以所言所行加倍地扩散这类信息。

第六节　不实类信息

不实类信息概括说即虚假信息，亦含有国家网信办《网络信息内容生态治理规定》所说的"使用夸张标题，内容与标题严重不符的"，"散布谣言，扰乱经济秩序和社会秩序的"违法及不良信息。

不实类信息的具体表现形式多种多样，难以全部捉拿归案，只能概括其中主要几种：虚信息（含伪信息）、假信息、错信息、讹信息、诈信息、谣信息等。所涉及的虚、假、错、讹、诈、谣等信息的本质具有一致性，都是不符实际、有违真实的，只不过在不符实际、有违真实两个基本点上各有侧重。虚信息（含伪信息）之虚，重在不实；假信息之假，重在不真；错信息之错，重在不准；讹信息之讹，重在不确；诈信息之诈，重在不诚；谣信息之谣，重在无据等。中国的成语——无中生有，言过其实，真假难辨，虚实参半，徒有虚名等，分别从不同角度勾勒了不实类信息。

不实类信息的制传者出于各种目的而捏造的不符实际、有违真实的信息，蓄意掩盖其不实、不真、不准、不确、不诚、无据的本质，为了招摇过市，以假乱真，必然会"假作真时真亦假"，竭力忽悠。在我国，广告曾是不实类信息的重灾区。目前不实类信息的主要根据地是微信等网络社交媒体。随着网络传播手段的推陈出新，每个人都能在网上自由地发布信息，发表见解，网上信息的真实性难以及时审核，给不实类信息的流行扩散创造了条件。大量不实类信息有泛滥趋势，损害了网络的公信力，甚至成为触发某些公共事件以致影响社会稳定的重要因素，值得警惕。

不实类信息存在于人类信息传馈的过程中，有些是难免的——由于人的主观对于某个客观事物的认识由浅入深、从局部到全貌、从现象到本质需要一个过程，在达到一定程度的深刻、全貌、本质之前的认识及其表述，就不可避免地存在一定的不实失真之处；在达到一定程度的深刻、全貌、本质之后，人的认识还会继续向更广更深的层次发展。

一、虚信息（含伪信息）

本书把虚信息（不实）和伪信息（不真）放在第一位，是鉴于人们往往说某种事物虚虚实实、真伪难辨。

虚伪信息一般表现是想要锦上添花，于是乎添油加醋、添枝加叶，过分夸大反倒露出马脚。改革开放以来，商品经济发展，广告必不可少。广告有效，可以带来利润，厂家商家趋之若鹜。电子媒介（尤其是电视）更是力求把消费者的眼光吸引过来，于是广告商妙笔生花，卖弄虚幻华丽辞藻，杜撰了不少虚伪信息。许多广告在推介产品时经常使用"最佳""最好""最著名""最先进"等具有极端评价色彩的词汇。在推介医药产品的报道中使用"疗效最佳""药到病除""根治""安全无副作用""最新技术""最高技术""最先进制法""药之王"等词汇，甚至出现"有效率百分之百以上""喝某种饮料延寿 10%""让一亿人先聪明起来"等广告词，或违反常识，或令人莫名其妙。那些以字的形似（例如金鳳与凤凰、麦当劳与麦当發）创名牌，用各种评选奖牌（金钱开路、明码标价的所谓评选）创名牌，用夸大其词的宣传创名牌和用名人效应创名牌，显得心虚。至于说明书含糊其辞，有些话语不说明、说不明、不明说，最后一句"解释权在厂家商家"足以了事，缺乏实实在在的底气。

数量可观的影视作品中，缺乏别出心裁的创意和恰到好处的表达，创作陷入俗套，情节平淡无奇，节奏松松垮垮，内容水分太多，戏不够、歌曲凑、吃饭凑、开会凑。

以文字为形式（或作视频脚本）的格言能够把人引向崇高和睿智，也能制造误区。在盛行一时的心灵鸡汤、格言中，虚信息（伪信息）掺杂不少，主要表现为片面性，亦即在两点论中只强调其中一点，走向偏颇。如"要善于推销自己"明显以偏概全，因为人生价值不仅包括交换值，而且包括奉献值、道义值、精神值、利人值、益世值等，不能统统价格化。

有的把设计愿景或效果图作为已制造出来产品，有的把制造过程中的产品吹嘘成业已成批生产，有的把国内领先吹嘘成世界一流等。甚至有的不尊重知识产权，把山寨产品鼓噪为中国创新；有的坐井观天，把国际竞争力有待考察臆断为世界第一。

二、假信息

假信息之假，与"真"相对。假信息是不真实的，不是本来的，是为了达到信息制传者的某种目的而杜撰、编造出来的。假信息表现为无中生有、煞有介事、借题发挥、指点江山，借以沽名钓誉、欺世盗名。假信息有多种多样的表现形式，例如假新闻、假作品、假广告、假名人、假名言（格言语录）等。

在数字符号网络时代之前，人们获得信息的渠道主要是大众传媒，而且在信息传馈过程中，由于反馈渠道狭窄不畅，传播往往远远多于反馈。因此假信息的事前屏蔽，事后抵御和澄清，往往不能及时到位，人们往往较长时间受到假信息的影响。

假新闻是假信息中危害最大者，如果仿照打击假冒伪劣商品来打击假信息的话，假新闻首当其冲。假新闻已经成为互联网世界中的一个主要问题，它们被用来故意操控民意。假如我们生活的社会是非颠倒、黑白不分，那么这个社会将会多么可怕！假新闻的出现涉及"新闻策划"与"策划新闻"二者谁是谁非，这不是两个词的先后顺序问题，而是策划与事实（新闻的对象）发生的时序问题。在战争年代，人民日报总编辑范敬宜曾将重大战役成功报道的经验归结为"重在策划"。即事实发生在前，策划发生在后，依据事实来策划报道。新闻工作者的策划绝不包括策划战役的进行、要求指战员按照其策划来作战。在此类新闻报道中，最容易出现的失误就是从新闻策划出发，中途却步入策划新闻。这种报道由于有一定的真实成分，很难被信息受传者识别，甚至有些被作为好新闻受到肯定；而一旦被看穿，引起反感和不信任，具有很大危害性。至于对一些会议或活动，事先备好宣传提纲，甚至形成通稿，临场抛出，为预制新闻，不属于策划新闻，不算逾规。

文艺假作品也属于假信息。现代歌坛变魔术似的生产歌手，提高了歌手成名的机会与速度，歌坛新秀络绎不绝，容貌、音质、服饰俱佳，令人赞叹不已。名列排行榜的，上过龙虎榜的，拿过名次的，得过金奖的，甜妹帅哥新生代的，等等，鱼龙混杂，真是"歌坛代有人才出，各领风骚没几天"。一旦需要现场来真的，如此的假本领必然露馅儿；为了避免现场出丑，只能播放录音假唱，歌手负责对口型。这就违背了商品交换原则，损害了购票观众的利益。其实国外很多电视台都拒绝假唱，艺员对自己要求严格。印度流行歌曲女星莎朗·布拉巴卡参加上海电视台举办《亚洲风》演出，在演出前两小时才赶到上海，主办者提出让她对口型假唱，她坚持要真唱，并以出色的表演再一次印证了有实力的演员不怕真唱。

商业假广告说假话、欺骗消费者也属于假信息。诸如能够激活潜能、战胜癌魔的某某"点穴膏"，每周可提高记忆力 40% 左右的中药制品，能够改善和提高视力的"一滴灵"眼药水，能够促使未成年人长高的"长得高贴片""增高助长灵""增长乐""增高助长晶"等，无一不是骗人钱财而无实效的。那些养殖蝎子、珍珠熊（金黄地鼠）、獭狸等"可以快速致富并包卖包销"的广告，订购者在骗取养殖户钱财后卷款逃走，涉嫌诈骗，已远不是什么假广告性质的问题了。

假名人在现今社会也有吗？答案是肯定的。人们依稀记得，鲁迅曾遇到另一位"鲁迅"。事情发生在 1928 年，当时鲁迅住在上海，杭州西湖又出现一个"鲁迅"，引得报纸上发表文章《假鲁迅与真鲁迅》；鲁迅经过向三个人调查后确信此事，于是写了《在上海的鲁迅启事》以澄清。无独有偶，当代著名导演张艺谋就曾遭遇"艺谋"——所谓的"艺谋文化艺术发展中心"。这个用文化界著名人士的名字命名的"中心"先是声称该中心与张艺谋"有关系"，老板与张艺谋"是朋友"云云。这使得张艺谋急于与之撇清关系，"不然大家以为我在开公司，让大伙儿都犯糊涂"。后来商家又表示命名是取"艺术谋略"之意，与张艺谋"没有关系"。这是典型的假名人之名，拉大旗作虎皮，蒙混于世。

此外，还有假名言、假格言、假语录等。在自媒体发出的信息中，冒充党政机关的假信息为数不少，只是可惜，捏着嗓子的腔调、捉襟见肘的错别字以及混乱的逻辑思维，让人们很容易识破其假货本质。

三、错信息

错信息亦即信息不正确、不准确，与实际不符，与人类业已认识到的自然、社会和思维三大领域的规律相悖。错信息经常表现为装腔作势，自以为是；或有疑问不深究，不求甚解；或对失误无勇气面对，有错不改等。错信息存在于各种传媒产品中，有以下两个主要问题最为人诟病。

（一）语言文字使用不规范，编校质量堪忧

读错音错声与广播和电视节目主持人的关系更加直接，主要问题在于字音误读错读、内容播错、用词不当或说法不妥等。有些主持人对于任何一个似是而非的人物或事物的称谓，不去寻根究底，而是模棱两可甚至将错就错，例子数不胜数，恕不一一列举。

有的报纸在重大新闻报道中，出现"发飙"与"发表"、"辞职"与"致辞"、"最后"与"最高"的混用乃至领导人姓名错误，绝对属于严重错误，理当严肃追责。

一些地方政府管理部门悬挂的标语上，错误百出。诸如"共同围（维）护""江山如此多妖（娇）""提倡一堆（对）夫妻生育两个孩子""提升城镇规划品味（位）""谁防（放）火、谁坐牢""金融扶贪（贫）""执政为名（民）""科学致（治）贫"等，有的甚至到了不知所云的地步。有的则是未顾及方形广告牌的布局，忽视了另起一行时前后词语的衔接和语意的整体表达，如"举报毒品违法 犯罪活动有奖"。错误而出的标语口号堂而皇之地悬挂，展览着相关部门的工作作风和相关领导的工作责任心。

一些图书的编校质量堪忧。曾经有位明星说自己的回忆录"一本书抖落出一麻袋错别字"，人们以为其人在自谦调侃，待读完此书方知其言不谬，完全属实。人们不禁要问：出版方怎么能够容忍如此粗糙的精神产品出版发行？尽管有些责任人可以把责任推给盗版书，但是总的说来，图书报刊因把关不严，导致错漏频出，使人不知所云；或是史实差错，观点不当，误导读者，这些情况时有发生。

在与港澳台同胞和海外侨胞的沟通交流过程中，涉及汉字的繁体简体转换问题，伴随着智能手机移动传馈新阶段的到来和我国若干社交软件的普及应用，汉字的繁体简体转换问题日益突出。简体字转换繁体字时，必须顾及颁布简化字方案时的相关规定。繁体字回潮应该引起主流媒体的重视。一些影视节目中，已经出现繁体字和简体字混用的现象，有些人索性把个人制作的信息内容统统使用繁体字。面对繁体字卷土重来，主流媒体

应该严格把关，加强规范社会用字，加强计算机用字管理。

在中外语言文字互译方面，错信息为数不少。例如有人把蒋介石的英文名字翻译成为"常凯申"，令人茫然，不知何许人也。有些商品的英文商标翻译，没能兼顾形式对等与功能对等，疏于文化背景、风俗习惯、宗教信仰等问题的周到考虑，造成不应有的损失和误解。例如：双羊牌高档羊绒被的英文商标 Goats，兼有山羊、色鬼两个含义；白象电池的英文商标 White Elephant，歧义为花钱买废物；白翎钢笔的英文商标是 White Feather，却不知白色翎毛在英国意含甚于挨骂的侮辱；雄鸡闹钟的英文商标 Cock，兼有鸡和阳具两个含义，成为他人的笑柄。国外的一种饮料 Sprite，本意为妖怪，西方人觉得这一命名有趣好玩，东方人却望而生畏；最终译为"雪碧"——如同冰雪一样凉快、澄碧透明的甜饮料，晶晶亮，透心凉，皆大欢喜。

（二）常识性错误频发

例如在影视剧中，吴国的伯嚭用北宋苏轼《蝶恋花》的词句安慰夫差"天涯何处无芳草，何必为妇人而伤怀"；把鲁迅悼念杨杏佛的"花开花落两由之"称为古诗；明朝科举考场出现阿拉伯数字编号，应试人答卷如同现代人从左向右书写。一些重大历史事件发生的年代和起止时间常有错讹，历史人物的背景和功过评价常有张冠李戴。

古人题写的匾额，读法应该从右向左；按照对联规范，上联最后一字应是仄声，下联末尾字应是平声；说"您的令尊、令堂"实属画蛇添足，"令"即是"您、你"；"耕云播雨"不能改为"播云耕雨"，更不能堂而皇之作为电视栏目名称，授人笑柄。

很多信息制传者知识有限，以想当然代替过细的工作；有的创作团队实际就是草台班子，唯利是图，朝集暮散，缺乏集体荣誉感和对观众的责任感。电视谈话节目中，脱口秀演员以调侃为主，插科打诨，谈天说地，无所不及，不明就里和借题发挥，言过语失难以避免。

虽然书报以及影视作品的错误较多，但极难见到勘误和道歉声明，实在是不该。《新民晚报》和《咬文嚼字》（被誉为"语林啄木鸟"）曾开展编校质量有奖竞查，对发现错字别字、多字漏字、颠倒字及明显用词用字不当者，一处奖励 1000 元。其实，负责任的传媒实体规避错信息的方法就是提高语言和文字水平，一旦出现失误，就应坦率认错，不断追求真知新知。

四、讹信息

讹信息的定语是"讹"，一是指错误、不准确，本义为"谣言"，讹诈是假借某种理由向人强行索取财物。二是讹传，把错误扩散，使之广为流传，惑人耳目，如以讹传讹。在错与传错两者之间，我们侧重于传错这个侧面，故没有把讹信息归入错信息，而是独立出来，专作分析。应该申明，本书所说的讹信息，不是《红楼梦》中"因讹成实元妃薨逝"那种类似于谶语的含义。

讹信息的本质是错误信息，信息传馈马虎不得、模糊不得，即使是口耳相传，也应该不偏离原意。在这里，信息制传者主观马马虎虎、信息模模糊糊，信息受传者不求甚解，极易导致以讹传讹。一般的家长里短方面的讹信息都可以影响邻里关系，更何况事关自然、社会和思维的信息，事关人际交往、社会交往和国际交往的信息呢？

讹信息的形成，有的是道听途说，不准不确，不求甚解，随意扩散；有的是信口雌黄，张冠李戴，造成影响，覆水难收。讹信息的制传者以为信息传馈只靠嘴唇上下一碰，说一说而已，听一听而已；殊不知信息传馈不仅靠动口，还要靠动脑，更要有责任感，是要负责任的。

历史不容篡改也无法篡改，虽然任何有意无意涂改历史的人到头来终归是枉费心机，但是把事关重大的历史节点、事关共产党人本色的讹信息放到当前的社会背景下扩散，应该引起人们足够的警惕。

五、诈信息

一见到诈信息的"诈"字，人们可能马上联想到诈骗——通过欺骗来骗人骗财骗物。例如网上购物，总是有浑水摸鱼的无良商家，以假乱真，以次充好，缺斤短两，骗人付款。如有的商家违反国家关于"明码标价必须是实价"的相关条例规定，在标价上作假，迫人就范。他们或利用西瓜的价格单位"块"与价格"元"（民间称呼"一元钱"为"一块钱"）的模糊不清，颇费心机地打出"保熟保甜一块两毛"的幌子，而不标明每斤单价一元两角。有的餐馆在纸质菜单价格下煞费苦心地标注英文小字，意为"加收 10% 的服务费"。

此外有一种诈信息，不是重在诓骗钱财，而是重在欺骗，利用信息的不对称，虚伪地、不诚实地编造他人因条件所限而不熟悉、不知晓的信息，摇唇鼓舌，冒充正统渠道信息传输与人，至于本意是否希望扩散，不得而知，只是一旦大白天下，即有谎言被拆穿之虞。在社会生活和人际交往中，例如，有人在恋爱过程中，在对方门楣较高的情况下，为了所谓的门当户对，编造自己与对方社会阶层相同、经历相当的谎话，以诈信息骗人骗色。有人出身社会中下层，飞黄腾达后，不仅美化自己现状，而且美化家庭出身，或追根究底，查找渊源，与名人攀亲，或声称自己是"高干子弟"云云。谎言重复千遍，也不可能成为真理，事实可以无情地把谎言打个粉碎。

至于国际交往中的政治斗争、军事战争中的"兵不厌诈"，属于诈谋，是谋略中有代表性的一种，需要使用者对于诈信息炉火纯青的运用——为了某一目的，散步诈信息，混淆视听，千方百计诱惑对方，调动对方走向困境绝地。虽有无数的前车之鉴，总是有人自以为是，相信诈信息而一败涂地，成为历史教训的新例证。例如《三十六计》中的声东击西、暗度陈仓、笑里藏刀、欲擒故纵、瞒天过海、假痴不癫、反间计等，都有诈信息的作用。在使用诈信息时，不排除单一地直接发送诈信息，但更多时候是把诈信息混杂在真实信息、有利于对方的信息之中，合并发送，令人真假难辨，有利于迷惑对方，打开局面，克敌制胜。

六、谣信息

本书的谣信息，包括含有国家网信办《网络信息内容生态治理规定》所说的"散布谣言，扰乱经济秩序和社会秩序的"及"侮辱或者诽谤他人，侵害他人名誉、隐私和其他合法权益的"违法及不良信息。网络媒体的传播特性使谣言传播更快、影响更广，辟谣更困难。有的谣言严重违法，会扰乱经济秩序和社会秩序。

谣信息（谣言）是凭空捏造的信息，言之无据、信口雌黄决定其本质。为了掩饰本质，偏偏摆出言之凿凿、信誓旦旦的样子。

谣信息往往产生于信息的不对称、舆论的不开放和不适当的管控。改革开放使我国的信息传馈及时跟上了全世界的步伐，近年来取得了令人欣喜的成就。如对于 2011 年 7 月 23 日的温州动车事故、2015 年 8 月 12 日的天津滨海新区爆炸事件、2015 年 12 月 20 日深圳垃圾山山体滑坡事件等，人们有权获得真实而不是有所掩盖的信息。官方信息不及时、不全面，相关谣言就会不翼而飞，抢先问世，充斥耳目。而 2017 年 8 月的九寨沟地震，人们几乎是在第一时间获得相关的可能信息，谣言几乎没有立足之地。极少数无事生非、散布谣言者则因造谣受到惩处。地震难免死人，没有任何必要掩盖死亡人数。

据有关报道，微信等网络社交平台正在成为谣言传播的主要渠道。网络谣言传播的基本特征为：数字夸大，文字貌似理性以引导信息受传者相信，信息的不确定性很高。在利益驱动之下，一些公众号、一些所谓"大 V"炒作此类消息，各种奇谈怪论络绎不绝，收获了粉丝、流量和赏金，一篇爆文可能会有几百上千元的收入，使得混淆视听的爆文比理性客观的分析更有市场。罔顾事实、违背事实的谣信息（谣言）最怕事实真相，最怕事实真相走在前面掌握公众。这说明，抵御谣信息（谣言）的基本方法有二：其一是公布真相，其二是及时公布真相。只要做到公布真相且及时，谣信息（谣言）就一败涂地、无藏身之地了。

2022 年，今日头条累计处理虚假谣言 92 万条，处罚违规账号 4 万多个。与此同时，平台持续开展辟谣类创作者扶持活动"谣零零计划"，共发布辟谣文章 11 万条，总曝光量超 280 亿次。为了营造良好网络环境，腾讯积极响应国家网信办"清朗"系列专项行动号召，发起了多个整治不良内容、打击盗版黑产行动，维护绿色网络环境。2022 年，腾讯内容开放平台累计封停账号 7869 个、禁言 38181 个；腾讯新闻较真平台上线"新冠辟谣 50 条"H5，对多个高热谣言进行辟谣；腾讯 CPSP 版权保护平台累计识别侵权内容 770 万条，为 1144 万部版权作品保驾护航；腾讯 QQ 从产品功能、平台治理、技术提升、用户教育等方面积极落实未成年人保护各项措施，进一步完善青少年模式，加大有害信息处理力度。网络谣言治理是一项系统工程，需要政府部门、企业、行业组织、新闻媒体和广大网友的共同参与，只要各方一起努力，共同打击谣言和虚假信息，就能为用户营造绿色、健康、清朗的网络环境。

值得强调的是：不应该把警示性提示视之为或称之为"谣言"——警示性提示一般具有两个基本特点，其一是言之有据，其二是已按有关程序提出。在社会生活中，某些人为了掩盖真相，动用权力，把揭露事实的信息称之为"谣言"，及至真相大白，孰为谣言众所周知，那些警示性提示成了"遥言"，即遥遥领先的预言。

对于不实类信息，广大群众一是要提高信息甄别能力，通过权威官方平台了解相关信息，不轻信、不发布、不转发、不评论未经官方证实的网络信息，文明上网、理性发声。二是要坚决抵制网络谣言，发现网络平台疑似谣言信息，主动向网信或公安部门举报，做到不信谣、不传谣、不造谣。增强法律意识、道德意识，坚决不做空穴来风、无中生有的猜测，不轻信、不盲从，多角度分析，多方位思考。三是要主动传递正面声音，要积极了解官方发布的事件动态、科普知识，传播先进典型事迹，凝聚网络正能量，众志成城，抵御信息污染。四是要保持理性和良好心态，仔细辨别、理智分析，不随意传播非官方渠道发布的相关信息，及时举报网络虚假有害信息，自觉抵制、批驳网络上的不科学、不文明言论。

第七节　无用类信息

何为无用类信息？即是信息对信息受传者没有用处、信息制传没有效用。无用类信息徒费传馈资源、占据网络空间、浪费网民时间等，属于不良信息，可归入国家网信办《网络信息内容生态治理规定》所说的"其他对网络生态造成不良影响的内容"。

无用信息并不简单等于垃圾信息。国内外关于垃圾信息的指摘中，包括冗余信息、过时信息、广告信息以及色情信息等。其中，冗余信息、过时信息、广告信息等是无用类信息。

信息制传者是人，信息受传者也是人，信息制传者当然希望所传播的信息为信息受传者接受、制传产生效用。由此观之，辨识无用类信息的关键在于考察信息的目标设计是否正确？信息受传者是否需要该信息？亦即无用类信息的判定，需要综合信息本身、信息受传者、信息制传者等要素，结合时间地点条件进行具体分析。

一、从信息本身看

从信息本身看，之所以被称为无用类信息，主要有以下表现。

表现之一，信息因内容过期而无用。信息具有时效性，绝大部分信息产生于具体的时间地点条件之下，在此时此地此条件下有用有效，需要尽快传送给信息受传者，以保证信息的效用。如果时过境迁，信息的时效性丧失，则转化为无用无效的信息，对于信息受传者而言，别无选择，只能扼腕而叹、继而弃如敝屣。在微信普及之后，网站邮箱颇受冷落，无意中打开旧有的网站邮箱，成百上千的信息静候您的到来，只有点击"全部删除"和"彻底删除"了事。

表现之二，纯粹的垃圾信息。垃圾信息主要由商品广告、服务广告、交友广告等构成。或由移动基站在某时某地群发，它们往往一发了之，逃之夭夭，逃避监测；或由移动运营商有偿服务群发（不排除其工作人员私下揽活，利用值班时间发送）。据腾讯安全联合实验室发布的《2017年上半年互联网安全报告》，腾讯手机管家共收到用户举报垃圾短信数5.86亿条，是2014年上半年的两倍有余。用户举报垃圾短信最多的省份为广东，最多的城市前四名为深圳、成都、广州和苏州，垃圾短信举报数均为千万级别。骚扰电话标记总数为2.35亿次，虽不会对用户造成实质性危害，但仍会干扰用户、影响手机使用。在用户标记的骚扰电话五大类型中，响一声排名第一，占比超过50%。某位市民的手机在十几分钟内连续收到近两百条垃圾短信，惊呼："删得我手指都痛了！"有人称每天接收的电子邮件中超过一半是垃圾，不胜其烦。垃圾广告、地下广告等骚扰型短消息容易使接收者身心烦躁，还严重干扰记忆力。人们对于垃圾信息鄙夷不屑，更是鉴于其中夹杂着诈骗信息，涉及信息犯罪。

二、从信息受传者看

人类作为信息受传者的整体，并不需要信息海洋的所有海水。业精于勤的某一专业，也仅仅是信息海洋中的一抔海水；一个人终其一生兢兢业业，所能掌握的知识也不过是沧海一粟。所以信息对于一个人是否有用有效，皆因具体的时间地点条件而定。

一方面，无用类信息是当时有用有效而用后失效的信息。这一点具有普遍性，人们对信息往往看重的就是其有用，用过之后，不能排除在今后总结经验时需要引用，所以把曾有裨益的信息予以保留，便于今后遇到同一问题或相似问题时可作参考。如有心人在完成一部著述后，往往会保留所有资料。人们从中能够看到作者从谋篇布局、斟酌章节、推敲标题、确定层次、写作修改的整个过程。

另一方面，是信息本身有用，只是不适合信息受传者本人所需。信息的有效性因人而异，某些信息受传者偏偏不需要某一信息。例如我国在人口计划生育上实行二胎政策，对于一般的年轻夫妇这是个好消息，对于下定决心的丁克家庭就没有什么效用，对于丧失生育能力者来说对此更会置若罔闻。又如交友信息，对于笃信实践出真知的人们来说，并不相信那些交友网站推出的交友途径，即使再便捷也不用。他们认为网上的交友信息具有模糊性、不可知性甚至具有一定的危险性，远离为上。

诺贝尔文学奖得主索尔仁尼琴曾指出，除了知情权以外，人也应该拥有不知情权，后者的价值要大得多。过度的信息对于一个过着充实生活的人来说，是一种不必要的负担。看来，应该借鉴奥地利、美国、德国严格执行的《数据保护法》——《数据保护法》在个人信息与垃圾信息、广告邮件间竖立起一块坚强的盾牌，手机和邮箱很少有垃圾信息和广告邮件。我国并不是没有相关的法律法规，只是缺乏严格的执行。

三、从信息制传者看

主要表现为信息制作、信息传播失当。众所周知，不同类的电视广告有其黄金时间和黄金时段。若在观众用餐之时播出牙膏广告，荧屏上牙膏漫天飞舞，尚可接受；而有些中西医药、卫生用品，诸如痔疮膏、卫生巾、脚气灵广告蜂拥而上容易使人反感。如止泻药广告播出时间不当，早不播出，晚不播出，偏偏安排在午餐、晚餐时间通过电视播出，全然不顾用餐人的尴尬！难怪观众要在某报上"跪求"信息制传者："求求你们，让我们踏实吃一顿消停饭吧！"

又如电视节目插播广告失控，一部影片插播三四次广告足够让人心烦，过多和过于频繁的广告，固然使人们听觉视觉上受到刺激，却在心理上引起反感和拒绝，如此适得其反的广告还有用吗？与此相仿，开机广告、电视节目和电影的片头广告、电脑和智能手机的弹幕等，数量过多，过于频繁，过于冗长，都属于信息传播失当，至于效果只能使信息受传者反感，拒绝接受。

再如网络、门户网站和平台的智能化服务过度——客户一旦检索某个信息，则一下子把少则几十条、多则成百上千条信息提供出来，让人真假莫辨、一头雾水。不仅如此，此后智能化服务还会向检索者源源不断地持续提供图文并茂的此类信息或相关信息，如同现实生活中商家一厢情愿地实行贴身式"热情"服务，让人哭笑不得，落得个"智能化讨嫌"的评语。

以上分析难免挂一漏万。无用类信息占用有限的空间（电脑、智能手机和网络的空间都是有限的），浪费信息受传者的时间，分散其视线和心思，增加不必要的困惑，甚至有可能借助其好奇心把信息受传者引入歧路。如果不觉悟到这一点，不区别相关信息有用或无用、有效和无效，不及时果断地删除无用类信息，不及时把相关无用类信息列入拒绝接受的"黑名单"，就不可避免地受到无用类信息的挟制。无用类信息，在人们所能接触的信息海水中占有一定的比重，必须有清晰的认识。这也是本书没有对无用类信息弃之如敝屣、若无其事地跨越过去，而是不吝篇幅，加以粗浅分析的原因所在。

第六章

———

信息污染的传播

为了抵御信息污染，我们既需要考察信息污染的内容，又需要考察信息污染的形式。判断歌手的表演是否是传播信息污染，固然首先应该看其歌词是否有违法、不良信息内容，但也要看相关的服饰、表演的姿态动作以及乐队的配器、乐曲的变奏等。为了传播信息污染，信息污染制传者会处心积虑、想方设法在信息污染的形式上下功夫，以求一逞。

第一节　信息污染的几种传播形式

党的十八大以来，网络信息内容生态治理活动逐步展开，初步堵住了在信息内容中散布违法信息和不良信息的主要渠道，信息污染制传者转而更加注重利用信息的传播形式。

一、信息污染的传播形式

信息污染的传播形式多种多样，这里归纳几种。

1. 赤膊上阵，有恃无恐

一些信息污染的传播形式是开门见山、单刀直入，毫不掩饰地直接鼓吹违法信息的核心思想，无所顾忌地张扬不良信息的负面因素。有的鼓吹全盘西化否定社会主义民主；有的宣扬性解放；有的影视节目中语言"荤"得出格，大有一"荤"惊人之势；以狗仔队拍摄的低俗照片吸引目光、招徕读者，诱导有此嗜好者点击浏览，等等，皆成为吸引人们眼球的手段。某地的一位电视节目主持人，伶牙俐齿，口似悬河，擅长即兴发挥。及至在演出现场露面，原来并非是金口玉言、口吐莲花，而是满口污言秽语，受到具有一定文化素养和审美情趣的人们的非议。某地一位自称不"虚伪地顾忌形象"的歌手，2001 年 8 月 11 日在某市万人演唱会上，赤裸上身，爆粗口，做粗口手势，自摸下体，教全场观众讲闽南粗话，并当众脱裤露出屁股，引发起哄，完全是一副寡廉鲜耻的无赖举止。以如此"敢为天下先"的举止博名出位，既是某些无聊艺人病入膏肓的表现，也暴露了相关部门的管理疏漏、审查失职。

2. 挂羊头卖狗肉，诱人上钩

当有关管理部门和广大民众积极抵御信息污染之后，"挂羊头卖狗肉"就成为信息污染制传者的惯用伎俩。他们用心良苦，巧设机关，藏头露尾，千方百计把信息污染传播到社会上。网上一些题图尚可的帖子和不请自来的邮件，打开之后竟然是鼓吹邪教或异端邪说、危害国家等违法信息的内容。某些微信帖子的标题和题图冠冕堂皇，一旦点击，只见符合标题的内容仅有"一线天"，不良文字及广告占据绝大部分空间。在正面有益的信息中，使用不正当手段掩藏、插入信息污染——或中断图文，强行插入有信息污染内容的文字图片；或在图文展示过程中，以链接形式把信息受传者引入歧途；或在图文之后附录若干相关图文，其间不乏信息污染。而信息受传者由于事出意外、措手不及，茫然不知所措，不免受到负面影响。

3. 蹭热点

蹭热点是信息污染施加影响的主要方式之一。信息污染制传者在赤裸裸的低俗粗鄙难以为继的情况下，借助舆论热点或舆论焦点，乔装打扮，浮上水面，在正常的社会活动中以求一逞。例如国家足球队在东亚杯比赛前，有人指使 5 位穿着暴露的年轻女性打出"国足坚挺，跪求爆射"这样粗俗不堪的横幅。在千夫所指的某小学校长性侵女学生事件中，有人以所谓"性工作者"名义摆出大义凛然的姿态，鼓噪什么"校长，请放过小学生，冲我来"等，污人耳目，不一而足。

4. 轧黄线

轧黄线也是信息污染施加影响的一种方式。所谓的"轧黄线"是以交通规则中禁止车辆跨越黄色实线行驶为比喻，俗称"打擦边球"。指的是信息污染制传者违反法律的明确规定，蓄意在违法的临界点，在介乎违法与未违法二者之间出现，探头探脑、藏头露尾、以求一逞。其狐狸尾巴一旦被抓住，就装出无害而可怜的样子，极力自我辩解，企图减轻罪责。例如有人在青春期中学生懵懂性的知识、议论"第一次"时，出具的作文试题竟然是"不要拒绝第一次"，令学生难免不浮想联翩。面对多方面的质询，出题者辩解"我本无意"，嗔怪"你们偏往那方面想"。真是应了鲁迅在《"大雪纷飞"》中的话："他从隐蔽之处挖出来的自己的丑恶，不能使大众羞，只能使大众笑。"大众的笑，是耻笑，是鄙夷不屑的笑。

二、信息污染传播形式标新立异

形式标新立异的表现之一是标题耸人听闻，先声夺人，即公众称之为"标题党"的货色。新闻标题旨在用最简短的文字将报道中最重要、最核心的事实报告给读者。恰如其分、妙语连珠、丰富生动的标题，实乃画龙点睛之笔。一些信息制传者为了"吸人眼球"，为追求"语不惊人死不休"的效应，不惜以夸张、失真、歪曲等手法拟定标题，制造耸人听闻的标题，刻意放大标题"吸人眼球"的功能，引人点击观看。譬如以各种名义的"十万火急！重大事件，你我相关，速看！""刚刚发生""北京严重发声""惊人一幕""央台沉痛播放，让所有人都震惊""国家安全部紧急通知"；甚至抬出领导人和夫人，什么"某某震怒、某某流泪"等。还有媒体上"吓尿体""哭晕体"等浮夸自大文风日趋严重，什么"新四大发明"。应该指出，把中国吹上天的"震惊体"和把中国贬入地的"神话体"，看似针锋相对，其实在本质上是相通的，都是由于无知和懒惰，对世界做出一种最省力、最简单的解释。结果就像哈哈镜一样，把现实照得面目全非。"标题党"的盛行，已成新闻怪胎、社会毒瘤，不仅有悖新闻报道的真实性、客观性原则，也有违媒体传播"内容为王"的职业底线。至于那种动辄祭出"是中国人就转发"者，实在是自己色厉内荏、对信息内容没有信心，还要诅咒发誓、强人所难，说到底是没有丝毫效用的。

形式标新立异的表现之二是投其所好，请君入瓮。新闻不等于奇闻，不能为满足有些人的猎奇、窥私欲而搜罗乃至编造信息。例如有的媒体不深入调查，不区别真伪，专门刊登各种奇闻怪事。大众娱乐是青少年参与最多的活动，电视广告覆盖观众面最广，商家的宣传造势不应该脱离社会道德和精神文明。

形式标新立异的表现之三是夸大其词，言过其实。如经营健康、医药产业的某企业于1995年5月斥巨资，以令人瞠目结舌的规模与密度，在全国省级以上报纸推出广告：三辆重型坦克昂然屹立，伸出又黑又大且夸张变形的炮口；各路名人走在前列，前进的人们脚穿硕大军靴，踏向人类文明发源地之一埃及和斯芬克斯、踏向美利坚的贝佛利……从信息传馈看，此广告在广告创意上出了问题，导入了西方广告的设计理念，用轰炸机、坦克等战争的信息符号来表现"电脑、医药、健康品"这样的主题，违背了广告与商品之间的对应关系；不考虑我们时代的民族文化特征，片面地"特别强调视觉冲击力和画面震撼力"，追求形式的轰动，忽视了中国受众的接受能力，以太多的霸气，给人一种强加于人的感觉，不仅没有拉近反而扩大了健康品与消费者的距离。此广告在全国引发了众多的猜忌和议论，造成不良社会效果和政治影响，一些传媒纷纷表态：该广告不健康，用不良或恐怖的方式造成不良影响；存在着错误导向，与和平环境相违背，使人感到愤怒。国家工商行政管理局于同年7月10日发出紧急通知，该广告被终止。经过一个多月空档，到8月中旬，新的广告取而代之，将飞机坦克换成身着短裤、背对受众、扒着围墙往外看的幼儿形

象 —— 极具亲和力的 6 个可爱的胖嘟嘟的儿童形象，引人关注，效果截然不同。

形式标新立异的表现之四是喋喋不休，强行灌输。不知从何时开始，风行广告词重复三遍，朗读者以相同分贝的音量，大声喊，喊三遍。从"来真的，羊羊羊""椰风挡不住"直至"莎普爱思"，声无音韵，使得广告失去张力。后来又兴起一人领呼、群起呼应，仍是重复三遍广告词，人多势众，震耳欲聋，以势压人，效果未必如意。即使是广告词并非违法不良，强行灌输给信息受传者也似为不妥，被人们归入"令人厌恶的信息"之列。

形式标新立异的表现之五是怪异的网名、笔名。网名和笔名相对于信息内容而言，属于形式，可以锦上添花，也可以成事不足、败事有余。怪异笔名始发于广东新闻界，带动所谓的新潮笔名在广东走俏，后传染全国报刊。诸如与地域有关的"黄土高坡""西北平原"等，与气候有关的"东北风五到六级"等，与古人诗句有关的"野渡无人""白发三千"等，照搬武侠小说的"小李飞刀""楚留香"等，洋为中用的"七三四郎"、"夏洛特·王藏"等，以及使用整个句子的网名等，绝大部分是以游戏心理拟定，标新立异，推销自我；当然也有胡说八道的。这类笔名，偶一为之未尝不可，泛滥成灾则后果堪忧，稀释了读者对刊发相关作者文字的报刊的信任度。我们并不否定笔名本身，鲁迅的几十个笔名个个拟定有针对性，相当比例的笔名精彩，令人叫绝。著名作家沈雁冰的笔名"茅盾"出自其 1927 年发表小说《幻灭》时的署名，原为"矛盾"，经编辑叶圣陶建议后修改（理由是"矛盾不像个真名"），体现了对于汉字文化的尊重。现代社会中好的笔名比比皆是，譬如徐惟诚的笔名"余心言"，三个字各取自其姓名，又增添了"我的心里话"的新意。据鲁迅在《集外集拾遗补编："名字"》中的经验，"看文章先看署名"，他对于自称"铁血""侠魂"之类的不看，自称"秋瘦""春愁"之类的又不看，自命为"一分子"、自谦为"小百姓"之类的又不看，自号为"厌世主人""救世居士"之类的又不看等，理由是署名如此矫揉造作故弄玄虚，文章之成色大有可疑。鲁迅的观察入细入微、判断一针见血，耐人寻味，真有道理！

上述例证告诉人们：信息污染的形式是为信息污染的内容服务的，有助于表现（凝练、深化）信息污染的内容。在进行信息内容生态治理的同时，必须关注信息形式方面的问题。

第二节　信息污染的寄寓方式

文化作为一种精神力量，在人们认识世界、改造世界的过程中能够转化为物质力量，对社会发展产生深刻的影响。优秀文化能够丰富人的精神世界，增强人的精神力量，促进人的全面发展。文化影响人们的交往行为和交往方式，影响人们的实践活动、认识活动和思维方式，具有潜移默化和深远持久的特点。文化对人的影响来自特定的文化环境，来自各种形式的文化活动。

长时期以来，在信息污染制传者操控下，信息污染的外在形式动辄打出文化的招牌，以时尚文化形式为包装，隐匿性是信息污染藏身方式的基本特点。

一、信息污染栖身于媒介文化之中

所谓媒介文化是指在社会总体文化系统中，以传馈媒介影响人的方式为主要考量而构成的亚文化系统，例如口传文化、印刷文化、广播文化、电视文化、电影文化、网络文化等。媒介文化的特征主要由该文化中偏重使用某种媒介、某些媒介的人的比例所决定。例如口传文化的最大特征是它的亲密性、怀念传统性和狭窄性。在当代，尽管有许多先进媒介，用口头媒介的人仍然比用其他媒介的人多。又如印刷媒介文化以独立性、超时空性、重现性为主要特征，人们获得了复写自我与世界的能力，有益于人们修正和发展认识，鼓励人们的自尊心、自我中心、自我反思，导致人们脱离松散的宗法群体，形成更为牢固的小群体。再如电子文化以系统为特征，模拟符号电传时代的广播、电影、电视等，在短短的百余年来，涌入大众生活，广播文化、电影文化、电视文化曾先后占据时尚文化形式的宝座，以极快速度传输信息，使人们的感官近乎无限地急剧延伸，其丰富性令人应接不暇，其时效性令人不及思索。简言之，在从古到今的各种媒介文化中，信息污染与正确有益的信息比邻而居，潜移默化，深远持久地施加影响，影响了人们的成长和生活。

主流媒体是媒介文化的支柱，必须高屋建瓴，把握方向，为众多传媒树立标杆；而不能被娱乐至上等错误导向搞昏了头，被形形色色的信息污染所俘虏，不辨黑白香臭，这方面已有前车之鉴。在某大城市的一次电视节目中，为了所谓的活跃气氛，两位男主持人言辞激烈、你来我往、相互贬低，为的是竞争"女主持人今天下夜班后跟谁走"，话语尺度失当，诱导观众想入非非。

毫无疑问，当今时尚的媒介文化形式当属网络文化（包含有线网络和无线网络）。文化需要交流和传播，更需要创造和创新，在这一根本点上，文化与网络存在天然的亲和力和融合力，一拍即合。网络不仅提供全新的空间和手段满足文化的交流传播，而且汇集资源，为文化的创造创新提供营养和素材。经过创新、传播、扩展和丰富，网络文化以新科技手段武装的新颖形式应运而生；在成为多元化、存在共同语言、彼此尊重相互理解的重要文化形态的同时，带动网络文化市场，促进人们对于文化的享有。网络文化以其新理念深入人心、新技术应用广泛、新业态不断涌现、新力量广泛参与的特点，呈现出强劲的发展势头。网络文化之所以能够取代电视稳坐电子文化的第一把交椅，主要原因之一在于它的互动性和隐匿性。例如电视文化具有过于强烈的引导教育功能，观众只能通过其动态而非静态、简单而非复杂、形象而非抽象的传播被动接受；而网络文化中的观众参与功能为观众喜闻乐见。又如在电视文化称霸时期，电视关系着人与人之间的情感，调整着整个人类的精神世界，是社会角色之一，又是家庭成员之一，我国大多数家庭是全家人共同观看同一个电视节目。而网络文化恰恰相反，使用者自设密码，保护自己的隐私（自己的网名或昵称、发帖或邮件的内容及去向、网友信息等）。

信息污染借助于网络文化这一形式，以旧有的不良乃至违法的内容为主，以若干新生的不良乃至违法的内容为辅，新汤煮旧药，新瓶装旧酒，从地下转为公开，从隐晦转为赤裸，在网络上或是以文学艺术等传统形式出现，或是以直播、短视频等时髦形式招摇，向人们施加负面影响。21 世纪以来，说某些数字化的信息污染和网络平台（扩散途径）是污染源恐怕没有异议。一些黄色书刊、小报虽然仍在社会的角落里探头探脑，若干广播、电影、电视节目虽然也有信息污染招摇过市，无疑都是信息污染源，但是与网络文化中存在的信息污染相比，远不是同一个当量级别。况且绝大部分报刊、广播、电影和电视都已实现数字化和网络化，在强化网络文化的同时，也为信息污染源打开方便之门。

二、信息污染打着中华传统文化的幌子

近年来，"弘扬中华文化""弘扬传统文化"的说法不胫而走，其实并不准确。中国传统文化经过数千年的历史积淀，既有精华也有糟粕，"取其精华，去其糟粕"是我们应取的正确态度。要"古为今用"，继承传统文化中的精华，批判、去除传统文化中的糟粕。正如毛泽东 1940 年 1 月在《新民主主义论》中指出的，"剔除其封建性的糟粕，吸收其民主性的精华，是发展民族新文化提高民族自信心的必要条件"，这一判断不仅阐明了对待传统文化的态度，同时也指出分辨传统文化中"糟粕"与"精华"的价值标准在于封建性与民主性之分。习近平总书记 2014 年 2 月 24 日在十八届中共中央政治局第十三次集体学习时的讲话中指出："对历史文化特别是先人传承下来的价值理念和道德规范，要坚持古为今用、推陈出新，有鉴别地加以对待，有扬弃地予以继承，努力用中华民族创造的一切精神财富来以文化人、以文育人。"

中华传统文化的精华，如今称之为中华优秀传统文化；而其糟粕可

能被信息污染制传者转化为多种形式的信息污染，到处扩散。极少网民自身修养不够，沿袭了不少鲁迅当年指斥的旧中国的旧思想、旧文化、旧风俗、旧习惯，追求生活上的奢侈淫靡，热衷于色情小说，主张纵情声色、及时行乐，大谈特谈迷信怪异和奇闻怪事，陶醉于幽默的"黄段子"和绯闻轶事，满足于低级无聊、插科打诨，过着一种懒散空虚的无聊生活。对于中华传统文化中的糟粕津津乐道的人，对于信息污染中的违法信息和不良信息同样爱不释手，似乎是一脉相承。不仅如此，他们还热衷于扩散违法信息和不良信息，祸及他人。

信息污染常常打着通俗文化的旗号出现。通俗文化是指那些最能普遍适应社会共同兴趣的文化内容，如日常生活琐事、人们熟悉的传说中的各种意识观念，当然也包括潜在的色情、暴力等内容，满足窥私癖的香艳画面等。通俗文化容易形成社会共同兴趣，这种共同兴趣产生于人们较低级的心理、生理需要。所谓"通俗文化"在我国曾经一度泛滥——曾遭历朝历代禁毁而被遗忘的明清艳情小说《金瓶梅词话》《无声戏》《双合欢》等，打着"整理文化遗产"招牌，"全本、足本、珍本"堂皇上市，多为精华与糟粕参半，有些百分之百是糟粕；电影、电视大量复制和扩展低层次通俗文化，一些无病呻吟、无思想内涵的言情片、打斗片、武侠剧、宫廷剧等，抓住大众心理某些感应点，拼命放大夸张。社会急剧向商业化方向靠拢，人们对于金钱和享乐的追求替代了原有的精神需求，文学艺术已经不是必不可少的，文化与其他商品一样被用来消费，快餐文化、花边新闻遍地开花、充斥耳目，迎合人们较低层次的社会共同兴趣，忽视较高层次文化的传播，从而降低了信息受传者文化意识水平。文化的传馈关系到整个民族的文化素质和文化心理结构，健全的文化结构应该多元化，绝不应该是通俗文化一统天下，长此以往，社会心理结构会变得畸形，必将导致文化的断裂层。

三、信息污染冒充人类优秀文化的舶来品

在国外，传媒与文化工业联姻，借助市场和金钱的力量急剧膨胀，导致"一股西风，大批量生产的文化的西风，正在地球上弥漫"。无论是东方还是西方，无论是报刊、图书、广播、影视，还是广告、演出，抑或是信息高速公路，到处都飘荡着欧美的形象与观念、情感与趣味、风情与时尚。风源就是所谓的文化工业，也就是文化产品的制造业。伴随着我国对外开放的逐步扩大，外国文化尾随外国的商品、资金、技术和管理经验等开始进入中国。外来的风沙更迷眼，以黑社会、凶杀、暴力、色情、人生无常为内容的影片等，本不是什么世界一流的现代文化，有的在国外已受到正义人士批判，有的属于文化垃圾和满足感官刺激兴奋于一时、哄闹取乐的货色。对此，党和政府提出"开窗户"与"打苍蝇"并举，防范外来文化中的糟粕。互联网引入中国以来，外国文化借助于网络进一步传播，与中国优秀传统文化的冲突开始加剧。同时，外来文化中的糟粕更是冒充人类优秀文化，以舶来品的形式出现在网络上和现实中。

人类优秀文化是全人类的共同财富，中华优秀传统文化作为东方文化的一支，是人类优秀文化的重要组成部分。无论在国内还是在国外，各种信息污染在混迹于媒介文化之中，以时尚文化形式作为包装。外来的文化作品需要审视，难免有落后、腐朽意识形态主导的信息污染掺杂其中；不仅要注意屏蔽戴着艺术桂冠的色情信息，而且要重视屏蔽西方意识形态和政治制度主导下的负面信息。当然，我国对外输出的文化作品，同样也需要审查，减少以至杜绝为中国人民所不齿的信息污染流传国外。

在文化交流中，中外文化的逐步融合必然存在一个过程。对于中外文化的差异，要如实承认，以"和而不同"理念兼容并蓄，不能将文化差异视为糟粕。外来的优秀文化成果即使一时不便于吸收和借鉴，也不妨作出客观的介绍。吸收和借鉴外来的人类优秀文化成果无疑是必要的，这一吸收和借鉴必须与中国国情相适应，否则即使是外来文化的精华，也只能兴于一时，难以为继。

党的十九大报告指出："推动中华优秀传统文化创造性转化、创新性发展，继承革命文化，发展社会主义先进文化，不忘本来、吸收外来、面向未来。"指出了一条坚持中华优秀传统文化为主，融合外来优秀文化精华，以"面向未来"为革命文化和社会主义先进文化发展方向的道路，这也为我们抵御信息污染指明了根本方向。

第三节　信息污染传播的动向

在信息污染制传者操控下，信息污染施加负面影响的方式自 20 世纪 90 年代以来已经发生变化，既借助于传统的公共传媒，又借助于电脑网络。进入 21 世纪以来，更是不放过人类在传馈工具方面的任何一个科技成果，力图借助新科技成果以扩散得更快、更广。

一、信息污染以互联网为大本营

人类信息传馈科技成果的影响是全方位的，其中最为直接、主要的影响是信息处理的符号和信息传输的媒介构成。一般来说，人们往往对于信息处理高看一眼，信息处理固然重要，但不能忽视信息传输。具体到现代社会，以电子符号（模拟符号在先、数字符号在后）处理相关信息，确实推动人类信息传馈发生了划时代的变化，多种传统媒介无一不被数字化而呈现老树新枝，所有数字化的信息不可能独立存在，都必须通过互联网进行传输扩散。

信息污染在互联网诞生之前传播较慢。在互联网诞生后，信息污染便以各种形式，通过网络这一主渠道，以更快速度和更大广度扩散，来势汹汹，出人意料，防不胜防，这是互联网双刃剑性质的主要表现之一。在兼顾现实与虚拟两个世界、线下公开和线上隐匿两种环境的前提下，我们在分析两个世界的信息污染时，应该以互联网上的信息污染为主，这是符合实际、顺理成章的。在抵御信息污染过程中，我们必须把网络治理摆在更为突出的位置，把互联网作为抵御和清除信息污染的主战场。

二、信息污染通过移动互联网猖獗扩散

智能手机移动传馈以便携式设备、即时性传馈、巨量的存储等特点大大有益于信息传馈，迅速吸引了广大使用者尤其是未成年人的目光。我们不能否认智能手机移动传馈新阶段对于社会生活的正面影响，特别是对于未成年人的正面影响。值得注意的是，智能手机移动传馈放大了电脑和互联网的效能，既放大了正面作用，同时又放大了负面作用。使用智能手机移动传馈对于未成年人的身体健康（影响视力和生长发育等）、学习认知（不专心、抽象思维减弱等）、性格形成（缺少社会互动，人际交往能力降低等）和行为养成（接触不良信息，模仿不良行为等）确实存在可能的负面影响——过早过多地接触手机等电子设备会分散注意力，过多接触社交化的电子设备会有损于人际交流、减少与人（首先是与家人之间）面对面的交流，这一影响越来越突出。

随着智能手机移动传馈新阶段的到来，多种多样的公众传媒及自媒体、多种多样的社交途径（微信、直播等）、多种多样的平台显山露水，信息污染借此活动猖獗，发挥其负面影响易如反掌。网民特别是未成年人可以随时随地接触海量的信息污染，面临一定的风险（包括成年人的文化、不适当的内容，例如有关性和暴力的图片、有害的互动、商业问题等）。在腾讯发起的"儿童网络保护大调查"中，网络诈骗、不良信息、网络欺凌成为儿童在上网过程中遭遇的三大危险。

三、信息污染借助新科技成果扩散

正如美国的新闻工作者、经济学家托马斯·弗里德曼所关注到的，在 2007 年集中诞生了一批科技成果——包括乔布斯的第一代 iPhone；

计算机存储能力得益于哈度普公司而爆炸式增长；谷歌的安卓系统推动智能手机在全球范围内迅速扩张；亚马逊的 Kindle 产品与高通 3G 技术相结合，引发了电子书革命；大卫·费鲁奇及其团队建造具有认知能力的机器人"沃森"，将机器学习与人工智能结合在一起等。这一批新的科技成果重在重塑人与机器沟通、创造、协作和思考的方式。据此，他指出技术进步总是通过突然的重大飞跃实现的，上述科技成果引发了有史以来最大的一次技术飞跃。他作出"科技进步的速度加快、科技创新的周期越来越短"的判断，断言至 2016 年，科技创新的周期会缩短到 5—7 年。

移动通信延续着每十年一代技术的发展规律，每一次代际跃迁，每一次技术进步，都极大地促进了产业升级和经济社会发展。从 1G 到 2G，实现了模拟通信到数字通信的过渡；从 2G 到 3G、4G，实现了语音业务到数据业务的转变，传输速率成百倍提升。4G 网络造就了繁荣的互联网经济，解决了人与人随时随地通信的问题。5G 作为一种新型移动通信网络，不仅要解决人与人通信，为用户提供增强现实、虚拟现实、超高清（3D）视频等更加身临其境的极致业务体验，更要解决人与物、物与物通信问题，满足移动医疗、车联网、智能家居、工业控制、环境监测等物联网应用需求。

截至 2022 年 9 月末，我国三家基础电信企业移动电话用户总数达 16.82 亿户。其中，5G 移动电话用户达 5.1 亿户，占移动电话用户的 30.3%。中国电信与中国联通已建成了业界规模最大、速率最快的全球首张 5G 独立组网共建共享网络。

科技创新周期的缩短，远不是某一产品的更新换代所能代表的，直接的表现就是新的科技产品层出不穷，称之为日新月异未尝不可。而那些信息污染的制传者，为了谋取多方面利益，同样不会放过对于新科技成果的利用。他们会更加方便快捷地制作、复制信息污染，向全社会更快更广地扩散；他们会把信息污染和不适合未成年人的内容，更加大量而隐秘扩散出去；他们会借助于现代科技规避审查，使得抵御信息污染的举措难以奏效。智能投递工具出现后，他们也完全有可能利用无人机和无人驾驶车辆运送和投递信息污染货物等。这些已露端倪的现象或极有可能发生的现象，提出了抵御信息污染的新课题，将推动相关抵御信息污染的对策不断创新。

下　　篇

抵御信息污染的对策体系

第七章
——

抵御信息污染的重要性和迫切性

习近平总书记 2016 年 4 月 19 日在网络安全和信息化工作座谈会上强调："我们要本着对社会负责、对人民负责的态度，依法加强网络空间治理，加强网络内容建设，做强网上正面宣传，培育积极健康、向上向善的网络文化，用社会主义核心价值观和人类优秀文明成果滋养人心、滋养社会，做到正能量充沛、主旋律高昂，为广大网民特别是青少年营造一个风清气正的网络空间。"我们要真正实现习近平总书记所冀望的"风清气正的网络空间"，还有很长的路要走，还有很多的工作要做。我们必须重视网络世界对现实世界的影响、网络生活对社会生活的影响。

要实现求真向善爱美的导向，必须剔假除恶去丑。我们已然分析了信息污染内容和形式的一般表现及其普遍性，我们还必须认识信息污染侵扰社会，影响社会的现实稳定，尤其是侵扰未成年人，影响社会的未来发展。在明了抵御信息污染重要性的同时，我们还要进一步认识抵御信息污染的迫切性。

第一节　抵御信息污染事关社会的现实稳定

信息污染危害社会，影响现实社会的稳定。

一、信息污染侵扰的特点

（一）信息污染以人性弱点为突破口

古人所说的"食色，性也"，指明了人性的弱点。堡垒最易从内部攻破，"食、色"即是人这座堡垒容易被攻破的内部弱点。信息污染抓住"食、色"向人进攻，特别是在物质生活丰富的当今，转为主要以"色"为突破口，通过诱惑耳目，扰乱视听，达到搞乱人心的目的。淫秽类和粗鄙类信息的制传者故意混淆色情和艺术、通俗和低俗的区别，甚至有意歪曲传统道德和社会主义核心价值观，大量转发黄段子和低俗信息，制造污染。由此也不难推测出淫秽类和粗鄙类信息得以存在的原因，是一些人内心深处"人性弱点"的"需求"。

虽然互联网是一个多元文化和多元价值的空间，但我国决不允许文化糟粕掺杂其中。在互联网传入之初，有"思想教育千千万，抵不过网上转一转"的说法。有人称之为"8+1=0"，意为上网1小时受到的干扰足以抵消8小时工作时间内的正面影响。当今，网上存在看"黄页"、做"恶人"、搞"网婚"、当"黑客"、无节制五大不文明现象，也是瞄准人们心底的阴暗心理和畸形"需求"来作祟的。

（二）信息污染以人的不满为突破口

所谓人的不满，不是一个人、几个人或微信圈群的不满，而是在整个社会存在一定的共性、相当比例的人都表示不满的问题。或是历史问题，或是现实问题，或者既有历史问题也有现实问题，如腐败问题、就业问题、食品卫生问题等。信息污染制传者就此做了不少文章。

一些不怀好意的内外势力通过信息污染施加多种负面影响，把有些人的思想搞乱了，出现政治上转基因。网络社交平台出现异常，微博成为极端言论及反体制言论的集散地，微信沦为"危信"，成为犯罪"新领地"。

信息污染猖獗，一些不文明现象的出现，严重败坏社会风气。违法信息诋毁政治制度和意识形态，冲击政治红线，我们称之为"撞红线"；不良信息歪曲思想道德和意识品格，触碰道德底线，我们称之为"触底线"。若以"社交媒体平台是真实社会的镜子"这一观点来看，将信息污染当前对于人的侵扰程度称之为"山雨欲来风满楼"并不为过。

万变不离其宗，信息污染多路出击，矛头所向集中到一点，就是妄图动摇人们业已树立的正确或基本正确的"三观"。有的信息污染起步于影响人们对具体问题的认识，随着影响的范围和深度进而干扰人的根本观点。有的信息污染则直接影响人们"三观"。涉及"三观"的信息污染往往寄寓于诸多具体信息之中，间接地构成共同作用，综合影响人"三观"的正确树立和巩固。

二、信息污染的主要侵扰

党的十九大指出中国特色社会主义进入新时代，我国社会主要矛盾已经转化为人民日益增长的美好生活需要和不平衡不充分的发展之间的矛盾。中华民族伟大复兴的使命正需要人民群众作为经济建设主力军发挥应有的作用。信息污染制传者热衷于扩大社会矛盾，他们一方面鼓吹拜物教（目前最突出的就是金钱拜物教），竭力推行物欲价值观和消费主义价值观，通过宣扬金钱第一和片面追求物质享受等把人们胃口吊得高高的；另一方面却散布离开勤劳致富、守法致富的正确途径谋求不劳而获。当人们无法尽快实现实际愿望时，他们又装出悲天悯人的样子鸣不平，仿佛成了社会正义的化身和公众利益的代言人。一句话，目的就是泄气泄劲，而不是鼓舞斗志。党和政府从不掩盖社会矛盾，几十年来着力解决既有社会矛盾，正视和解决新出现的社会矛盾，重视贫富分化加剧等事关全局的事实。须知任何矛盾的解决需要条件，需要具体的解决过程，不可能一蹴而就，也不可能一劳永逸。

中华民族伟大复兴的使命需要人民群众在党和政府的领导下同心同

德，团结奋斗，信息污染制传者却反其道而行之，千方百计扰乱人心，力图造成政治上的离心离德。对于历史，信息污染制传者打着披露真相的幌子，无中生有，捏造事实，以偏概全，攻其一点不及其余，竭力得出颠覆性结论，抹杀人们心目中的革命斗争历史和英雄模范人物形象。对于未来，信息污染制传者竭力鼓吹西方民主，发出极端言论，摆出包打天下的架势，如其不然则是如何如何。一些群众在改革发展问题上急于求成，未能认识渐进改革之必要，看不到中国特色改革发展诸方面的协调发展，对此需要进行耐心细致的宣传教育。

中华民族伟大复兴的使命需要人民群众在文化传承和精神文明建设方面发挥承上启下的关键作用，信息污染制传者却把思想道德、精神生活领域搞得乱七八糟，是非颠倒，道德败坏，世风日下，令人痛心疾首。在信息污染潜移默化的作用下，精神空虚、道德沦丧与物质充裕形成鲜明对照。浮夸浅薄的风气易于滋长，淳朴敦厚的教化难于认同。敦风化俗，需要持续进行个人品德、家庭美德、职业道德、社会公德的全面教育。

中华民族伟大复兴的使命需要人民群众在社会建设方面一展身手，信息污染制传者却导致一系列社会病开始出现。家庭作为社会的细胞，夫妻关系、亲子关系、隔辈人关系、亲友关系等都无一例外受到信息污染的冲击，家庭结构松散，离散时有发生。社会作为人的社会性活动空间，发生了很大变化，甚至出现吸毒、自杀、心理变态等很多棘手的新问题。与此同时，人们在互联网面前缺乏强大的自主自控能力，一方面是与家人相处时间减少了，人与人之间的关系弱化了，心理距离感逐渐增大，面对面交流的能力大打折扣；另一方面是个体普遍感觉更孤单的"群体性孤独"。

中华民族伟大复兴的伟大使命需要人民群众在人与自然关系问题上有所发现、发明、创造和前进，信息污染制传者却误导人们的认识，为了眼前的物质利益而不计后果，间接造成生态的破坏、环境的污染，使人类面临着能否世世代代持续生存发展下去的严峻问题。

总之，实现中华民族伟大复兴需要社会稳定，目前这一客观条件基本具备，但不能否认暗藏的潜流干扰着稳定大局。暗藏潜流有来自国外的因素，也有来自国内的因素，潜流实施干扰的重要途径之一就是通过诸多信息污染，在经济、政治、文化、社会建设和人与自然关系问题上混淆视听，搞乱人心，干扰中华民族伟大复兴事业。信息污染的存在和泛滥事关当前社会稳定，社会稳定则和谐发展，社会失序则引发混乱，与企业的发展或废弛、家庭的稳定或解体息息相关。我们抵御信息污染的出发点和归宿正是在于社会的现实稳定。

第二节　抵御信息污染事关社会的未来发展

一、未成年人的特点

抵御信息污染不仅要着眼于现在，而且要着眼于未来；不仅有利于社会的现实稳定，而且有利于社会的长远稳定；不仅考虑社会眼下的运行，而且考虑社会将来的发展。

从人类繁衍和社会延续而言，未成年人是人类的未来和希望，未成年人的生存、保护和发展是提高人口素质的基础，是人类发展的先决条件。以 20 年为一代人的观点衡量，未成年人是 20 年后人类社会的中坚力量。从一个民族和国家而言，未成年人是民族的血脉、祖国的花朵、社会的继承者、事业的接班人。人们常把互联网与"创意、创新和无限可能"相联系，这也正是我们在谈及未成年人时常用的词语。梦想成就于教育，未来决定于人才，未成年人直接关系到国家和民族的前途与命运。

未成年人是人的生理、心理发展的重要时期，受先天条件的制约，他们的自我保护能力偏弱，容易受到外界的伤害。中华民族与其他民族一样，在未成年人的生育、哺育、养育、抚育、教育等问题上，有着优良传统。进入现代社会以来，如何对待未成年人弱势群体，是考量一个社会文明程度的主要指标之一，也是现代国家建设必须重视的基本问题之一。有统计数据表明，中国作为世界人口最多的国家，儿童数量约占全国人口的

10%，中国儿童约占世界儿童总数的五分之一。无论是从继承人类优秀文化和中华优秀传统文化的角度，还是从现代社会的建设和发展的角度，我国都必须做好未成年人的保护工作。

从纸质媒体看，连环画、口袋书、随手翻之类的儿童读物中，有些充斥暴力、凶杀、神鬼甚至渲染色情，光怪陆离荒诞不经。有些所谓的儿童连环画，内容是国际卡通片改编或海外引进的。在海外这些含有儿童不宜内容的连环画基本都是 18 岁以上成人的读物；且这些图书的贩卖有着严格的界限，不得售与未成年人，否则对售书人科以重罚。

电视曾经深深影响了一代人，除了不分男女老少、一视同仁的"电视综合征"，有人归纳了电视文化六大负面效应，其中有四项与儿童直接有关——暴力色情将儿童引入误区；广告引发危险的消费观；减少了儿童接触文字材料的时间，限制了儿童思维能力的发展；过早过多摄入成年人社会的信息，童心童趣被人情世故所取代，出现了畸形的社会化亦即过度社会化、假社会化。未成年人如同白纸，后天影响如同在白纸上面施墨，在模拟符号电传时代，少年白纸谁为施墨，答案是电视！

我国未成年网民数量多。21 世纪以后出生的孩子，都是伴随着手机和智能电子玩具成长的"电子土著"，从婴幼儿时期开始，以手机、键盘为最早的媒介接触。在互联网引入初期，电脑并不被人们看好，据《中国少年报》1996 年中学生读者样本统计，认为计算机对自己有很大帮助的人数，男生为 16.6%，女生为 9.2%，而后来的变化既巨大又迅速。据共青团中央维护青少年权益部、中国互联网络信息中心发布的《2020 年全国未成年人互联网使用情况研究报告》显示，截至 2020 年 7 月 31 日，我国未成年网民数量达 1.83 亿，未成年人的互联网普及率明显高于同期全国人口 57.7% 的互联网普及率，达到 94.9%（城镇未成年人互联网普及率为 95.0%，农村未成年人互联网普及率为 94.7%）；82.9% 的未成年网民拥有属于自己的上网设备；手机成为未成年人的首要上网设备，使用比例达到 92.2%。

我国未成年网民呈现低龄化特点。本书使用了低龄化并称之为特点，没有称之为趋势，是鉴于低龄化不是偶尔出现而是已有普遍性，不是趋向的态势而是基本定型。据统计，至 2020 年 7 月 31 日，未成年人接触互联网的低龄化趋势更加明显；通过学龄段区分发现，小学生在学龄前首次使用互联网的比例达到 33.7%，较 2019 年的 32.9% 提升 0.8 个百分点；初中、高中、中等职业教育学生在学龄前接触互联网的比例均低于 20%。我国网络在世纪之交开始发展，2010 年是移动互联网蓬勃发展、网络触手可及的时期，未成年人是名副其实的与网络同时成长的第一代"原住民"，而家长和监护人，甚至政策的制定者被称为后发的网络数字移民。未成年网民有没有进一步低龄化的可能？作者认为或可估算为 6 岁，这是鉴于婴儿把玩大人的智能手机早已不是新鲜事，幼儿自行摸索打开大人的智能手机、启动预装的游戏不是新鲜事，儿童自行登录网络或可呈现一定的普遍性，故充其量把儿童阶段的始点 6 岁定为网民低龄化的下限，亦即最早年龄；当然不排除有更小年龄更早上网的个例。

二、信息污染侵扰未成年人的方式

（一）乘虚而入

未成年人处于生长发育时期，生长环境的优劣对于其人格塑造和价值观的形成具有至关重要的作用。正常的文化教育和道德教育都强调顺应未成年人的生理、心理特点，信息污染对于未成年人的侵扰也是顺应未成年人的好奇而从众、缺乏辨识能力等特性进行的。一方面，未成年人生而为人，已具有主观能动性，对于面前展开的未知领域表现出好奇；在构建自己身份、开始人际交流和社会交往时，因感到孤独、害怕而寻找同盟，通过交流和相互模仿以稳固自己，故而表现出从众的特性，通过初级的社交活动，实现低层次的社会性。另一方面，未成年人的社会性是逐步形成的，往往把第一印象误认为是社会本质，充满好奇心的同时却缺乏辨识能力，虽粗知正误优劣但缺乏与负面影响一刀两断的意志力。未成年人对互联网利弊的认知模糊，不清楚什么内容不该在网络上分享，不了解某些事物一旦在网络上发出就再也无法撤回等；他们往往无法完全理解他们在网上留下的"数字足迹"的短期和长期后果，尤其是他们意识不到他们在网上不恰当或有风险的行为，可能会给他人和自己造成负面影响。

（二）先入为主

一个人的品德和性格是随着所处的环境和接受的教育而变化的。未成年人有如一匹白色的丝绸，把它放到青色染缸中，就变成青色的；把它放到黄色染缸中，就变成黄色的，此即《墨子》中所说的"染于苍则苍，染于黄则黄"。一旦染上其他颜色，极难恢复原来的本色（白色）。更有甚者，浸淫在信息污染之中而不规避，习以为常，麻木不仁，有如温水煮青蛙，久而久之，不能自拔，"如入鲍鱼之肆，久而不闻其臭，亦与之化矣"（汉·刘向《说苑·杂言》）。有资料表明，婴儿没有善恶好坏观念，却可以在立方体的若干动物图片中，唯独多次抠掉大灰狼的画面。在婴儿向幼儿转变之际，尚不能区分图片与现实生活，面对街头《尼罗河上的惨案》电影海报中女主角身着胸罩的画面，发出"她不冷啊"的悲悯话语。幼儿可以毫无顾忌地模仿郭颂演唱的东北民歌《串门》（内容是男拖拉机手想方设法追求农村姑娘），大人哄笑时，幼儿却只是傻笑。7岁的儿童翻看连环画《卓娅》，看到卓娅与奔赴反法西斯战场的男友吻别的画面时，只是认为"你看他们俩好"。未成年人是多么纯洁无瑕！虽然孩子们只有通过跌跤学会走路，但是家庭、学校和整个社会有责任使未成年人较少受到信息污染的侵扰，较为顺利地长大成人。

在网络时代，由于缺乏有效的监督和管理，信息污染甚至混入学习类App和网课平台中，致使乱象丛生——一是内容涉黄，一些黄图、黄文和荤段子穿插其中，同学圈成了"互撩宝地"，多有求男友、求女友的帖子，严重危害着中小学生健康；二是很多软件附带需要充值的游戏项目，不仅影响学习效果，还容易诱导中小学生盲目充值，甚至沉迷游戏。在免费网课的页面，首先弹出的是各种网游的兴趣选项，学习栏目被放在最后；要进行网络学习，先要浏览大量游戏、交友信息；即使在所谓的免费网课页面中，也有大量精心包装的游戏广告等，一言以蔽之，就是"挂羊头卖狗肉"。且不说充值游戏通过不知深浅的未成年人的点击攫取了家长的钱，关键在于使用者未成年人的数量可观，有多少孩子"误点"了那些乱七八糟的内容？有多少个纯净无邪的心灵被污染？几岁、十几岁的孩子们正在成长发育、心智还不健全，少量的"垃圾"和"污垢"也会对他们的成长产生不利影响。那些不堪入目的内容使他们误入歧途，从此精神颓废，岂不是典型的误人子弟？未成年人的父母精心呵护、循循善诱，唯恐孩子接收错误的信息；未成年人的教师潜移默化、谆谆教诲，唯恐孩子确立错误的价值观——这些兢兢业业的努力到了上述学习类 App 和网课平台中，全部打了水漂，毁于一旦，前功尽弃。面对如此的学习类 App 和网课，人们对那些尤良的设计者和生产商，对那些尸位素餐的监管者，除了气愤声讨，还要拿起法律的武器。

（三）诱向成人化

此即所谓的"少儿不宜"问题。亦即信息适合于成年人而不适合于未成年人，例如人的第一性征和第二性征、恋爱婚姻乃至夫妻生活等涉及两性、性生活的问题。这些问题本身无可厚非，但未成年人心智还未成熟，易敏感冲动和模仿，愿意做受到称赞的"小大人"，成人世界的言语行动往往是其学习模仿的榜样。现代社会应该划出适于未成年人活动的区域，使他们在受到保护的条件下成长发展，不应该把未成年人与成年人混同一处。改革开放以来，电影海报、电视广告中的某些画面（男女亲昵、床上戏）等，以及成年人的比赛领域，如"超模"等，实属儿童不宜。一些不适合未成年人的信息被一股脑地扩散到社会和网络，诲淫诲盗，会导致未谙世事的未成年人过早成人化，毒害未成年人的纯洁心灵。

必须申明，我们工作中的误导与信息污染制传者的引诱有着根本的不同。譬如在如何面向未成年人弘扬中华优秀传统文化问题上，人们的共识是中华优秀传统文化的滋养应该从小抓起，分歧出现在如何向未成年人进行这一教育的问题上。仅以阅读《三国演义》《水浒传》《红楼梦》《西游记》为例。从出版物而言，这四大名著都已出版了青少年版及连环画。从广播而言，儿童广播节目《小喇叭》播送孙敬修老师声情并茂、惟妙惟肖讲述的《西游记》中大部分故事，《三国演义》中的片断"群英会蒋干中计"等出现在广播的"文学欣赏"节目,以配合当时初中语文教学等。以上图书、广播的传播内容均已作筛选,传播对象有针对性,获得广大读者和听众的好评。我们应该坚持弘扬中华优秀传统文化从小抓起的方向,同时应该循序渐进,各有侧重地向不同年龄段的未成年人介绍中华优秀传统文化的不同内容。

在与信息污染争夺未成年人的过程中,开明不等于放任,引导更需注意方法,正确引导未成年人阅读是重要的。在指导未成年人阅读时,必须考虑孩子的年龄和生理心理特征以及价值观的引导,帮助未成年人选择适合他们阅读的作品,无论这些作品是经典还是非经典。要尽可能多地让他们在阅读过程中,体会到爱与良善、正直、诚实、负责任、独立、勇敢以及人性的光辉与伟大等,尽可能让他们少接触虚伪、阴险、狡诈、欺骗等人性中丑恶的一面,以此引导和保护未成年人的心灵成长,点燃孩子心中的希望,鼓励他们追求未来更加美好的人生,培养孩子乐观向上的人生观。在阅读方面,不能够放任自流,不能够盲目套用什么"经风雨见世面","花盆难养万年松"。

(四)无孔不入

所谓无孔不入,即信息污染不放过任何一个机会,通过未成年人成长离不开的课内外读物、少儿服装、学习用品等全方位侵扰孩子的精神世界。在 2022 年"六一"国际儿童节前后,富有正义感的人们揭露出严重影响未成年人的"问题教材"、诡异风格的童装、露骨包装的文具等,共同指向儿童精神侵扰的问题。

关于"问题教材"。教材是接受义务教育的少年儿童获取知识的重要渠道之一,教材、练习册、绘本等是孩子们接触世界的主要媒介,甚至会对他们的三观产生深刻的影响。一些教材的"丑插画"丑化中国人——所有的大人小孩都斜着眼珠、耷拉眼皮、双眼无神、口吐舌头、表情猥琐。一些教材插画特意强调性器官,大搞"性暗示""擦边球"——男孩裆部的隐私部位,被刻意勾画;跳皮筋的女孩露出内裤,有的女孩居然有明显的纹身;游戏中的男孩掀女孩裙子,环抱着女孩胸部。在一些教材插图中，与倒挂的中国国旗、错误的中国地图相应的，是频繁使用欧美元素——一个戴着红领巾的女孩头戴兔耳朵，穿着黑色条纹丝袜、短裙，分明是典型的美国色情夜总会"花花公子"里兴起的"兔女郎"的服饰；一个男孩的衣服是美国国旗星条旗的样式和配色；还有像"好美的蓝眼睛！""好帅的黄头发！"的配文；还刻意用日本战机编号等。此外，配套教辅材料问题不少——陕西人民教育出版社出版的《举一反三精练》中，以日军背老太的摆拍图片，用来配雷锋做好事的文字内容；配套教材《七色花》中出现"罂粟粒"的字眼；在配套教材《大语文》收录汪曾祺的《受戒》中，出现了非常不适合青少年的黄色乡间小调："姐儿生得漂漂的，两个奶子翘翘的。有心上去摸一把，心里有点跳跳的。"校外的儿童书刊同样存在问题，幼儿园读物《东方娃娃》中《流汗啦！》的插图，两个深肤色的猥琐男拉着女孩的手，用舌头贪婪地舔着女孩的胳膊，一边舔一边说："姐姐，你好漂亮，你的汗是什么味道的？"极具"性暗示"。上述"问题教材"完全超越了"不符合审美"的性质，已经到了不堪入目、令人发指的地步。针对持续发酵的"问题教材"问题，教育部已经成立调查组全面彻查教材插图问题。

关于诡异风格的童装。江南布衣服饰公司旗下童装品牌 jnby by JNBY 在网店所售儿童短袖连衣裙的画风诡异，阴森恐怖，裙上印花疑似印有一个跌倒的小孩，后面有两个坐着的小孩。图案上方印有英文"我很害怕！我希望他们停下"等配文。此前其就因童装上印有炼狱、砍腿等比较抽象且惊悚的图片，以及搭配"go to the hell"（下地狱去吧），"let me touch you"（让我摸摸你），"How many kisses，let me cum"（cum 有射精的意思）等文字，被指"邪典风"。

关于露骨包装的文具。在少年儿童学习使用的多款笔的笔身和外包装盒上印有穿着过于暴露的动漫人物，包装上却注明 14 岁及以下学生可以使用。

对于人生初长的少年儿童，真善美教育至关重要，不要影响他们对真的判断，进而影响对善和美的追求。而上述无孔不入的信息污染，千方百计在未成年人周围布下罗网，处心积虑地施加负面影响。

三、信息污染对未成年人的全面侵扰

实现中华民族伟大复兴的伟业，要求未成年人成为德、智、体、美、劳全面发展的新人。信息污染却从德、智、体、美、劳诸方面进行侵扰，力图使未成年人偏离国民教育的培养目标，偏离社会主流的发展方向。未成年人走上社会前只有关键的几年时间，青春只一回，转眼能抛送——抓住这几年，规避信息污染，毫末幼苗有可能成长为参天大树；放纵这几年，为信息污染误导，则可能贻害终生。

在德育方面，信息污染制传者把重要而严肃的"三观"问题淡化，极力冲淡和抹杀未成年人需要正确树立的世界观、人生观和价值观，把思想品德教育娱乐化，鼓吹玩世不恭，什么问题都敢于八卦戏谑，什么都不足挂齿，什么都是过眼云烟。信息污染制传者恶搞中华优秀传统文化，恶搞中华民族谋求独立解放的奋斗历史和英雄模范人物，恶搞优秀的文艺作品，在未成年人的心灵涂抹不明不白的多种色彩，混淆是非，不能正确地迈出坚实有力的人生第一步。对于家庭、学校和社会教育着力纠正未成年人思想道德问题，信息污染制传者摆出一副未成年人权益卫道士的姿态，称之为是小题大做、缺乏人情味、超越或挫伤未成年人生理心理发展，极力怂恿未成年人对于家庭、学校、社会德育工作的不满和抵触。

在智育方面，信息污染制传者散布错误的学习目的，主张未成年人为个人的"颜如玉""黄金屋"而不是为祖国富强和民族复兴学习；片面夸大所谓的个人学习兴趣，抵消或贬低义务教育所必须掌握的系统化的基础知识；主张错误的学习方法，把从互联网上唾手可得的碎片化信息当作知识（只是知道是什么，不知道为什么，不能对比识别，缺乏筛选和归纳，称不上知识），忽视知识的正确性和准确性；鼓吹存储知识以应付考试，忽视外在知识的内化和融会贯通、举一反三，导致未成年人的高分低能；无视毅力和意志力的培养，嘲笑刻苦钻研的学习精神，主张浅尝辄止、原地踏步，不利于创新型人才的培养。

在体育方面，信息污染制传者一方面借口"4A"自动化和知识经济出现，散布享乐主义，主张娇生惯养，追求养尊处优，抹杀体育锻炼，使部分未成年人成为电子设备的奴隶，成为不堪严寒的温室花朵，不能胜任学习，体育不能达标，不能服役卫国。据新华网2021年5月20日报道，儿童青少年超重肥胖问题亟待关注，数据显示，我国6岁以下和6—17岁儿童青少年超重肥胖率分别达到10.4%和19.0%，相当于将近每5个中小学生就有一个"小胖墩"。他们另一方面否定循序渐进，鼓吹片面的强化"恶补"，在体育锻炼方面怂恿未成年人不顾生理条件地盲目蛮干，在远足活动中不顾条件地莽撞冒险。

在美育方面，信息污染制传者颠倒美丑，把人类几千年优秀文化中的审美观点和方法撇在一边，以丑为美，把丑恶奉为圣物，把精神垃圾冒充精神食粮，引发未成年人审美观的极大混乱。信息污染制传者大打艺术与色情的擦边球，打着艺术的幌子贩卖色情淫秽货色，直接毒害生理、心理处于发育期的未成年人。

在劳育方面，信息污染制传者抹杀体力劳动与脑力劳动各自的必要性，无视社会分工的客观性，把劳动划分三六九等，视体力劳动者为社会下层而不是社会物质生活的基础和社会正常运行的基本保障，散布鄙视体力劳动的思想意识，导致有些未成年人无论是家务劳动，还是校内值周值日及打扫教室，都鄙夷不屑、借故推脱。信息污染制传者鼓吹"人往高处走、水往低处流"，把劳动岗位高低等同于人品和精神境界的雅俗；更有甚者鼓噪"颜值是刚需"，使得有些未成年人不求上进，依赖先天姿容，或者盲目整容，追求当明星、影星、歌星，偏偏不愿做普通劳动者。

信息污染的侵扰引发某些未成年人发生罪错甚至违法犯罪，未走上社会，却先下牢狱，留下一生的污点，令人扼腕叹息。放眼世界，如何最大限度地发挥互联网的潜在优势以造福未成年人，如何最大限度地降低互联网对未成年人的风险，面临着很多挑战。我们一方面要保障未成年人上网的权利，使未成年人依据网络更便捷地学习知识，获得快乐；另一方面又要净化未成年人网络环境，保障未成年人不沉溺于网络，在网络上不受伤害或减少伤害。当然，我们也要避免孩子成为热衷于夸夸其谈"国际形势"的"小大人"或"高分低能"的书呆子。

第三节　抵御信息污染的迫切性

以现实社会的实际情况为依据，从理论与实践的结合上分析认识问题，应该看到抵御信息污染绝非纯理论的空中楼阁，而是有着实践基础。本书中篇所分析的十几种信息污染仅仅是主要代表，并没有涵盖所有的信息污染。违法信息和不良信息混杂存在，具有一定的泛滥趋势，二者相较，违法信息更需重视。考察国内外的相关因素，将会使我们透过现象看本质，认识到违法信息的要害是否定我国的政治制度和意识形态。

一、散布信息污染是国内外敌对势力的利器

从信息的基本作用而言，除了告知某一事物的发生或存在之外，就是表达信息制传者的意愿，希图影响信息受传者。本书中篇所列举的十几种信息污染，无不以光怪陆离、引人入胜的外在形式包裹着内在的违法或不良内容，无不具有一定的危害性。重要的问题在于信息污染制传者中，除了松散的个体之外，主干力量是国内外敌对势力。我国宪法序言指出："在我国，剥削阶级作为阶级已经消灭，但是阶级斗争还将在一定范围内长期存在。中国人民对敌视和破坏我国社会主义制度的国内外的敌对势力和敌对分子，必须进行斗争。"

应该把抵御信息污染放到国际范围进行考察。从 20 世纪 50 年代开始，国际敌对势力把大规模的军事入侵、武装挑衅转变为以"和平演变"的策略为重点。美国国务卿杜勒斯于 1953 年 1 月 15 日在国会的一次讲话中声称，要用"非战争的方法"，即用"和平的手段取胜"。他们以把社会

主义国家纳入世界资本主义体系为总战略目标，一方面继续推行遏制、颠覆、侵略，以对抗和武力相威胁，另一方面不动声色地重点推行"和平演变"（后来称为"颜色革命"），从意识形态入手，攻击社会主义国家的制度和执政党，麻痹那些国家的民众，鼓吹西方的政治制度和意识形态。经过苏联解体和东欧剧变及一些国家政权更迭的验证，国外敌对势力更加寄希望于制作和传输信息污染。我国作为社会主义大国，始终是西方"和平演变"战略的攻击重点，在苏联和一些东欧社会主义国家发生剧变后，更是面临巨大的压力。特别是引入互联网后，互联网上斗争的全球性及其复杂多变，其背景正是不同意识形态和政治制度的客观存在和相互较量，是上述斗争一脉相承的继续和深入发展，是社会主义制度与资本主义制度在国际范围内激烈斗争的必然现象。舆论控制是意识形态斗争的重要内容，抵御信息污染事关国际范围的意识形态斗争的胜负；国内外敌对势力敌视我国的政治制度和意识形态，不仅赤裸裸地攻击我国的政治制度，而且希图以意识形态为手段，达到改变我国政治制度和意识形态的目的，散布信息污染是他们对我国实施"颜色革命"的具体手段，目的是要使我国江山变色、城头易帜。

国外敌对势力在经济上以经济和技术优势，打压我国的工业，寄希望于使货币贬值、通货膨胀、物价飞涨、社会动荡直至政府垮台。他们在军事上或直接出面在我国沿海"秀肌肉"，或暗中支持敌对势力，挑起争端，威胁我国安全。此外，他们在政治、民族、历史、文化、道德等方面，或抓住任何机会、场合、事件，借机生事，要求他们所说的民主和人权；或制造事端，收集公众言论，攻击和丑化党的领导；或注重在公众潜意识中种下分裂的种子，分裂地区间、民族间的感情，制造新仇旧恨；特别是针对未成年人，通过鼓吹享乐至上，用物质享乐和色情诱发未成年人的兴趣和关注，足以使信息受传者及时行乐、醉生梦死，使其从政府主导的传统教育中转移，藐视、鄙视直至公开反对原来接受的思想教育，向往西方的生活方式等。简言之，国外敌对势力利用所有的资源，通过书籍、广播、电影、电视、网络等和所谓的新式宗教传播等散布信息污染，多管齐下，破坏传统价值，摧毁道德人心，消磨先贤崇拜，冲击民族自尊自信，诋毁中国科技进步，抹黑中国当代历史，攻击中国政治体制，煽动公众对抗政府，打击百姓幸福感，散布中国崩溃论等，以达到改变我国政治制度和意识形态的目的。

我国的意识形态领域已经在发生一定的变化，值得警惕。相当一部分干部片面理解"发展就是硬道理"，认为经济发展就是一切、GDP 就是一切，发展成了目标本身，为此不择手段。错误思想干扰了人们对社会正义的追求，用利益取代正义，放松意识形态管理，以牺牲社会正义为代价，放弃坚守思想道德"高地"，滋生恶果——例如形形色色的思想林立，东方的、西方的、古典的、现代的、"舶来"的、"山寨"的等，应有尽有。再如自我否定历史，在国内外来势汹汹的历史虚无主义叫嚣声中，有人思想发生动摇。很多领导干部不想抓、也不会抓党的建设、思想建设、信仰培育和干部监管等，导致意识形态工作队伍已经受到信息污染的侵蚀，自身软弱无力，遑论工作的开展？有人说我们面临着前所未有的精神垮塌危机，并非言重。

习近平总书记 2018 年 8 月在全国宣传思想工作会议上的讲话中指出：党的十八大以来，我们把宣传思想工作摆在全局工作的重要位置，作出一系列重大决策，实施一系列重大举措。在实践中，我们不断深化对宣传思想工作的规律性认识，提出了一系列新思想新观点新论断，这就是坚持党对意识形态工作的领导权，坚持思想工作"两个巩固"的根本任务，坚持用新时代中国特色社会主义思想武装全党、教育人民，坚持培育和践行社会主义核心价值观，坚持文化自信是更基础、更广泛、更深厚的自信，是更基本、更深沉、更持久的力量，坚持提高新闻舆论传播力、引导力、影响力、公信力，坚持以人民为中心的创作导向，坚持营造风清气正的网络空间，坚持讲好中国故事、传播好中国声音。

我们必须深刻认识意识形态工作的重要性。在百年未有的世界大变局面前，坚守意识形态的上甘岭有着特殊重要的意义；在中国的政治环境中，意识形态是最容易影响改革发展方向的要素，会对政治、经济、社会和文化等产生深刻而持久的影响。在意识形态斗争中，网络世界发生问题具有隐蔽性、深刻性和爆发性，网络世界的舆论控制是意识形态斗争的重要内容。

我们宣传党和政府对于意识形态的必要管控，基本目的之一就是抵御信息污染，巩固意识形态堤坝，进而捍卫政治制度的参天大树。在政策实施过程中，必须真理在胸、理直气壮而不畏首畏尾、噤若寒蝉，在大是大非问题上必须大刀阔斧地正确处理那些冲击政治红线、触碰道德底线、违反社会正义、有悖中华优秀传统文化等的代表性事件，还人们一个清朗的社会空间和网络空间。

二、互联网柄属他人是心腹之患

互联网有信息传输方便快捷等特点，可以为我所用，同样可以为敌所用。互联网为谁掌控，掌控者是否能够真正按照入网公约办事——不窃取使用者的隐私秘密、不依据互联网散布不利于使用者的信息，这是个问题。

（一）互联网的研发者和掌控者

互联网始于 20 世纪 60 年代末，美国在 1969 年 12 月开始联机，网络窃密和信息污染两大弊端随即显现。互联网构造成功后，受控于美国中央情报局并持续至今，所有在谷歌搜索引擎上键入的信息均通过设在美国的服务器，被美国监视；美国在现代科技方面强大，不仅严密管控互联网，加强内控，而且秘密研发绕道技术，寄希望于突破他国的信息封锁，在世界范围内强行推行美国的价值观。互联网上的斗争是全球性的斗争，归根结底是政治制度、意识形态的斗争。

互联网对于它的研发者、创始国同样是一个烫手的山芋。仅从抵御信息污染看，如何对待网络色情的问题同样摆在美国面前。互联网名称与数字地址分配机构（ICANN）在跨世纪以来的 5 年多时间里，曾多次拒绝有关方面提出建立色情网站域名的申请；曾在 2005 年 6 月 1 日批准了一项计划，准备将".xxx"作为成人网站的通用顶级域名，国内外媒体不约而同地将".xxx"称之为"虚拟红灯区"。对于此举，国内外褒贬不一。肯定者指出，如果要强制成人网站遵守类似于电影院的分级制度，".xxx"是必要的，此举迈出了网络分级的第一步，可以保护孩子不受互联网的不良影响。否定者指出，虽然建立了红灯区，但色情网站仍可继续以".com"网址存在，开辟虚拟红灯区".xxx"无异于为网络色情又开辟了一片新领地，网络色情的活动范围更大了；不否认出于政治压力，同性恋、堕胎和性教育等颇具争议的信息将同色情网站一样，被转移到这个易被屏蔽的域名中，但是此举让网络色情合法化，不会让软件过滤变得更加有效，孩子们自行找到色情内容变得更加容易。负责运行".xxx"主数据库技术问题的 ICM 注册公司的董事长劳利表示："除了完全非法的儿童色情之外，我们真的无法进行内容监控。"鉴于此举并没有解决"网络色情究竟是走向规范还是更加泛滥"的问题，人们呼吁，如果真是有心规范网络内容，保护未成年人，那么必须制定实施细则。

据悉，鉴于现在的互联网的设计初衷已经限制了当前日新月异的应用，鉴于安全、移动性和地址资源存在问题这三大致命伤，基于与其修修补补、不如把旧体系彻底推倒从头再来的考虑，美国已在从零开始设计新互联网。

（二）互联网给我国提出了全新课题

中国从 1994 年正式接入互联网以来，至今已成为举世公认的网络和数字化大国。从根本上说，互联网在人们所熟知的现实世界之外，另外开辟了一个全新的活动空间 —— 网络世界。

一个全新的网络世界出现在面前，而我们对它一无所知或知之较少；数千年中华文明不容盲目照搬照用，一切都需从头再来。现实世界的社会实行法治，尚不能解决所有的问题，仍有许多问题亟待解决；外来的网络世界其善意如何尚未可知，必然存在信息污染却已不可避免，侵蚀着民众。为此，要依法加强网络社会管理，加强网络新技术新应用的管理，确保互联网可管可控，使我们的网络空间清朗起来。做这项工作固然不容易，但再难也要做。

网络世界前所未有、未知深浅却发展迅速。互联网不再如同引入初期，仅仅是小道消息、参考消息的集散地或是所谓"出格"言论的来源。现在许多官方网站或公众号成为正统的信息途径，有很强的权威性；通过不同的终端，每天上网甚至终日挂在网上，早已成为相当比例的网民所为；人们几乎完全可以通过网络解决工作、学习、生活等诸多现实问题，虚拟世界向现实世界的转化正走向常态化。

第八章

抵御信息污染的对策

　　信息污染以多种形式藏身于现实社会，以诸多新方式侵扰现实世界，具体表现为违法信息与不良信息混杂，敌我矛盾与人民内部矛盾交织等。信息污染的复杂性决定了抵御信息污染对策的多样性。既然无法一招克敌，那么就必须以多种对策严阵以待，一一对应，兵来将挡，水来土掩，分而治之，每一种对策各有针对性和特殊性。各种对策不能各自为战，必须彼此沟通，相互协调，构成体系，共襄大局。

　　从世界范围看，抵御信息污染的对策既有现代国家的普遍性、共性，又有本国国情决定的特殊性、个性。关于互联网的管控和治理，中国政府提出"社会共治，世界携手"的基本方针。作者认为，唯有构筑法制环境，倚重主要动力，强化自律机制，才能逐步实现社会共治；唯有加强国际合作，才能逐步实现世界携手。

第一节　构筑法制环境

　　抵御信息污染的基石在于法制的完善实施，亦即良法和善治并举。法制的完善需要立法、执法和司法三位一体，齐头并进，以构筑法制环境，作为抵御信息污染的外部条件，使抵御信息污染在法治轨道上推进。

一、完善立法

现代国家无不实行法治，立法先行，宪法至上，依法治国。一方面，宪法是现代国家的立国之本，是国家的根本大法，宪法至上；政府的执法原则、公检法机关的司法原则皆依国家宪法作出原则规定。另一方面，在宪法主导下制定相关法律，任何一部法律都不能违反宪法；同时应该明确规定具体的执法原则和司法原则，实现立法、执法和司法三位一体。

中国不走三权分立的道路，同样可以做到立法、执法和司法的统一。全国人大立法、政府执法和公检法司法，无一例外地坚持党的领导、人民当家作主和依法治国诸原则。我国的法律体系是以宪法为根本大法，国家在宪法之下制定法律；依据宪法和相关法律，政府及司法部门制定有关法规、条例、实施细则等，或针对具体问题进一步作出有关说明等；地方政府或可根据具体情况进一步制定地方性法规。上述诸多层级构成统一完整的法律体系，做到解决问题有法可循、有法可依。"依法治国"在 1999 年修宪中写入我国宪法。事随势迁，而法必变，国家根据社会运行的需要，与时俱进，不断完善法律法规，或修改已有法律，或另立新法，使得宪法主导下的法律体系逐步完善。一切国家机关、党派团体、社会组织和任何个人都必须遵守法律、依法办事，实现有法必依。

完善立法是抵御信息污染的首要对策。国际社会抵御信息污染的普遍趋势和通行做法是立法先行，使抵御信息污染有法可依；即使是预备性立法，也是效仿参阅先行国家而制定。中华人民共和国成立至今，涉及抵御信息污染的法律都是源自社会运行过程中的现实需要，根据管理和司法的需要，经过立法程序制定的。立法是国家大计，须兼顾讲近功和求长效；制定良法在先，以良法保善治于后。随着抵御信息污染的深入，执法和司法实践产生新的问题，需要总结抵御信息污染的经验教训，将政府的某些成熟做法纳入立法和司法程序，需要全国性法律与地方性法规相辅相成，尽可能为抵御信息污染提供相对系统而完备的法制保障，使法律在现实世界和网络世界中，成为保护民众或网民特别是未成年人合法权益不受侵害的最有效手段。

（一）21 世纪以来，我国在宪法主导下制定的相关法规

2000 年 12 月 28 日第九届全国人民代表大会常务委员会第十九次会议通过《全国人民代表大会常务委员会关于维护互联网安全的决定》（后根据 2011 年 1 月 8 日《国务院关于废止和修改部分行政法规的决定》修订），旨在兴利除弊，促进我国互联网的健康发展，维护国家安全和社会公共利益，保护个人、法人和其他组织的合法权益。

2012 年 12 月 28 日第十一届全国人民代表大会常务委员会第三十次会议通过《全国人民代表大会常务委员会关于加强网络信息保护的决定》，旨在保护网络信息安全，保障公民、法人和其他组织的合法权益，维护国家安全和社会公共利益。

2016 年 11 月 7 日第十二届全国人民代表大会常务委员会第二十四次会议通过《中华人民共和国网络安全法》，旨在保障网络安全，维护网络空间主权和国家安全、社会公共利益，保护公民、法人和其他组织的合法权益，促进经济社会信息化健康发展。

2018 年 4 月 27 日第十三届全国人民代表大会常务委员会第二次会议通过《中华人民共和国英雄烈士保护法》，自 2018 年 5 月 1 日起施行；旨在加强对英雄烈士的保护，维护社会公共利益，传承和弘扬英雄烈士精神、爱国主义精神，培育和践行社会主义核心价值观，激发实现中华民族伟大复兴中国梦的强大精神力量。

（二）保护儿童权益、预防儿童合法权益受到侵害的相关法规

从中国国情出发，我国参照世界各国立法，特别是有关保护儿童权益的法律和国际文件，在宪法主导下，制定了包括《中华人民共和国刑法》《中华人民共和国民法通则》《中华人民共和国婚姻法》《中华人民共和国教育法》《中华人民共和国义务教育法》《中华人民共和国残疾人保障法》《中华人民共和国未成年人保护法》《中华人民共和国母婴保健法》和《中华人民共和国收养法》等在内的一系列涉及儿童生存、保护和发展的法律，以及相应的法规和政策措施。20 世纪 90 年代，我国加入了《儿童权利公约》，从《九十年代中国儿童发展规划纲要》到《面向21世纪的儿童工作纲领》，特别是制定了《中华人民共和国未成年人保护法》。

重视制定未成年人网络保护法律法规。我国未成年人保护法由于制定于互联网引入之前，故对未成年人网络保护方面显得比较宽泛，缺乏具体的针对性，但基本态度十分明确——决不允许违法者通过任何形式，以淫秽、暴力、凶杀、恐怖、赌博等毒害未成年人。互联网普及后，网吧一度成为未成年人接触信息污染的重点场所之一。在网吧兴起和曲折发展过程中，有关部门不断加强管理。2000年6月全国首部关于网吧的地方性法规《武汉市网吧管理暂行办法》颁布，其后上海等地也先后出台法令。2002年9月29日中华人民共和国国务院令第363号公布了《互联网上网服务营业场所管理条例》，加上2003年非典期间的整顿，信息污染通过网吧行业侵扰未成年人被一定程度地遏止。

未成年人保护工作面临的比较突出的问题有：监护人监护不利情况严重甚至存在监护侵害现象；校园安全和学生欺凌问题频发；密切接触未成年人行业的从业人员性侵害、虐待、暴力伤害未成年人问题时有发生；未成年人沉迷网络特别是网络游戏问题触目惊心；对刑事案件中未成年被害人缺乏应有保护等。党的十八大以来，各级政府部门加强网络领域综合执法，持续开展"净网""护苗"等专项行动，有效清理网络暴力色情及低俗信息，推广使用网络游戏防沉迷系统，依法保护未成年人网络隐私信息，严厉打击利用互联网对未成年人实施侵害的犯罪行为，依法治网能力不断提高。我国目前有许多法规，譬如《中华人民共和国刑法》《中华人民共和国预防未成年人犯罪法》《中华人民共和国网络安全法》《中华人民共和国计算机信息系统安全保护条例》《计算机信息网络国际联网安全保护管理办法》《互联网上网服务营业场所管理条例》《网络游戏管理暂行办法》等，以及国家网信办起草并公开征集意见的《未成年人网络保护条例》，均涉及未成年人网络保护。

未成年人保护法（修订草案）于2020年10月17日经十三届全国人大常委会第二十二次会议表决通过，该法自2021年6月1日起施行。修订草案充实了总则规定，加强家庭保护，完善学校保护，充实社会保护，新增网络保护，强化政府保护，完善司法保护等，补齐了现有法律中的短板，最大限度地保护未成年人权益，使我国的未成年人保护法进一步成为未成年人保护领域的综合性法律。

（三）我国法律、法规和条例中涉及抵御信息污染的相关条文

在宪法主导下，我国制定的相关法律、法规和条例中多有涉及抵御信息污染的相关条文。

例如平时所说的"传播淫秽色情信息罪"，在我国刑法中称为"制作、贩卖、传播淫秽物品罪"，在三百六十三条至三百六十七条中作了明确规定——本法所称淫秽物品，是指具体描绘性行为或者露骨宣扬色情的诲淫性的书刊、影片、录像带、录音带、图片及其他淫秽物品。

又如在修订的相关法律中，《中华人民共和国刑法修正案（九）》涉及信息传播和媒体（包括网络）的有14处，针对急需调整的传媒领域作出规定，填补了空白；针对一些不能适应打击犯罪需要的刑法规定进行调整，满足规范传媒秩序需求，营造了推进传媒发展与规范传媒秩序并重的氛围——主要涉及制裁谣言和虚假信息、恐怖主义言论，针对网络传播消极方面增设罪名等。修订后的《中华人民共和国广告法》明确虚假广告的定义和典型形态，新增广告代言人法律责任规定，新增关于互联网广告规定等。

再如《中华人民共和国电信条例》（2000年9月25日国务院令第291号发布，经过两次修订，2016年2月6日施行修正版），对于电信这一利用有线、无线的电磁系统或者光电系统，传送、发射或者接收语音、文字、数据、图像以及其他任何形式信息的活动，设"电信安全"专门一章，在第五十六条中规定，任何组织或者个人不得利用电信网络制作、复制、发布、传播含有九类内容的信息，这九类信息的具体规定，直指种种违法信息和不良信息。

应该看到，我国涉及抵御信息污染的立法工作虽然取得了很大成绩，但尚存不足。传播技术的进步、文化市场的扩张、地区和国际间文化交往和信息交流的增长，以及民众或网民特别是未成年人自身发展变化不确定因素的作用等，都使得抵御信息污染不断面临新的复杂而艰难的局面。与智能手机移动传馈新阶段相对应的是法治建设相对滞后，表现为涉及互联网信息安全的法律法规很多，但立法等级不高；相关规定的条款过于分散交叉，针对性和操作性不强。

二、严格执法

（一）依法管理，职责明确

在我国，行政执法是由中央和地方的各级政府依据国家的宪法和相关法律进行的。政府之于法律有两个基本点，其一是根据实际需要，要求国家制订新法、完善旧法，其二是在国家法律颁布后，政府根据国家法律，制定与之相适应的政府层面的管理条例和政府相关部门层面的管理规定（条例、规章制度、特例说明等）。这些法规、条例、实施细则以及对具体问题的说明，对上必须符合宪法和国家有关法律，对下必须实现政策和策略的统一，便于贯彻执行；并根据工作实际，阶段性地修订政府的有关法规、条例、实施细则等。在实践中，政府执法务严，必须严格按法律的规定实施法律，坚决维护法律权威和尊严，确保国家宪法和相关法律得到贯彻执行而不走偏。

政府抵御信息污染的执法职责是通过政府设定的专门机构贯彻执行的。在任何一个国家，传媒管理的体制与主管机构的设置很大程度上决定着行业的发展与繁荣。2014 年 2 月 27 日，中央网络安全和信息化领导小组成立；2014 年 8 月 28 日，国务院下发《国务院关于授权国家互联网信息办公室负责互联网信息内容管理工作的通知》，授权网信办负责全国互联网信息内容管理工作和负责监督管理执法，解决了在互联网领域管理权的问题。国家网信办重视抵御信息污染，领导开展网络信息内容生态治理活动，明确了国家网信办和地方网信办的职责。2019 年 12 月 20 日，国家网信办发布《网络信息内容生态治理规定》，规定国家网信部门负责统筹协调全国网络信息内容生态治理和相关监督管理工作，各有关主管部门依据各自职责做好网络信息内容生态治理工作；地方网信部门负责统筹协调本行政区域内网络信息内容生态治理和相关监督管理工作，地方各有关主管部门依据各自职责做好本行政区域内网络信息内容生态治理工作。

《规定》突出了网络信息内容生态治理主体的多元化，明确了政府、企业、社会、网民等主体多元参与协同共治的治理模式。事实上，网络信息内容生态是由多种文明要素组成的系统，这些要素主要包括网络主体、网络信息、主体行为、技术应用、基础设施保障、网络政策法规和网络文化等方面。笔者认为，在参与网络生态治理的四大主体中，政府的作用是监管、企业的义务是履责、社会的功能是监督、网民的义务是自律。

首先，国家网信部门负责统筹协调全国网络信息内容生态治理和相关监督管理工作，各有关主管部门依据各自职责做好网络信息内容生态治理工作；其次，网络信息内容生产者，是制作、复制、发布网络信息内容的组织或者个人，应当遵守法律法规，遵循公序良俗，不得损害国家利益、公共利益和他人合法权益，特别是网络信息内容服务平台企业应当履行信息内容管理主体责任，加强本平台网络信息内容生态治理，培育积极健康、向上向善的网络文化；再次，充分发挥网络监督作为网络信息内容的重要监督方式，这是发挥社会监督最有效、最简单、最直接的形式，能够形成在网络信息内容治理领域，人人皆监督、人人受监督的局面；第四，网络时代使人类进入到一个无限内容生产的时代，人人都是内容生产者。因此，网络信息内容的治理更多的是以网民自律的形式对自身行为的规范和矫正，这是网络信息内容生态治理一个极其重要的方面。

（二）相关法规和规范性文件

（1）《广播电视管理条例》（自1997年9月1日起施行）。

（2）《印刷业管理条例》（2001年8月2日公布）。

（3）《电影管理条例》（自2002年2月1日起施行）。

（4）《音像制品管理条例》（自2002年2月1日起施行）。

（5）《出版管理条例》（自2002年2月1日起施行）。

（6）《互联网视听节目服务管理规定》（自2008年1月31日起施行）。

（7）《网络出版服务管理规定》（自 2016 年 3 月 10 日起施行）。

（8）《互联网信息服务管理办法》（2000 年 9 月 25 日国务院令第 292 号公布施行）。

（9）《互联网新闻信息服务管理规定》（自 2017 年 6 月 1 日起施行）。

（10）《区块链信息服务管理规定》（自 2019 年 2 月 15 日起施行）。

（11）《网络信息内容生态治理规定》（自 2020 年 3 月 1 日起施行）。

（12）《互联网信息搜索服务管理规定》（自 2016 年 8 月 1 日起施行）。

（13）《互联网直播服务管理规定》（自 2016 年 12 月 1 日起正式施行）。

（14）《互联网新闻信息服务许可管理实施细则》（2017 年 05 月 22 日公布）。

（15）《互联网论坛社区服务管理规定》（自 2017 年 10 月 1 日起施行）。

（16）《互联网群组信息服务管理规定》（自 2017 年 10 月 8 日起施行）。

（17）《互联网新闻信息服务单位内容管理从业人员管理办法》（自 2017 年 12 月 1 日起施行）。

（18）《微博客信息服务管理规定》（自 2018 年 3 月 20 日起施行）。

（19）《计算机信息网络国际联网安全保护管理办法》（自 1997 年 12 月 30 日施行）。

（20）《互联网文化管理暂行规定》（自 2011 年 4 月 1 日起施行）。

（21）《互联网广告管理暂行办法》（自 2016 年 9 月 1 日起施行）。

（22）《网络表演经营活动管理办法》（2016 年 12 月 2 日发布）。

（23）《网络音视频信息服务管理规定》（自 2020 年 1 月 1 日起施行）。

（24）《计算机信息网络国际联网安全保护管理办法》（自 1997 年 12 月 30 日施行）。

（25）《关于办理利用互联网、移动通讯终端、声讯台制作、复制、出版、贩卖、传播淫秽电子信息刑事案件具体应用法律若干问题的解释》（自 2004 年 9 月 6 日起施行）。

（26）《关于办理利用互联网、移动通讯终端、声讯台制作、复制、出版、贩卖、传播淫秽电子信息刑事案件具体应用法律若干问题的解释（二）》（自 2010 年 2 月 4 日起施行）。

（27）《关于办理利用信息网络实施诽谤等刑事案件适用法律若干问题的解释》（自 2013 年 9 月 10 日起施行）。

（28）《关于审理利用信息网络侵害人身权益民事纠纷案件适用法律若干问题的规定》（自 2014 年 10 月 10 日起施行）。

（29）《关于办理非法利用信息网络、帮助信息网络犯罪活动等刑事案件适用法律若干问题的解释》（自 2019 年 11 月 1 日起施行）。

（30）《关于进一步加强网络文学出版管理的通知》（2020 年 6 月 5 日发布）。

（31）《关于加强网络直播规范管理工作的指导意见》（2021 年 2 月 9 日印发）。

（32）《关于进一步严格管理切实防止未成年人沉迷网络游戏的通知》（2021 年 9 月 1 日起施行）。

（33）《关于进一步加强文艺节目及其人员管理的通知》（2021 年 9 月 2 日发布）。

这些文件有针对性地指导相关领域的工作推进和专项治理开展，也有助于我们深刻认识抵御信息污染政策法规的不断完善和现实社会当前抵御信息污染的侧重点。

在上述一系列法规和法规性文件中，依据法规所辖范围不同，具体表述虽然或完全一致，或略有参差，但是抵御信息污染的基本精神一以贯之。第一，无不强调公共媒体应当遵守宪法和有关法律、法规，坚持为人民服务和为社会主义服务的方向，传播有益于经济发展和社会进步的思想、道德、科学技术和文化知识。第二，无不明确强调公共媒体及其产品禁止载有违法信息和不良信息。第三，无不特别强调不得含有诱发未成年人模仿违反社会公德行为和违法犯罪行为的内容，不得含有恐怖、残酷等妨害未成年人身心健康的内容。

（三）预防为主，疏堵结合

预防为主是抵御信息污染的根本方针。在日常生活中，处理疾病的预防与治疗二者关系的正确方针是强调预防在先，预防为主。《黄帝内经》提出"上医治未病"，意思是说医术最高明的医生并不是擅长治病的人，而是擅长防病的人。换言之，治疗医学是在下游打捞垃圾是"亡羊补牢"；而养生、保健、预防则是在上游控制源头，是"未雨绸缪"。信息污染有如社会瘟疫，抵御信息污染不妨借鉴上述方针。长期看，信息污染是自人类文明史以来久已有之的客观存在，未来也会长期存在，信息污染的顽固性决定了抵御信息污染的持久性，需要积极防御，始终以"未雨绸缪"的主动预防为主，而不能止步于"亡羊补牢"，消极地被信息污染牵着走。

疏堵结合是抵御信息污染的两手政策。在现代国家，疏导与封堵是行政监管的两个基本方式，政府的宏观管理及其部门机构的管理工作一般都是施行两手政策，有扬有抑，有疏有堵，一手抓疏导，一手抓封堵，实行疏堵结合，不能偏废。疏堵结合意味着疏导和封堵两个管理手段的综合运用，本质上是把握破与立的关系，有破（封堵）有立（疏导）。在抵御信息污染问题上，堵塞什么、批判什么、清除什么，同时，引导什么、倡导什么、导向是什么，态度和立场都要鲜明。正如在相关法规性文件中，既有"罚则""法律责任"的规定，又有"表彰和奖励"的条文。封堵是政府面对信息污染最为直接的反应和态度，也是抵御信息污染最为直接的举措。在抵御信息污染的管理手段上必须坚持疏导和封堵二者兼而有之，不能因抵御信息污染的迫切性而只使用堵塞一手，也不能因抵御信息污染的长期性而只使用疏导一手。要因时制宜、因地制宜、因事制宜，恰到好处地协调运用疏导和封堵，二者之间有唱有和、有主有辅。此时此地此事以疏导为主、封堵为辅，彼时彼地彼事以封堵为主、疏导为辅，以实现对于整个抵御信息污染局面的管控和工作的推进。

在预防为主方针主导下，在疏导方面已多有建树。政府的疏导政策表现为针对性疏导（企业）和社会性疏导（教育）。对于企业的针对性疏导，一般表现为在税收政策、资金调配、款项资助等方面，用于扶助或褒奖相关行业及其企业等。对成年人和未成年人的社会性疏导则是重在三大教育（家庭教育、学校教育和社会教育）相互协调。例如国家广播电视总局在

2018年4月提出广播电视节目必须继续遵循"小成本、大情怀、正能量"的自主创新原则，不讲排场、比阔气、拼明星，不沉溺于个人主义的浅吟低唱、自娱自乐。又如国家网信办在《网络信息内容生态治理规定》中鼓励网络信息内容生产者制作、复制、发布含有相关正能量内容的信息；同时鼓励网络信息内容服务平台坚持主流价值导向，优化信息推荐机制，加强版面页面生态管理，在服务类型、位置版块等重点环节积极呈现上述相关内容的信息。这足以说明传播导向型信息是网络信息内容生产者和网络信息内容服务平台的共同责任。再如，北京电台的教育台与北京市文物局配合"双休日行动"，以媒介与文物局相结合介绍博物馆的形式，以北京市的立体百科全书——博物馆为依据，由市文物局与北京博物馆学会向社会发行《参观通用年票》，以促进博物馆事业的健康发展，吸引公众对博物馆事业的了解、参与和关注。

在预防为主方针主导下，在封堵方面已大有动作。封堵政策由政府制定，从宏观入手，着力构造监控互联网、管制互联网的系统。一般表现为支持研制开发过滤信息污染的软件，通过一定形式强制推行或倡导推广一个或多个过滤软件；或者针对较为重大的信息污染事件，有理有据地确定事件性质，重申一贯的方针举措或因事制宜提出新的方针举措，部署相关方面各负其责，组织和协调开展专题活动等。具体封堵工作由主责机构组织协调完成——重在协调本机构技术部门和相关软件开发企业、相关互联网行业及其企业，促成共同行动，实现对于信息污染的封堵；对于违法违规的企业，施以经济制约等。例如国家互联网信息办公室发布的《互联网用户账号名称管理规定》对公众使用微博、微信等上网的账号名称（包括头像和简介）进行规范，明确提出网上昵称不准违反法律、危害国家安全、破坏民族团结、散布谣言、侮辱诽谤他人等"九不准"。又如管理部门封堵信息污染的手段策略多样化，包括从上至下的依法从严监管、进行检查、全面排查清理和依法综合整治、约谈企业负责人、严肃批评并依法惩戒违法违规行为、永久关闭相关账号等；涉嫌违法违规的各类行为主体（部分平台、机构和个人）必须进行专项整改、全面整改乃至无限期整改

172

等。在封堵过程中，管理部门不断完善管理机制，例如将广告审查纳入总编辑负责制、暂停有关算法推荐功能、将违规网络主播纳入跨平台禁播黑名单、禁止其再次注册直播账号等。又如广电总局进一步加强广播电视节目的管理，提出电视邀请嘉宾应坚持"四个绝对不用"的标准——包括"对党离心离德、品德不高尚"的演员坚决不用，低俗、恶俗、媚俗的演员坚决不用，思想境界、格调不高的演员坚决不用，有污点、有绯闻、有道德问题的演员坚决不用；明确要求节目不用纹身艺人、嘻哈文化、亚文化（非主流文化）、丧文化（颓废文化）等。

为确保预防为主方针的贯彻执行，中央电视台和中国移动通信集团公司 2011 年 6 月 30 日在京签署战略合作协议，宣布设立合资公司，联合建设和运营"中国手机电视台"，加快新媒体产业发展。中国广播电视网络有限公司在 2014 年 5 月 28 日挂牌，标志着"（电信网、广播电视网和互联网）三网融合"取得实质性进展。中国广播电视网络有限公司负责全国范围内有线电视网络有关业务，旨在实现有线电视网络"全国一网"，把广播电视网络建设发展成为一张可管可控的"绿色网"，一张传播先进文化的"干净网"，一张发布权威信息的"可信网"。中国三大核心电视广播官方媒体——中央电视台、中央人民广播电台、中国国际广播电台于 2018 年 4 月整合为"中央广播电视总台"，在中国国内保留原有名称，对国外统称"中国之声"。这些重要举措作为党和政府"牢牢掌握意识形态工作领导权的重要抓手"，有利于"坚持正确舆论导向，高度重视传播手段建设和创新，提高新闻舆论传播力、引导力、影响力、公信力"。

（四）严格执法，加强监管

对于不断出现的形式多样的信息污染，不能任其泛滥，需要封堵。从宏观到微观，均需"咬定青山不放松"，事无巨细，见微知著，见招拆招，以"魔高一尺、道高一丈"的精神进行封堵，以求风清气正的信息传馈空间。

1. 公共媒体的监管

相关管理部门高度重视对于公共媒体的监管。

广电部 1995 年禁止电视剧《顾城与英儿》这部"导向完全错误,根本违背社会主义精神文明建设原则的电视剧"在全国各级无线、有线电视台播放,也不准作为音像制品在海内外发行。

广电总局在 2004 年曾连续发出"八道金牌",加强对电视节目和电视节目从业人员的管理:4 月 9 日《关于认真对待"红色经典"改编电视剧有关问题的通知》,4 月 12 日《关于禁止播出电脑无聊游戏类节目的通知》,4 月 19 日《关于加强涉案剧审查和播出的通知》,7 月《读书审查管理规定》,9 月《关于切实加强手机参与和有奖竞猜类广播电视节目管理的紧急通知》,10 月 18 日《关于加强译制境外广播电视节目播出管理的通知》,12 月初《中国广播电视编辑记者职业道德准则》和《中国广播电视播音员主持人职业道德准则》,12 月《关于加强广播电视谈话类节目管理的通知》。

广电总局在 2007 年末发出《禁止制作和播放色情电影的通知》,又于 2008 年 1 月初发布《广电总局关于处理影片〈苹果〉违规问题的情况通报》,继而发布《广电总局关于重申电影审查标准的通知》,规定被禁的色情内容如下:"夹杂淫秽色情和庸俗低级内容,展现淫乱、强奸、卖淫、嫖娼、性行为、性变态、同性恋、自慰等情节及男女性器官等其他隐秘部位;夹杂肮脏低俗的台词、歌曲、背景音乐及声音效果等。"

广电总局在 2011 年 10 月下发《关于进一步加强电视上星综合频道节目管理的意见》,要求从 2012 年 1 月 1 日起,34 家上星综合频道要提高新闻类节目播出量,限制婚恋交友等 7 类节目播出时长,其中晚 7 点 30 分至 10 点黄金档,每周娱乐节目量不得超过两档。其内容还要求影视剧片头片尾禁止插播广告,中间插播广告需限制时长。

国家新闻出版广电总局 2018 年 2 月发出通知,要求对网络视听直播答题活动加强管理,不得传播格调品位低下的内容,不得宣扬拜金主义和奢靡之风,网络直播答题活动不得过度营销和过度炒作。

国家新闻出版广电总局 2018 年 3 月 22 日下发特急文件《关于进一步规范网络视听节目传播秩序的通知》,针对当下部分网络视听节目非法抓取、剪拼改编的行为，以及各类节目接受冠名、赞助等方面进一步规范管理，坚决禁止非法抓取、剪拼改编视听节目。

2018年4月10日国家广播电视总局责令"今日头条"网站永久关停"内涵段子"等低俗视听产品，并要求该公司举一反三，全面清理类似视听节目产品。

2018年4月至6月，国家广播电视总局以会同属地管理部门约谈、整改、下架等一套"组合拳"，给一路狂飙的短视频行业踩下了"急刹车"。这些加强对视频平台监管的举措也带动了网络社交群体抵御信息污染，微信群及其朋友圈的群主和成员对所在社交圈群共同负责，抵御、屏蔽、删除善良人们所不齿的信息污染。

2. 网络的监管

自互联网问世和逐步普及，网络渐成媒体管理的主战场，几乎每个国家都对互联网信息进行审查，网络监管已经成为国际惯例。各国的社会发展水平、经济和技术实力有别，在具体管理法规上必然有差异，但在管理的大方向上是一致的。中国互联网的管理部门与时俱进、探索服务规范，出台数字监护的守则与社会规范，重视对网络的监管。

国家网信办在2015年出台系列举措，加强新闻信息监管。4月发布《互联网新闻信息服务单位约谈工作规定》，5月发布"可供网站转载新闻的新闻单位名单"，11月举行首批新闻网站记者证发放仪式。其中约谈制度的推行表明约谈走向规范化、程序化、制度化，白名单制度反映管理思路的改变，新闻网站发放记者证旨在实行传统媒体和网络媒体统一标准、统一管理。这些举措体现新信息技术条件下监管的柔性、适应性和一定的开放性。其中监管措施包括指导继续加大对新闻敲诈案件的查处力度，限期挂牌督办一批重点案件，关停一批违规新闻单位，撤销一批违规记者站，吊销一批违规人员新闻记者证；先后处理并向社会通报了《中国贸易报》等7起典型案件和《中国特产报》及其记者违法等8起典型新闻敲诈案件。

中央网信办在2018年2月公布针对当前网络直播存在的低俗媚俗、

斗富炫富、调侃恶搞、价值导向偏差等突出问题进行专项清理整治，依法查处一批严重违规网络直播平台和主播。其中监管措施包括会同工信部关停下架"蜜汁直播"等10家违规直播平台；将"天佑"等纳入网络主播黑名单，要求各直播平台禁止其再次注册直播账号。在监管下，各主要直播平台合计封禁严重违规主播账号1401个，关闭直播间5400余个，删除短视频37万条。国家网信办依法惩戒违规行为主体：据统计，从2018年3月至4月初，已依法关停"夜车直播""月光秀场"等70款涉黄涉赌直播类应用程序；相关平台累计封禁涉未成年人主播账号近5000个，删除相关短视频约30万条。国家网信办将互联网新技术、新功能、新应用上线所应该履行的工作程序落实到位，在2019年2月前，以约谈约见等方式进行监管，连续约谈约见"微信7.0版""聊天宝""马桶MT""多闪"4款社交类新功能新应用企业负责人，责成有关企业履行和完善安全机制程序，依法开展安全评估工作。国家网信办在2019年4月展开专项整治工作，聚焦网络环境问题，加强内容平台监管，依法约谈、整治相关网站及平台，关停9款即时聊天App。至此，3年来中国取消许可与关停违法违规网站13000多家。

2022年12月，国家网信办举报中心指导全国各级网信举报工作部门、主要网站平台受理举报1462.8万件，环比增长23.1%、同比增长16.1%。

2023年1月19日，百度宣布开展"清朗2023年春节网络环境整治"专项行动，对平台中违法违规信息和账号严格管理。包括：继续开展"饭圈"治理，对各类挑唆粉丝群体互撕谩骂、攻击对立等问题严格清理；对刻意炫耀奢侈生活；恶意炒作隐形炫富、故意攀比、刻意展示春节期间暴饮暴食、大吃大喝画面，宣扬铺张浪费等内容严格整治；严厉打击网络赌博、网络诈骗等违法违规信息；对各类封建迷信、低俗、软色情信息开展打击。清理向未成年人传播色情低俗、血腥暴力的信息；清理各类破解游戏防沉迷、破解青少年模式的信息；对涉及经济民生、食品卫生、安全事故等领域的谣言进行排查清理，对各类虚构剧情煽动地域攻击、散布焦虑情绪、渲染社会阴暗面的行为坚决抵制。

3. 联合行动

在 2014 年，全国"扫黄打非"办以打击非法出版物、扫除淫秽色情文化垃圾、打击假媒体、假记者站、假记者（"三假"）为重点，开展"清源 2014""净网 2014""秋风 2014"和"固边 2014" 4 个专项行动。在 2015 年，全国"扫黄打非"办组织相关部门开展"扫黄打非·护苗 2015"专项行动，针对以少年儿童为主要用户的重点网站、重点应用和重点环节，严厉打击制售非法、有害少儿出版物违法活动。全国"扫黄打非"办部署开展"护苗 2016"专项行动，以扫除侵害少年儿童的文化垃圾为重点，全国共收缴非法少儿类出版物 116.22 万件，清理淫秽色情信息 81.34 万条，取缔关闭淫秽色情类网站 2172 个；共查办涉少儿类非法出版和网络案件 400 余起，其中刑事案件 80 余起，被全国"扫黄打非"办公室挂牌督办的大要案件 6 起；对外公布了两批 15 起"护苗"类案件的案情。

2017 年抵御信息污染的重要标志之一是查处涉黄直播。面对网络直播井喷式发展和所带来的问题，有关部门始终保持高压态势。全国"扫黄打非"办会同国家网信办共同牵头，协调中央多部门及部分省区市建立网上工作联席会议制度等长效机制，形成较强的工作合力。各地加强行业监管，严格落实 24 小时监测要求，发现违规直播立即封停，并建立主播"黑名单"制度及行业通报机制，对违规主播实行全行业禁入。在 2017 年，有几十个涉黄直播平台被查处。特别是新华社重点调查的进行淫秽表演的"狼友直播"平台吸纳全国各地注册会员 17.7 万人，涉黄女主播 1000 余名，涉案金额超千万元；浏览涉黄直播平台的人次达百万余，遍及全国。2017 年 12 月中共中央宣传部、中央网信办、工业和信息化部、教育部、公安部、文化部、国家工商总局、国家新闻出版广电总局联合印发《关于严格规范网络游戏市场管理的意见》，联合开展针对网络游戏违法违规行为和不良内容的集中专项行动。至 2018 年 1 月下旬，文化部指导北京、天津、安徽、湖南等地文化执法部门查办宣扬色情、赌博、违背社会公德等禁止内容类网络游戏案件 20 件，并公布其中较为典型的 6 起案件。全国"扫黄打非"办推进"净网 2018""护苗 2018""秋风 2018"三大专项行动。除了"秋风2018"专项行动重在规范新闻出版、广播影视传播秩序之外，其他两个专项行动都与抵御信息污染直接相关——"净网2018"集中力量专项整治问题多发的5个领域，"护苗2018"专项行动则重在构建集政府监管、企业自律、基层参与为一体的"护苗"综合安全体系。国家网信办在2018年2月会同公安部、文化部、国家税务总局、国家工商总局、国家新闻出版广电总局，联合整治炒作明星绯闻隐私和娱乐八卦，对热衷炒作、涉嫌违法违规的各类行为主体进行全面排查清理和依法综合整治，按职能、分领域进一步加强对新浪微博、腾讯、百度、优酷、秒拍等网络平台的依法从严监管。对相关企业经营活动进行检查，对发现的违法违规行为进行依法惩戒。相关网络平台对专事炒作明星绯闻隐私的若干账号进行永久关闭。同月，工信部发布公示，拟收回71个电信网码号资源，涉及联通、乐视网等。

近年来，网上泛娱乐化倾向、低俗炒作现象屡禁不止，流量至上、畸形审美、"饭圈"乱象等不良文化冲击主流价值观，一些网上有关明星的宣传信息内容失范，绯闻八卦、隐私爆料占据网站平台头条版面、热搜榜单，占用大量公共平台资源，人民群众反映强烈。为进一步加强娱乐明星网上信息规范，维护良好网络舆论秩序，2021年11月，国家网信办印发《关于进一步加强娱乐明星网上信息规范相关工作的通知》，提出对违法失德明星艺人采取联合惩戒措施，全网统一标准，严防违法失德明星艺人转移阵地、"曲线复出"。要求严把娱乐明星网上信息内容导向，加强正面引导，建立负面清单，禁止娱乐明星网上信息含有宣扬畸形审美、低俗绯闻炒作、恶意刷量控评、虚假不实爆料、诱导非理性追星等内容。

仅就抵御信息污染的严格执法而言，目前尚存一些不足，宏观导向和微观指导有一定脱节，弘扬民族文化传统和文化精神的力度和效度明显不足，理论研究的滞后导致某些决策缺乏科学性或时效性。对于网络这一抵御信息污染的重点领域，要大力加强网络管理中的立法工作，利用法律手段规范网络秩序，做到以法治网，以切实保护未成年人。特别是在审核提供网上教育资源平台时，应该建立完善有关技术手段和审批流程。要加强法治建设和法律监管，规范网络从业者的行为，进一步强化对网络行业的监管，加强法律惩治力度，堵住那些唯利是图者通过打未成年人的主意来积累财富的歪门邪道，指导他们依法从业、合法经营、守法赚钱，给人们提供品位高尚的精神食粮。

在政府执法问题上，有人提出建议，跨越"我想怎么防、我能怎么防"的初级阶段，直接强行对接国际先进的因情（警情）预防打击犯罪的高级阶段。这一构想无疑是具有建设性的，只是此举涉及组织保障、法律依据和技术支撑等众多内容，需要组织力量专门攻关，需要多方面的改革和协调，是个长期性任务，不可能一蹴而就。

三、公正司法

（一）司法是法治的保障

司法是指国家司法机关及其工作人员依照法定职权和法定程序，具体运用法律处理案件的专门活动。司法主体包括侦查主体、检察主体、审判主体和刑罚执行主体，分别指公安机关（国安）、检察院、法院和监狱、社区矫正机构等。司法活动的原则有司法统一、司法公正，公民在法律面前一律平等，保障人权，以事实为根据、以法律为准绳，司法机关依法独立行使职权，司法机关及其工作人员接受监督。

公正司法与宪法至上、完善立法和严格执法一脉相承。司法位于立法和执法之外，依据宪法和法律，对相关立法是否违宪、相关执法行为是否违法、相关单位或个人是否违法、相关单位或个人具体违法程度应受的惩罚作出判断。在宪法和国家法律之下，政府依法管理在先，司法依法惩戒在后，一前一后，双管齐下，把法治精神贯彻到底。在社会生活中，违法必究是法制的保障——法律具有科学性、稳定性、权威性和强制性，是维护社会秩序、实现长治久安的有效途径；"司法是社会正义的最后一道防线"等正是以法谚形式申明了司法的位置和作用。

明确法律责任是司法惩戒的必要前提。法律责任是法律法规不可或缺的组成部分，所有的法律法规无不申明相关的法律责任，专门予以陈述，以保证司法惩戒师出有名，勿谓言之不预；涉及抵御信息污染的法律法规也是如此。应该强调的问题有二：其一是国家网信办在《网络信息内容生态治理规定》中对于法律责任的规定，十分周密，前所未有，其他媒介在信息内容生态治理活动中应参照执行。其二是对于信息污染制作者的罚款，在 2018 年 1 月 1 日起施行的《中华人民共和国行政处罚法》第六章"行政处罚的执行"第五十三条规定：除依法应当予以销毁的物品外，依法没收的非法财物必须按照国家规定公开拍卖或者按照国家有关规定处理。罚款、没收违法所得或者没收非法财物拍卖的款项，必须全部上缴国库，任何行政机关或者个人不得以任何形式截留、私分或者变相私分；财政部门不得以任何形式向作出行政处罚决定的行政机关返还罚款、没收的违法所得或者返还没收非法财物的拍卖款项。

（二）惩戒为主，教育为辅

司法具有诸多功能，包括惩罚功能、调整功能、保障功能、服务功能、教育功能。在诸多功能中，与抵御信息污染具有直接联系的是惩罚功能和教育功能。一方面违法必究，要通过司法手段，从重打击不法分子，严惩信息污染制传者，进行相应的制裁处罚，严重者追究其刑事责任；另一方面广为宣传教育，使信息发布者对其发布的信息负责，个人对自己的言行及其造成的后果负责，行不逾矩。本书论及抵御信息污染的司法对策，之所以不使用"司法惩治"而使用"司法惩戒"，正是因为"司法惩治"仅仅强调了司法惩罚这一功能，而"司法惩戒"兼顾了惩罚和教育（训诫，以儆效尤）两个功能。

1. 司法的惩罚功能必须坚持

我国的司法机关是人民民主专政的工具，打击敌人、惩罚犯罪是我国司法机关的首要功能。司法机关必须运用法律武器，对各种刑事犯罪分子予以有效的惩罚。在这方面，既不能草木皆兵、上纲上线、严刑酷典、草菅人命，也不能违法不究、放任自流。

"没有规矩，不成方圆"，以国家法律法规为基本依据，依法惩处是切断信息污染源头的关键所在。"邪不压正""民之所欲，天必从之"已为历史所证明，违背民意和历史发展方向的信息污染早晚逃脱不了惩罚。抵御信息污染应该积极防御，主动出击，司法的惩罚功能不可缺位。

公安部自 2013 年 8 月起主导了打击网络造谣传谣行动。一帮网络推手长期在网上炮制虚假新闻、靠造谣及炒作成为所谓的网络名人。他们以删除帖文替人消灾、联系查询 IP 地址等方式非法攫取利益，在网络上大行其道；并借网络的触角从幕后走到前台，从线上走到线下，延伸到现实社会的各个角落，成为社会的公害。经过对网络大谣的严厉打击，"秦火火""立二拆四"……一个个"网络大鳄"的丑行被公开。2015 年，围绕股市波动、天津港火灾爆炸事故等一些重大突发事件和抗战胜利 70 周年纪念活动等国家重要活动，某些人在互联网和微博、微信编造传播谣言，对此，公安部部署开展专项打击整治行动。至 8 月底，依法查处编造传播谣言的违法犯罪人员 197 人，责成相关网站关停网络账号 165 个。

公安干警积极查办色情低俗。2014 年 4 月中旬至 11 月，全国范围内统一开展了打击网上淫秽色情信息的"扫黄打非·净网 2014"专项行动。在 2017 年查处涉黄直播中，山东公安机关成功查办全国首起直播平台聚合软件传播淫秽物品牟利案，捣毁注册会员超过 300 万、涉案金额 2000 余万元的国内最大色情云播平台"月光宝盒"，抓获犯罪嫌疑人 54 名。2018 年 2 月，公安部与相关部门联合整治炒作明星绯闻隐私和娱乐八卦，对热衷炒作、涉嫌违法违规的各类行为主体进行全面排查清理和依法综合整治。

公安部严格规范网游市场管理，与相关部门于 2017 年 12 月联合印发《关于严格规范网络游戏市场管理的意见》，在全国范围内开展严格规范网络游戏市场管理专项行动，通过群众举报受理、自律联盟和行业协会组织等渠道，依法查处涉嫌网络赌博、血腥暴力、色情低俗的网络游戏应用程序 3975 款。公安部依法调查了"9877 小游戏网"淫秽游戏案件，发现涉嫌淫秽游戏 500 余款，依法查办了相关责任人。2018 年 2 月 28 日公安部与相关部门联合公布 7 项网游违法犯罪大案，在相关的司法处理中，实施了停业整顿、罚款、没收违法所得等惩罚，并依法对相关 2 名犯罪人员予以逮捕。

最高人民法院依法严惩侵害妇女及未成年人权益犯罪，不断加大妇女儿童权益保护力度。最高人民法院严惩网络犯罪，依法打击网上造谣、传谣行为，依法打击网上传播淫秽物品等犯罪，会同有关部门出台办理网络犯罪案件的意见。据 2020 年"两会"的最高法报告，一年来加强校园欺凌预防处置，审结相关案件 4192 件，并依法惩治涉及"校闹"的犯罪。在 2021 年"两会"的最高法报告中，陈述一年来认真贯彻新修订的未成年人保护法和预防未成年人犯罪法，出台加强未成年人审判工作意见，完善中国特色少年司法制度；依法严惩侵害未成年人犯罪，对挑战法律和社会伦理底线、针对儿童犯下的各种严重罪行决不姑息。

全国检察机关坚持惩防结合、刑民并用，在 2018 年至 2019 年 4 月共批准逮捕侵害未成年人犯罪 5.42 万人，起诉 6.76 万人，成功指控了一批社会高度关注的侵害未成年人犯罪案件，使犯罪分子得到应有的制裁，推动健全完善侵害未成年人权益惩防工作机制。最高人民检察院震慑校园欺凌犯罪，与教育部等共同发布防治中小学生欺凌和暴力指导意见，切实维护校园安全，在 2018 年共批准逮捕校园欺凌犯罪案件 3407 人，起诉 5750 人，发出关于校园安全建设的检察建议 3472 份，有力推动健全完善了校园安全管理机制。据 2020 年"两会"的最高检报告，一年来起诉侵害未成年人犯罪 62948 人，同比上升 24.1%。2021 年"两会"的最高检报告陈述一年来倾情守护未成年人安全健康成长，从严追诉性侵、虐待未成年人和拐卖儿童等犯罪；会同有关部门建成 1029 个"一站式"办案场所，尽力防止"二次伤害"；对监护人侵害和监护缺失，支持起诉、建议撤销监护人资格 513 件。并强调未成年人涉嫌犯罪既应依法惩戒，更要教育帮扶，重在转化，起诉涉嫌犯罪的未成年人 3.3 万人；对罪行较轻并有悔改表现的附条件不起诉 1.1 万人，占办结未成年人案件总数的 21%，同比增加 8.3 个百分点。

2. 注重司法的教育功能

司法的教育功能，是指司法机关的活动对公民所具有的教育、感化作用。教育公民自觉遵守宪法和法律，是我国司法机关进行司法活动所应担负的一项重要职能。我国的司法机关不仅必须依法惩处各种违法犯罪行为，而且还必须积极预防违法犯罪，做到防患于未然。当然，司法的教育功能与家庭教育、学校教育和社会教育不同，司法教育的特殊性在于以首要的惩罚功能为前提，是在惩罚功能基础上的教育功能。换言之，司法的教育功能是在惩罚功能基础上展开的，是立足于警示的教育，是惩罚为主，教育为辅。

在抵御信息污染中，司法的教育功能表现在两个基本侧面。其一是宣传教育。广泛深入、形式多样地宣传抵御信息污染的法律法规，使民众了解法律法规，懂得法律保护什么、禁止什么，什么是违法犯罪、什么不是违法犯罪，以及应当怎样做、不应当怎样做，激发他们的主人翁责任感，增强社会主义法律意识，教育公民自觉遵守宪法和法律法规。其二是警示教育。司法机关通过起诉、审判、执行等各项诉讼活动以及张贴布告、印发典型案例、电视直播法庭审判、举办罪证展览等有关活动，使那些企图以身试法的人受到威慑，悬崖勒马，不致走上违法犯罪的道路，进而实现预防和减少违法犯罪；同时宣讲违法犯罪对国家和人民的危害性，教育公民积极协助司法机关同违法犯罪作斗争，维护社会秩序，保护国家和人民利益。

（三）未成年人的司法保护

在抵御信息污染中，必须重视和运用公正司法这一对策，发挥司法的惩罚功能和教育功能。近年来，我国司法机关在工作实践中不断完善保护未成年人的法律法规。2014年最高检发布修订后的《人民检察院办理未成年人刑事案件的规定》，明确人民检察院根据情况可以对未成年犯罪嫌疑人的成长经历、犯罪原因、监护教育等情况进行调查，并制作社会调查报告，作为办案和教育的参考。2018年修订后的《中华人民共和国刑事诉讼法》设立专章（第五编第一章）规定了未成年人刑事案件的特别程序，规定了办理未成年人刑事案件的方针、原则，以及社会调查等制度。根据修改后的刑事诉讼法，人民检察院开展社会调查，可以委托有关组织和机构进行；人民检察院应当对公安机关移送的社会调查报告进行审查，必要时可以进行补充调查。

司法机关在抵御信息污染中，实施未成年人网络保护。第一，最高司法机关对于网络环境下常发、多发的特定犯罪，根据网络犯罪的特殊性，做出有针对性的规定，其中包含未成年人保护的内容。在 2004 年、2010 年先后发布的两个有关互联网移动通信终端声讯台实施有关淫秽电子信息犯罪的有关司法解释中，包含许多未成年人网络保护的内容。在最高人民法院、最高人民检察院关于《利用网络云盘制作、复制、贩卖传播淫秽电子信息犯罪的解释》中明确指出，对这一类行为追究刑事责任时，若干考量中包括传播对象是否涉及未成年人等，以确保罪情相适应。第二，降低针对未成年人尤其低龄未成年人法益进行侵害的定罪标准。在 2010 年最高人民法院、最高人民检察院关于淫秽电子信息犯罪的解释中，分别针对不满 14 岁未成年人、14 岁未成年人进一步降低了传播淫秽电子信息的定罪标准。第三，司法机关坚持大部分未成年人犯罪中有关司法解释的基本立场，把未成年人的情节作为从重处罚依据。在 2004 年有关淫秽电子信息的司法解释里，具体规定了 3 种行为（有关具体描绘不满 18 周岁未成年人性行为的淫秽电子信息，或者明知是具体描绘不满 18 周岁未成年人性行为的淫秽电子信息而提供链接，或者向不满 18 周岁的未成年人贩卖传播淫秽电子信息的）要从重处罚。第四，最高司法机关对未成年人网上权益进行严格保护。在部分司法解释中，司法机关把未成年人特殊法益作为提升法定刑的标准。招揽未成年人利用互联网、移动通讯终端参与网络赌博的，将被视为情节严重，要判处 3 年以上、10 年以下的有期徒刑（一般的赌博只判处 3 年以下有期徒刑），且对未成年人的人数没有特定的数量要求。最高司法机关对于未成年人保护的立场越来越趋于严厉，是近年来的特点之一。总之，我国的司法机关重视网络环境下未成年人权益司法工作，加大对侵犯未成年人权益的惩治力度，坚持最低限度地容忍、最高限度的保护。

我国司法机关在司法活动中注重保护未成年人。各级法院加强未成年人案件审判，完善"圆桌审判"方式，保护未成年人合法权益；继续落实未成年人犯罪记录封存制度，切实帮助失足青少年回归社会、改过自新。我国的检察机关高度重视未成年人犯罪问题，对未成年人犯罪坚持既依法惩戒，更要教育帮扶、重在转化的理念，全方位对未成年人犯罪进行特殊保护，力度加大，成效显著。

据 2019 年 7 月 13 日召开的"全国检察机关未成年人刑事执行检察、民事行政检察业务统一集中办理试点工作总结推进会"获悉，在为期一年（2018 年 1 月起）的试点期间，在未成年人刑事执行检察方面，检察机关共对 2695 名涉罪未成年人开展羁押必要性审查；在押未成年人监管活动监督中，纠正未成年人与成年人"混管混押"319 人，纠正违法 71 件，发出检察建议 112 件；开展入所帮教 9155 人次，出所教育 4097 人次；在未成年人社区矫正监督中，纠正脱管漏管 49 人，督促 354 名监护人履行监护职责。试点工作初步形成了有别于成年人刑事执行检察、民事行政检察的未检业务统一集中办理特色，有助于整合有关未成年人检察职能，推动实现对未成年人的全面综合司法保护。

当然，绝不能把上述我国司法保护未成年人的基本立场曲解为放任少数未成年人的严重犯罪行为。对于一般的违法犯罪的未成年人，实行教育、感化、挽救的方针，坚持教育为主、惩罚为辅的原则，无疑是正确的。对于那些受信息污染影响很深、无视法律法规、公然以身试法的未成年人，奢谈教育、感化、挽救是无效的，只能以事实为根据、以法律为准绳作出正义的司法判决。

犯罪年龄低龄化是当前未成年人犯罪比较突出的特点，已呈现高发态势。对于预警和防治校园欺凌犯罪这一国际性难题，英美等国规定：在谋杀、强奸、抢劫等严重案件中的未成年人犯罪，都要对之实行相应的法律惩处，而不是某个年龄线的一刀切。法律存在的基础，在于其强制性，用刑罚教育施暴者，才是减少校园欺凌犯罪事件的根本途径。而不能法律缺位，对施暴者区别对待，视为小孩子之间争强斗狠过程中的偶然失手；更不能以经济赔偿作为准绳（所谓的"罚了不打"），网开一面，如此无异于纵容、教唆那些任性、家中有经济实力的未成年人为所欲为。

综上所述，目前，我国涉及抵御信息污染的相关法律法规已具规模，从立法、执法到司法，有法可依，执法必严，违法必究，构筑了良好的外部法制环境。我们的任务是在抵御信息污染过程中，调动一切动力因素，发挥其促进推动作用，把法治精神贯彻到底。

第二节　实施社会共治

落实抵御信息污染的基本方针社会共治，需要充分调动我国一切可以调动的积极因素，发挥所有的社会力量（各个方面、各个层面）的积极作用，共同推进。

一、社会舆论

舆论是社会中相当数量的人对于一个特定话题所表达的观点、态度和信念的总和。

社会舆论是公民在某时间与地点，对某行为公开表达的内容，是基本趋于一致的信念、意见和态度的总和，是社会心理的反映，归属为一种社会评价。网络舆论是网民以具有自由性、民主性、匿名性、互动性的互联网为载体，针对现实世界的某一特定事件，通过发帖、跟帖、转帖、回帖等形式表达的有一定影响力、具有倾向性的意见，所形成的观点、意见和态度。

我国的网络舆论在20世纪90年代，通过网络论坛、门户网站、博客等载体初步形成。21世纪以来，我国互联网"超常规"高速发展，网民人数在2008年开始超过美国，位居全球第一。2010年以来应用领域继续扩大，网络舆论载体新陈代谢，微博客、网络社群、微信等异军突起。如今，网络已经成为社会舆论不可或缺的工具，表达个人观点的交互平台，公民有序参与政治的新途径，发展社会主义民主政治的新渠道。由网民的观点、意见和态度形成的网络舆论，依靠网络传播，最终形成强势舆论，对社会的影响力持续增强。网络舆论所具有的相关特点，舆论主体的隐匿性和平等性，网络舆论的交互性和发散性，舆论传播的自发性和快速性等，令人耳目一新。

社会舆论在抵御信息污染中具有极其重要的地位和作用，人们常常用不同的比喻、从不同角度，称之为晴雨表、风向标、信号灯、反光镜、聚光镜、温度计、放大镜、集散地、泄洪道。目前，信息污染的藏身之处以网络为主，我们较难沿用过去单一社会舆论条件下的工作规律，只能积极践行，探索前进，摸索新的工作规律。

（一）在抵御信息污染中，着力发挥社会舆论的正面作用

社会舆论不仅具有监视社会环境、推动社会发展的功能，还具有社会调整功能、社会控制功能、社会制衡功能及社会监督功能。社会舆论有相对独立性、公开性和无形强制性等特点，成为一种强大的社会力量。监视社会环境、推动社会发展所要实现的愿景、所要达到的目的正是确保社会稳定，维护社会正义。在中国，社会舆论的天职、基调或底线是确保社会稳定和维护社会正义，正是在这一基本点上，社会舆论发挥着正功能、正面作用和积极影响。在抵御信息污染问题上，社会舆论的正面作用是通过与政府、传媒的联系互动来实现的。

1.社会舆论是抵御信息污染的重要基础

社会舆论是公众意愿的表达，民意反映的渠道，它缩小了公众与政府之间的距离，产生巨大的社会效应。政府不断完善了解民情民意的议事规则，把握整个社会的价值尺度，捍卫社会稳定运行的底线；同时也需要重视和正确分析认知社会舆论，把社会舆论作为政府执法、管理社会的重要基础。

在抵御信息污染问题上，社会公众在大是大非面前立场正确，态度分明，对于违法信息和不良信息深恶痛绝，社会舆论作为起码的底线、基本的共识、普遍的价值应运而生，通过多种渠道呼吁重视信息污染问题，建议通过法律手段遏止信息污染之猖獗，评价政府已经或允诺采取的行政措施是否得当，督促政府相关措施手段的具体落实，为政府相关行政措施的收效喝彩。相关管理部门清理违法违规信息的行动获得了人民群众的广泛支持。

在《网络信息内容生态治理规定》制定之前，有识之士强烈呼吁政府加强管理，严正指出：在未成年人浏览、接触信息污染内容问题上，网络服务提供商难辞其咎；在利用网络向未成年人传播、复制、发布、提供信息污染问题上，相关的信息内容提供者、互联网接入提供者、运营商负有更加直接的责任；在超出经营范围和违反行为规范、不履行法律责任问题上，各类网络服务提供者违法违规的可能性更大。由此可见，社会舆论的建言献策有助于政府部门疏导社会情绪、缓解社会矛盾；有助于形成更为有效的社会舆论，推动社会问题的解决；有助于提高政府行为的廉洁性；有助于降低政府管理成本，提高政府决策的科学性。

2. 社会舆论是抵御信息污染的依靠力量

抵御信息污染是全社会的责任，对于各种形式的传播内容进行监督，这是社会成员应有的责任、权利和义务。信息污染扩散到社会上必然会遭到抵御，有社会责任感的民众必定会以不同形式发出共同的呼声，形成社会舆论。在抵御信息污染的对策体系中，社会舆论仅次于政治因素，各种形式的传媒必须高度重视社会舆论的地位和作用。

负有"表扬先进，批评落后，伸张正义"使命的传媒，抵御违法信息是不言而喻的，这也事关传媒的生死存亡；同时必须抵御不良信息，特别是违背信息客观性、真实性的不实类信息，这事关传媒新闻报道、资讯报道的原则。在抵御信息污染方面，社会舆论监督传媒，一旦发现传媒上出现违法信息、不良信息特别是出现不实类信息（虚信息、假信息、错信息、讹信息、诈信息、谣信息等），必然会通过多种渠道进行抵御，呼吁传媒管理层重视抵御信息污染，建议相关传媒自查自纠直至纠正致歉，清除负面影响。

188

在 20 世纪 90 年代中期，我国社会舆论及其监督功能日益成熟，主要表现在游戏《提督的决断》事件。游戏《提督的决断》是带有法西斯内容及第二次世界大战时期日本战犯形象的游戏软件，其生产者日本光荣公司素以"真实模拟历史"著称。在 1995 年 7 月，华东师范大学 3 名大学生致信上海市委，反映该游戏部分内容有严重军国主义倾向。上海市新闻出版局奉命认真调查，组织有关部门进行分析，确认该游戏存在不良倾向。游戏中大量采用第二次世界大战历史上真实人物及军事装备形象，其中的昭和十六年军事态势图把大连、上海、福州、南京、武汉标识到日军基地范围内等。据此上海市委指示全面查禁该游戏，责成销售者全部收回销毁。后游戏的制作生产先后转移到北京及天津的光荣软件有限公司（日本独资企业），都遭到中国职员抵制。1996 年 7 月 10 日《北京青年报》予以报道，引发社会舆论的轩然大波。此后，《天津青年报》、《北京青年报》、中央人民广播电台、《解放军报》、新华社、央视《军事节目》中心、央视《焦点访谈》摄制组等均赴津调查采访。受雇于外国公司的中国公民，绝不是"有奶便是娘"的乞讨者，而是脊梁挺直的中国人。天津光荣软件有限公司被有关部门勒令停业审查，该公司在《致北京青年报"反省书"》中为错误地承接游戏的部件加工而反省，对在中国造成不良影响，招致各界批评，认为是"咎由自取，深感愧疚"，"向中国人民致以深深的歉意"。

在 2007 年 12 月北京网络新闻信息评议会本年度第六次会议上，北京地区互联网站、网民与互联网管理部门的代表针对博客存在的问题进行评议，严厉批评交友类网站，责成两网站公开道歉；要求北京各博客服务提供商特别是北京网络媒体协会的成员单位从即日起展开自查自纠，在网页显著位置提示博客用户依据《北京网络媒体自律公约》的有关条款严格自律，同时对传播信息污染的博客采取措施。再如以"2014 年第六届中国西安生殖健康产业博览会暨西安性文化艺术节开幕仪式"和江苏淮安某超市上演"内衣秀"为代表，涉性的博览会、展销会、艺术节等引起人们极大反感，有人挺身而出，慷慨陈词，予以斥责，呼吁社会保护未成年人，抵制色情文化，挽救孩子、保护家庭、维系中华。对此类民间自发的抵御信息污染的言行，相关传媒予以了报道。最后，在社会舆论对于直播的普遍质疑声中，加之新华社和《人民日报》等官媒和全国"扫黄打非"办公室的介入，奇虎360公司被迫永久关闭旗下的视频直播生活秀平台——水滴直播，更是社会舆论与传媒相辅相成巨大作用的明证。

（二）在抵御信息污染中，掌控社会舆论的负面作用

当前，除了色情、暴力、凶杀、封建迷信等违反社会公德的信息和混淆视听、导致恐慌心理、破坏社会秩序的谣言外，主要有三方面负面信息：一是境内外敌对势力利用网络对我国进行意识形态渗透、文化"侵略"和言论攻击；二是招摇过市的不负责任的不正确的社会舆论导向；三是不利于社会稳定的、具有破坏性的"网络情绪型舆论"。以下对"网络情绪型舆论"作一重点分析。

对于不利于社会稳定的、具有破坏性的"网络情绪型舆论"，人们屡见不鲜——每当产生一个舆论热点或舆论焦点，除了观念认知等确实相异的振频不同者尚属良性争辩者外，那些利益被触动者及其雇佣的水军、江湖宿怨者、蹭流量者、喷子及其极左孑余等纷纷出笼，各怀心机，发表多种多样的负面消息，以求一逞。如果说蹭流量者目的卑微，雇佣水军是"喷子"的集合体，利益触动者和江湖宿怨者因事制宜随机变化，那么唯有"喷子"始终是频频登场，卖力地构造"网络情绪型舆论"，其中尤以"喷子"中的极左孑余的作用更大。

在制造"网络情绪型舆论"方面，无论社会取得何种巨大发展进步，"喷子"中的极左孑余一律视而不见，总是寻找可乘之机，站在自以为是的道德至高点上指手画脚，忽而鼓吹"反腐败"、声称今不如昔、否定改革开放，忽而叫嚣战争和核战争，忽而鼓噪"反汉奸、卖国贼"等，以彰显其超凡脱俗的高大形象。究其惯用手法，表面上头头是道，喋喋不休，有论有据，莫测高深，实际上无外乎是戴帽子、抓辫子、打棍子，动辄上纲上线，所持论点论据往往缺乏法律意识，无视科学常识，无视基本事实和民心所向。极左孑余的护身符主要有"反对贪污腐败"和"为弱势群体代言"，以此为主要手段制造"网络情绪型舆论"，妄图实现绑架政府及其管理机构的目的。凡是可以借机生事，就祭起"贪污腐败"和"弱势群体"这两个法宝，把话题往"贪污腐败"和"弱势群体"上扯。2017 年年初宁波动物园老虎吃人这一突发的舆论事件，明明丧生者违规逃票、误入虎山、葬身虎口（这当然是人所不愿的），却被居心叵测者扯上"弱势群体买不起动物园门票"，借机煽动，妄图"滚雪球"式扩大影响，幸被保持警觉的有关部门制止。

面对部分社会舆论的负功能和负面作用，不能因噎废食、删除了事，而应该正视、重视和认真对待，注意运用疏堵两手。

1. 从疏导而言

其一，政府重在把握新闻舆论环节，重视权威信息发布。

政府必须切实把握好新闻舆论这把钥匙。社会舆论在其产生、存在和发展过程中，一般以新闻舆论为核心；新闻舆论是影响社会舆论的关键环节，足以牵动社会舆论随行，左右社会舆论的运行。正如习近平总书记2016 年 2 月 19 日在党的新闻舆论工作座谈会上的讲话中指出："做好党的新闻舆论工作，事关旗帜和道路，事关贯彻落实党的理论和路线方针政策，事关顺利推进党和国家各项事业，事关全党全国各族人民凝聚力和向心力，事关党和国家前途命运。"新闻舆论工作的各个方面、各个环节都要坚持正确舆论导向。团结稳定鼓劲、正面宣传为主，是党的新闻舆论工作必须遵循的基本方针。

及时发布权威信息是政府面对舆论热点、舆论焦点的职责，此举与审查控制涉及社会敏感问题的信息并行不悖，相辅相成。政府必须把握新闻舆论环节，以新闻引发舆论 —— "新闻宣传"在先，以新闻的形式构筑现代信息环境，引导舆论。"新闻舆论"是新闻传播后的影响和效果，是社会舆论形成的基本来源。如此一来，新闻宣传—新闻舆论—社会舆论，由此及彼，环环相扣，前承后续。涉及社会敏感问题的信息往往是公众关心的，极易听风就是雨，极易受到不实之词的蛊惑。与其听凭公众通过一些非正规的渠道获悉相关信息，不如由政府在调查研究的前提下，进行去粗取精、去伪存真，由此及彼、由表及里的分析和判断，从宏观上把握事件的来龙去脉，在此基础上开诚布公地发布权威信息；同时动用一切可能的资源，高屋建瓴地提出对策，稳定民心，把不利于社会稳定的负面舆论屏蔽于公众的耳目之外。

其二，传媒重在引导社会舆论。

传媒必须把握好与政府、社会舆论的基本关系。改革开放以来，党和政府把舆论监督提升到非常重要的位置，提出"把党内监督、法律监督、群众监督结合起来，发挥舆论监督的作用"，"加强组织监督和民主监督，发挥舆论监督的作用"。在促成社会舆论监督的过程中，传媒必须注重帮助公众了解政府事务、社会事务和一切涉及公共利益的事务，并促使其沿着法制和社会生活公共准则的方向运行，有助于民众行使社会主义民主权利。

传媒必须保持社会舆论的多元化。正义健康的社会舆论是理性的产物，公开的信息和自由的讨论是伸张社会正义的重要途径。传媒要确立开放的心态，保持社会舆论的多元化，使之成为社情民意的晴雨表，有效监督国家社会事务。传媒要保持宽容的心态，以平等的姿态与民众和网民交流，尊重网民的言论自由表达及合理诉求。传媒必须注重在理念、内容、体裁、形式、方法、手段、业态、体制、机制等方面的创新，以适应分众化、差异化传播趋势，增强针对性和实效性，加快构建引导社会总舆论的新格局。

信息爆炸给传媒出了难题，恶性事件发生后，如果不报道会给谣言留下传播的广阔空间，并有可能引发极具破坏力的群体事件；但报道了又有可能产生某些公众舆论所言的"诱导"作用。2010年3月传媒报道了福建省某市实验小学门口学童被杀伤事件，其后一个月内在广西、广东、江苏、山东等地接连发生"学园惨案"；此外还有富士康"七连跳""十连跳"等报道。此起彼伏的一连串近似案例引发某些公众舆论对传媒报道的质疑，有意见认为正是传媒报道产生了"诱导"的不良效果，让坚持报道的传媒陷入争议旋涡，促成学界、业界在全国范围内关于"新闻专业主义精神"是否应坚守的大讨论。

2. 从堵塞而言

其一，政府重在依法打击违法宣传。

政府必须根据我国宪法和相关法律，对于违法信息和不良信息保持高度警惕性。常识、法律和民心是抵御信息污染的最大背景；风起于青萍之末，广大信息受传者是较早接触、鉴别信息性质的人群，政府必须重视来自信息受传者的主动举报。千里之堤溃于蚁穴，公安部门要积极履职，建立与宣传、教育、信息产业等部门及新闻传媒的协作机制，依法严厉打击信息污染制传者。

政府必须依据有关法律法规，建立健全网络舆情监控预警系统，在加强对信息源的审查与控制的同时，开展网络舆情搜集研判。要采用先进的技术手段，多侧面了解网民思想，在第一时间掌握事件发展动态，在对舆情汇总分析的基础上，对社会运行接近负向质变的临界值作出早期预报。

政府必须建立网络层面的社会诚信监管体系。要普遍推行统一标准的规章制度，强制要求各平台照章实施，如有违规，必予惩处，以实现有效监管。要通过技术手段限制那些不负责任的所谓网络"大V""大咖"发言，增加其"违规成本"。要高度重视那些不负责任的不正确的社会舆论导向，对于轧黄线、撞红线、触底线等信息，要及时调查核实和处罚。

其二，传媒重在防患于未然。

传媒必须站稳正确的立场，为社会正义守护好舆论阵地。舆论阵地是传媒安身立命之本，更是确保社会现实稳定的立足点之一和社会未来发展的出发点之一。当前，对于违法信息和不良信息，对于"喷子"及其极左子余必须保持高度警惕性，不使舆论阵地成为他们恣意妄为的场所。

传媒要注重在把关人理论、议题设置和意见领袖理论方面的创新。面对信息污染制传者日新月异的手段，传媒必须创新。要切实履行"把关人"的职责，胸怀大局，明确社会发展方向和近期目标，选择符合舆论导向的资讯，筛除那些违法信息和不良信息。要谨慎设置传媒的议题，面对来自社会和其他传媒的社会思潮和舆论浪潮，稳如泰山，不随波逐流，确保议题不为"喷子"及其极左子余所利用。要慎重择定意见领袖，一切从有利于引导社会舆论出发，不趋炎附势，不为所谓"大咖""大V"障目。要有超前的意识和眼光，主动规避可能引起不良后果的议题和嘉宾（意见领袖），更不能等到问题成堆、闹出乱子、覆水难收。总之，要防患于未然，主动积极地管控具有负功能的那部分社会舆论，减少其负面作用和消极影响。

二、技术防范

抵御信息污染不是坐而论道就能够彻底解决的，必须予以践行，唯有在践行中才能把抵御信息污染落到实处。从公共媒体时代到互联网时代，人们曾经尝试使用多种方法和手段消除信息污染，力图把信息污染消灭在萌芽状态、减少其污染范围和负面影响。时至今日，人们越来越清楚地认识到技术防范是抵御信息污染的关键。

（一）抵御信息污染必须依靠现代科技

现代科技引领人类社会发展。20世纪以来，科学技术发生了深刻的革命，到21世纪方兴未艾。今天人类面临的各种问题日益复杂，需要国际、国内、政治、经济、法律、道德、科学技术等多方面的协同配合才能解决；其中，发展科学技术居于重要的甚至是关键的地位。科学技术具有双刃剑的本质，既具有正功能，同时具有负功能；任何一种科技成果在价值上都是中立的，好人掌握其正功能就能有益于人类社会，别有用心之徒利用其负功能就会危害社会；人们既要充分利用科技的正功能，也要主动规避科技的负功能。科技成果应用的可能的负面影响和严重后果，最终还要靠科学的研究来揭示，并依靠发展新的技术来克服。我们既要重视科学技术的更新换代，视之为科技的新发展；同时也应该重视那些旨在克服已有科技负面影响的新科技成果，同样视之为科学技术的进步和完善。

在抵御信息污染问题上，科技的发展及其利用同样是关键。信息污染是借助于信息传馈科技发展、利用相关信息传馈科技的进步成果而风生水起的。当今世界，信息传馈新科技层出不穷，同时摆在信息污染制传者和抵御信息污染人们的面前。需要我们加强多学科合作，紧跟技术变革的步伐，把握技术的实质性变化，关注新技术条件下信息污染的重大变化；在此基础上，尽快发展与技术变革相适应的学习体系、培训体系、管理体系和政府管制措施。

抵御信息污染决然离不开科技要素。唯有依靠科技，用相关的高新科技武装起来，做高新科技的行家里手而不是受制于人的门外汉，才能够掌握抵御信息污染的主动权。中国政府在 2010 年 6 月《中国互联网状况》白皮书中明确指出，中国不会放弃对互联网的管理；中国坚持依法管理、科学管理和有效管理互联网，"主张合理运用技术手段"遏制违法信息传播，遏制违法信息对国家安全、社会公共利益和未成年人的危害。这一科技战略是一种政策导向，表明中国政府切实履责，对科学技术作出适当的干预，既将科技纳入造福于人民的国家目标、更大地发挥科技的积极作用，又通过政策来规范科技运用的方向，减少其负面影响。这就要求我们不断增强抵御信息污染的主动权、意志力和持久力，筑成抵御信息污染的高科技含量的长城，及时发现和屏蔽以各种新旧形式包裹的信息污染，尤其是重在发现、过滤、封堵、删除网络信息污染，遏制其泛滥的势头；以技术手段保护网民特别是未成年人，使其减少接触直至接触不到网上的信息污染。

（二）双管齐下，人防为本

以积极的态度进行防范是变被动为主动的转折点。实现了这一转折，掌握了主动权，就能够后发制人，名正言顺地把业已表现在先的信息污染予以清除；同时任信息污染制传者藏在暗处，也能顺藤摸瓜，将其暴露在光天化日之下。"魔高一尺道高一丈"，有了"道"的威慑制约，就无惧"魔"的兴风作浪。

对于信息污染，在预防为主的方针指引下，施行疏堵结合。在疏导与封堵的两手策略中，积极防范的着眼点在于封堵。积极防范分为技术防范（技术封堵）和人力防范（人力封堵）两个侧面。最初级的人力防范出现在家庭中，在全家人共享一台电视机的年代，屏幕上出现暴力血腥或男女亲热等镜头时，家长就使用最为简单的人防手段——把孩子从现场支开或捂住孩子的眼睛。

技术防范与人力防范双管齐下，其中人力防范是基础，是前提，是本质。其一，技术防范与人力防范相对立而存在，技术防范的基本点只能以人力防范来认定。例如过滤软件研发要求的拟定，技术防范的级别标准，实施过滤的严格程度；研发的进行和监管；软件效果高低的测定；通过运行，过滤结果的审查（有否误杀），以及一定情况下对于技防的补救等，无不需要人力防范介入（需要指出技术防范所需的设备安装、运行操作、维修保障等所需人力属于硬件保障，并不归入抵御信息污染的人力防范）。其二，技术防范鞭长莫及之处正是人力防范大有作为之地。例如广播、电影、以电视剧为代表的电视节目，为抵御信息污染而对这些传统媒体进行的必要审查，只能依靠人力，属于人防。即使是通过网络播出的广播、电视剧和电影，同样需要在播出前通过人力审查这一必要环节。其三，技术防范与人力防范交织作用之处，人力防范不可或缺，技术防范不能越俎代庖，在某些地方只能望洋兴叹。例如在数字符号网络时代的图文印刷，出版物在付梓之前的编辑审查中，虽然各种编辑排版软件功能强大，也能够检索简单的过滤词予以删除，但是毕竟无法取代人力防范，因为图文形式的违法信息和不良信息变化莫测，有些并不转化为有一定之规的字符串任人筛选屏蔽。

人力防范内部的各个层级无不重要。其一，人力防范的决策者处于极其重要的地位，决策者重视抵御信息污染，认清其重要性、迫切性、复杂性和长期性，据此制定正确的方针、政策和策略，使用适度的手段。如果决策者无视信息污染、置若罔闻，或者抵御信息污染操之过急、严苛过度，都会使抵御信息污染工作走入歧途。其二，对党、政、军等专用网络须制定特殊规范，明确相关互联网媒体管理基本原则和总体要求，涵盖相关互联网媒体资质准入、审批备案、传播运行、建设保障等方面，就相关互联网媒体的开办范围、资格条件、审批程序、信息发布、保密要求、主体责任等作统一规范，并对平台建设、技术监管、人才培养等工作进行明确，对相关互联网媒体违反法律法规的各种情形作出追究责任的规定。其三，在抵御信息污染的具体工作中，在基层工作岗位，对于内容审核人员的聘用都有特殊要求和相关标准。

作为扼住信息污染源头之举，网络实名制、手机实名制、内容分级制等的前期工作或基础性工作都属于人力防范。例如在网络实名制的探索阶段，深圳早在 2005 年就进行过为期 3 个月的网络公共信息服务场所清理工作。深圳警方对论坛版主和 QQ 群的创建者进行实名登记，并验证身份证号码等，取得了不错的成效。国信办发布《互联网用户账号名称管理规定》推行网络实名制，有益于网络使用者自身的安全和规范互联网大环境，有助于构建清朗的网络空间。网络实名制要求登录网络时须后台登记个人若干真实信息而前台可以使用网名等，已为绝大多数网民所理解，虚拟的网络毕竟已经发展到与个人、社会息息相关的程度。又如手机实名制要求购买手机时进行必要登记，是有效识别未成年人用户、有利于采取针对性保护措施的前提，已成为保证绿色通信环境的重要措施，保障数据业务的健康发展，避免淫秽色情等毒瘤在移动通信领域传播。国家广播电视总局的广电发〔2020〕78 号文件——《关于加强网络秀场直播和电商直播管理的通知》要求：网络秀场直播平台要对网络主播和"打赏"用户实行实名制管理；未实名制注册的用户不能打赏，未成年用户不能打赏；要通过实名验证、人脸识别、人工审核等措施，确保实名制要求落到实处，封禁未成年用户的打赏功能。再如电影内容分级制，在众人瞩目的国产电影表现性内容问题上，21 世纪以来，性内容悄然成为部分国产影片的反映对象，电影审查对于这个敏感话题宽容度的扩大，是社会开放度和道德宽容度不断提升的具体表现，也是电影创作上寻求人性表达的必然结果。广电总局电影局为此着手调研论证，结合中国国情，依据我国宪法和未成年人保护法、预防未成年人犯罪法等法律法规，以中国少年儿童的生理年龄段为类别，以是否涉及凶杀、暴力、恐怖、性爱等有损未成年人健康的内容为标准，以规范市场的准入为重点，对各类影片（含进口片）分类管理，将把原来的老少皆宜改变为满足不同层次观众文化生活的需求。

（三）操作层面，技防居首

技术防范的一般意义在于确保信息安全、抵御信息污染，是在不断电、不中断网络运行前提下，通过一定的技术手段过滤信息流，将文字、图像、音频、视频等多种形式的违法信息和不良信息从信息流中筛选出来，加以屏蔽，使之不能到达客户终端。

操作层面应该以技术防范为主，这是鉴于互联网数字化科技基础得出的必然结论。政府的封堵政策有赖于从技术防范和人力防范两方面落到实处，务求技防与人防相结合；在抵御信息污染中，需要兼顾技防和人防，紧密结合，二位一体，不可偏废。技防和人防的运用可以根据实际情况和条件，实行有先有后或并行不悖。譬如对于谣言等不良信息在网上的传播，需要对谣言的源头进行查证，腾讯公司的产品为此提供了三大系统：技术识别系统、举报人工处理系统、辟谣工具。操作层面的通常模式是：技防为主，人防为辅；技防封堵在先，打开局面，控制全局；人防封堵在后，拾遗补缺，根除死角。

依靠技术防范，得益于技术进步和对互联网先行进行审查的国家的经验，有越来越多的国家开始采用"过滤关键词"等新技术对互联网进行审查，网络审查在全球已经具有普遍性。以技术为主导，技术越先进，越能够防止低俗的东西。其一，早期对媒体传播少儿不宜信息的限制主要采取分级限制，这种人力防范的方法具有一定的专业或技术性依据，较容易为社会所接受。其二，后来的技术防范侧重应用于电脑网络系统的软件技术，一般以过滤软件形式加以研发，在不断的开发和应用中，互较高低，取长补短，相互砥砺，日益精进，版本不断升级。这一过程，从经济活动角度看是此消彼长的市场份额争夺，从抵御信息污染角度看则是过滤软件的性能和有效性的提高。实践证明，依据纯技术手段虽不能解决所有问题，但在一定意义和范围上非常有效。其三，人工智能的介入，将使技术防范更进一步。人们使用科技手段，加强 AI 技术，随着语音识别、图像识别、LP 技术成熟，人工智能在反垃圾、反低俗方面进入应用阶段指日可待。

　　具体到我国，国家安全部监制的"学生浏览器"能有效地将大多数不健康的内容屏蔽于浏览器之外。若干能使青少年免受不健康侵害的软件如《护花使者》，可以分别从暴力、裸体、性和语言四个方面进行四个级别分级限制，还可以在许可站点设置任何时候都可以查看或无论如何分级都不可以查看的站点。触云爱路由器首次把商用路由器才有的智能上网管控和远程网络管理技术应用于家用路由器中，通过触云 App，父母可以远程一键对孩子的网络进行学习、自由及时间三种模式的切换。其"上网轨迹"和"爱的轨迹"功能，可以让父母更好地了解孩子的上网习惯和上网爱好，是否上网时间过多，是否沉迷于某些应用。更重要的是：该产品还可以主动拦截或过滤恶意、非法、色情网络信息，加强对儿童上网安全的保护。

　　技术防范实效显著，受社会欢迎，得企业青睐，为政府重视。其一，在网络上使用"过滤关键词"等新技术，能够方便快捷地过滤信息污染；便于有针对性地处理相关责任人，对于初犯者可以警告和短时间中止其网上活动权利，对于屡教不改者则可以一封到底，封闭其登录网址乃至永久封号。信息污染的猖獗势头得以遏制，网上空间逐步清朗，受到广大网民和未成年网民乃至全社会的普遍欢迎。其二，促进相关企业提升技术防范水平。譬如腾讯在某地的反低俗人工智能算法的服务器曾宕机两小时，导致投诉用户增多，用户流失。据此，腾讯公司在人工智能反低俗、反垃圾、反色情等人工智能模型方面，投入了更多的力量，包括与微软合作，上线之后用户口碑越来越好。其三，技术防范的成效受到政府的重视，以至于政府或可出资或可资助技术防范手段的进步提高。技术防范软件的市场前景看好已是不争的事实，具有经济实力和相关条件的企业无不予以大量投资，有的研发公司直接受国家、政府、部门、机构乃至相关行业、企业的委托进行专门研发，经济效益和社会效益并举。

　　在精准抵御信息污染、规避误伤方面，由于技术水平限制，曾经导致封堵误伤了一些有用信息，今后也不可能完全避免。在精准抵御信息污染，规避矫枉过正方面，互联网内容过滤技术一定要灵活运用，不能一刀切。要根据法律法规、应用领域、文化背景、伦理道德、上网习惯等，进行全面采集以多级分类，根据内容访问者的不同需求，灵活的、有针对性地进行过滤，如允许访问与色情相关的案件、新闻类信息，但不允许访问色情视频、图片、文字等。相信技术防范，但不迷信技术防范，要以人力防范辅助之，否则追悔莫及。

（四）网络信息内容服务平台是技防前沿

当前，抵御信息污染的一个根本特点是，信息污染利用现代信息传馈科技，以互联网和移动互联网为主要藏身之所。这一特点决定了网络信息内容服务平台是技防前沿，重担在肩，责无旁贷。国家网信办在《网络信息内容生态治理规定》中，除了明确鼓励什么，禁止什么，什么是不得制作、复制、发布的违法信息，什么是应当采取措施，防范和抵制制作、复制、发布的不良信息等之外，重点规定了网络信息内容服务平台应有作为的要点。

国家网信办要求网络信息内容服务平台应当履行信息内容管理主体责任，加强本平台网络信息内容生态治理，培育积极健康、向上向善的网络文化；应当建立网络信息内容生态治理机制，制定本平台网络信息内容生态治理细则，健全用户注册、账号管理、信息发布审核、跟帖评论审核、版面页面生态管理、实时巡查、应急处置和网络谣言、黑色产业链信息处置等制度；应当设立网络信息内容生态治理负责人，配备与业务范围和服务规模相适应的专业人员，加强培训考核，提升从业人员素质；不得传播违法信息，应当防范和抵制传播不良信息；应当加强信息内容的管理，发现违法信息和不良信息，应当依法立即采取处置措施，保存有关记录，并向有关主管部门报告；坚持主流价值导向，优化信息推荐机制，加强版面页面生态管理，在重点环节（包括服务类型、位置版块等）积极呈现导向型信息，不得在以上重点环节呈现不良信息；采用个性化算法推荐技术推送信息的，应当设置符合本规定相关条文要求的推荐模型，建立健全人工干预和用户自主选择机制；鼓励开发适合未成年人使用的模式，提供适合未成年人使用的网络产品和服务，便利未成年人获取有益身心健康的信息；应当加强对本平台设置的广告位和在本平台展示的广告内容的审核巡查，对发布违法广告的，应当依法予以处理；应当制定并公开管理规则和平台公约，完善用户协议，明确用户相关权利义务，并依法依约履行相应管理职责；应当建立用户账号信用管理制度，根据用户账号的信用情况提供相应服务；应当在显著位置设置便捷的投诉举报入口，公布投诉举报方式，及时受理处置公众投诉举报并反馈处理结果；应当编制网络信息内容生态治理工作年度报告，年度报告应当包括网络信息内容生态治理工作情况、网络信息内容生态治理负责人履职情况、社会评价情况等内容。

《网络信息内容生态治理规定》要求在重点环节（包括服务类型、位置版块等）积极呈现导向型信息，不得呈现不良信息，对此作了逐一列举——包括互联网新闻信息服务首页首屏、弹窗和重要新闻信息内容页面等；互联网用户公众账号信息服务精选、热搜等；博客、微博客信息服务热门推荐、榜单类、弹窗及基于地理位置的信息服务版块等；互联网信息搜索服务热搜词、热搜图及默认搜索等；互联网论坛社区服务首页首屏、榜单类、弹窗等；互联网音视频服务首页首屏、发现、精选、榜单类、弹窗等；互联网网址导航服务、浏览器服务、输入法服务首页首屏、榜单类、皮肤、联想词、弹窗等；数字阅读、网络游戏、网络动漫服务首页首屏、精选、榜单类、弹窗等；生活服务、知识服务平台首页首屏、热门推荐、弹窗等；电子商务平台首页首屏、推荐区等；移动应用商店、移动智能终端预置应用软件和内置信息内容服务首页、推荐区等；专门以未成年人为服务对象的网络信息内容专栏、专区和产品等；其他处于产品或者服务醒目位置、易引起网络信息内容服务使用者关注的重点环节。

如此细致入微的技术性规定，指明了目前网络平台上所有可能的藏污纳垢之地，操作性极强，织就天罗地网，捕捉蛛丝马迹，使信息污染制传者无缝可钻，使怠惰慵懒者振作起来，使奉公守法者心悦诚服。

（五）努力提高技术防范水平

1. 重视技术防范的基础性研究

技术防范的基础性研究是不断提高技术防范水平的前提。本书不探讨技术防范的纯技术问题，只是强调在激烈的国际竞争情况下，鉴于技术防范事关确保信息安全、抵御信息污染，必须注重提高技术防范水平，为此必须持之以恒地进行技术防范的基础性研究，以谋求突破，或在原有基础上更新换代，取得质变的提高，或另辟蹊径，独树一帜。

在过滤软件技术的研发方面，有些国家先行一步，成果令人称羡。例如美国拥有众多知名的、在国际社会上有竞争力的过滤软件，其中一种名为"食肉动物"的软件是世界上技术水平最高的过滤软件之一，误封少，受到网民欢迎。又如微软公司开发出 PhotoDNA 技术，可为每一照片分配一个独立的"指纹"，只要照片被分享，就能被追踪，用以打击寄存儿童色情图片的"宿主网络"。再如谷歌研发的视频追踪技术 VideoID，按照世界各国政府的要求，限制非法信息的扩散。谷歌搜索引擎搜索到的内容不会显示非法内容，如搜索色情信息，在谷歌网页上会出现"你所搜索到的……属于非法信息而未予显示"；搜索结果中还提供链接，注明"谷歌接收合法的投诉，根据投诉，谷歌可以从搜索结果网页或所保存的网页中删除相关内容"。

2. 技术防范软件理论、设计、技艺亟待创新

在一定时期使用外来的技术防范软件是无可非议的，我们也要相信相关软件开发公司是遵守法纪和双方协议的。但是，鉴于相关技术存在"预留后门"的可能、相关国家的技术公司存在听命于该国情报部门的可能，为了不受制于人，规避出大乱子，掌握技术方面的主动权实属必须。应该高瞻远瞩，横下一条心，埋头苦干几年、十几年甚至几十年，在技术防范软件理论、设计、技艺方面走出创新之路。

诚信不容"换外套"，创新不容"山寨版"。买来他人的产品，扒掉封皮，穿靴戴帽，伪装成自己的产品，是违法的。按照别人的理论、设计和技艺照猫画虎，亦步亦趋，结果可能是"画虎不成反类犬"，永远处于"拾人牙慧、拾人唾余"的地位和水平。

3. 加大资金投入

依据技术防范软件应用的领域、级别、范围等，要积极创造条件，使得技术人员放开手脚，没有后顾之忧。务必规避无米之炊、画饼充饥和捉

襟见肘、难以为继的局面出现在技术防范软件的研制开发上。

抵御信息污染的技术防范软件的研发，是利国利民的好事，社会效益显著，经济上也必然获得回报，不仅是根据研发合同获得相关收益，相关软件的普及推广更有可能利润滚滚而来。在这一点上，软件公司无疑是经济效益和社会效益双丰收。

4. 做好技术防范软件的安装和运行

技术防范软件研发结束，经过测试达标，试运行成功，就进入后续环节。根据专用性的级别高低，在不同范围安装使用。特别是在全国范围内普遍使用的技术防范软件，需要有序推进，普及到位。

三、三大教育

在现代社会，一个人从呱呱坠地到长大成人，必须依序经过家庭教育、学校教育和社会教育的完整教育过程。为了完成这三大教育的任务，既需要家庭、学校、社会三方面强化自身、各负其责，又需要群策群力、相互协调。学习科学知识，热爱人类和平，保护自然环境，尊重生命价值是 21 世纪的基本教育。

在三大教育过程中，必须贯彻执行《中华人民共和国未成年人保护法》，实行教育和保护并举。三大教育是抵御信息污染的重要阵地，不可置顾放弃或忽视大意，必须屏蔽或减少信息污染对于未成年人的侵扰，以确保孩子们在家庭中、中小学生在学校、未成年人在社会受到应有的教育和保护。

（一）家庭教育与抵御信息污染

家庭教育是在家庭生活中，由家长对子女实施的教育，亦即家长有意识地通过自己的言传身教和家庭生活实践，对子女施以一定教育影响的社会活动。现代教育观念强调家庭教育是生活中家庭成员（包括父母和子女等）之间相互的影响和教育。

在三大教育抵御信息污染问题上，家庭教育位居首位。在泥沙俱下的信息海洋中，信息污染杜而不绝已是不争的事实，完全彻底地消灭这些信息污染难度极大。未成年人对新鲜事物好奇，缺少完全克制自己的能力，容易成为电子产品的奴隶，更容易成为信息污染的最大受害者，特别是缺少家庭关爱的孤独孩子和对新鲜事物好奇的孩子更容易受信息污染的诱惑。从孩子的健康成长和家庭的长远利益考虑，家长必须让孩子远离信息污染。

当前家庭教育的基本矛盾是进行家庭教育的时间问题。据调查，有超过80%的家长希望了解孩子上网浏览的内容，对孩子上网时长的管理需求日益增加；同时对于信息污染忧心忡忡，有43.19%的家长表示目前手机上网"很不适合青少年，极有必要设立青少年专区"，表示"较有必要"的比例达到31.70%，二者之和已达参加调查家长总数的四分之三，家长最头痛的是难以控制他们的子女接触信息污染。实际生活中，家长忙于立业，有其心无其力，监管力不从心。作为家长，必须先从自己做起，提高认识，辩证地认识工作与家庭教育的关系。工作是长远的，而家庭教育的阶段性特点极强，俗语说"过了这村儿没这店儿"，错过了对孩子进行抵御信息污染的家庭教育的最佳时间段，补救不及。

家庭是基础，保护孩子不受信息污染侵扰的最有效办法是从家庭做起。家庭的快乐能预防网民特别是未成年人沉迷网络，亲人间的有效沟通能避免未成年人受到信息污染的侵扰。父母必须成为孩子的好榜样，杜绝家庭精神污染（父母粗野的语言、暴躁的脾气、乖僻的个性、不良习惯、不良嗜好以及父母感情不和、关系紧张等）的出现。要给予孩子更多的关爱，家人都减少使用手机和其他电子产品，增加与其他人相处和交流的时间，共同读书、运动、交流等，让孩子在父母的陪伴中感受亲情的温暖和被关注的心理满足。要引导他们接触有益的事物，要带领孩子走出家门，接触自然，接触社会，让孩子知道世界上有更多更好玩的东西——在室外的亲子乐园中春学插秧、秋学收割，合家远足、游览观光等；与孩子沟通，交流关于合理利用手机软件促进学习、有效工作和方便生活的心得，让孩子养成习惯，主导手机，掌控自我。简言之，就是给孩子创造一个干净的空间，让信息污染没有市场。

正面引导，规避信息污染。在给予未成年人亲情关爱的同时，不能回避信息污染侵扰，要正面回答孩子们的有关提问，向他们讲解网络垃圾的危害。也要采取一些强制性措施：将上网电脑安放在家庭的公共房间，绝不放在未成年人房间，坚决禁止孩子在成人网站上聊天漫游，禁止孩子与网上的陌生人对话；要注意随时察看孩子登录过的网站，细心观察孩子的情绪变化，及早发现、制止和纠正孩子的不良行为，防止孩子因信息污染而走下坡路和犯罪。在未成年人接触手机问题上，父母应该做严格的掌权者，必须尽早干预，制定严格的规则加以执行，不要破例留情。众所周知，当前我国的家庭教育面临诸多问题，例如熊孩子问题、所谓输在起跑线问题、游戏成瘾问题、花季暴力问题等。有谁能说这些问题与信息污染完全没有瓜葛？"当孩子在现实中遇到困难，才会在虚拟世界里待着"，此语的个中滋味令人琢磨。

不同年龄段的孩子所需的家庭教育有所区别。对于 0 到 6 岁的孩子、7 到 12 岁的孩子、13 到 18 岁的孩子，家庭教育的方式方法是不同的，各有针对性。沉迷于电脑和网络的孩子们，其个人特点也差别较大：既有在现实生活中缺乏信心和成就感的孩子，也有好奇心强、喜欢钻研的孩子，还有喜欢热闹可现实生活中暂时满足不了其社交愿望、领导愿望的孩子等。上网的孩子思维活跃，基本素质较好，他们上网的目的无非寻求娱乐，寻找朋友，搜索信息。而这些年龄偏小、较为单纯的学生是虚拟世界的弱势群体，极易被某些别有坏心的人所利用，或被信息污染俘虏。家长要当好孩子的心理辅导老师和朋友，做孩子的网友，在网络技巧的切磋中让他认识到社会的复杂，为孩子上网设个思想上的防黄墙，孩子主动防范信息污染，效果往往事半功倍，才有可能使他遇到棘手的问题时会开诚布公的和家长说、向家长求援，才有可能避免意外的发生。引导不同年龄段的孩子安全接触手机和健康使用手机，基本点在于尽可能远离网络环境。

家庭教育切记得法，切忌急躁。家长在指导和帮助孩子抵御信息污染过程中要付出长期的爱心、耐心与智慧。未经调查研究，简单、粗暴的批评干涉，会失掉了孩子对家长的信赖；操之过急、快刀斩乱麻，企盼一蹴而就，往往只能解决表面现象。孩子渴望的是朋友型的师长，而不是说教型的管家婆。家长既不能对孩子上网采取不闻不问的放任态度，那无异于饮鸩止渴；又不能因信息污染而抵制、杜绝网络，那无疑是因噎废食。在劝解孩子少玩 iPad、多读书问题上，有一位家长有独到见解 —— 她清醒地认识到，"想实现这个目标，绝对不能靠禁止或没收"，无论如何，必须保持父母与孩子之间沟通的渠道，"守住底线，绝不为电子产品和孩子发生冲突"，"没有任何现实的获益，值得我去破坏我们之间的关系。有关系在，作为父母的影响力就在；关系破坏了，一切都得不偿失"。

（二）学校教育与抵御信息污染

学校教育是教育者依据一定的社会要求，依据受教育者的身心发展规律，有目的、有计划、有组织的对受教育者施加影响，促使其朝着所期望的方向发展变化的活动。在学校教育过程中，必须遵循《中华人民共和国未成年人保护法》实施教育与保护并举。

我国的教育目的是培养德、智、体、美、劳全面发展的一代新人，教育过程中会遇到数不胜数的新问题。抵御信息污染既是新问题又是老问题，具有长期性；任重道远，需要一代又一代学校的领导者、管理者和教师付出心血。当前，日益开放的校园与外部网络环境形成了复杂多样的联系，在进行传统的学校教育的同时，教育者和受教育者共同面临如何抵御信息污染这一严肃的问题。

教育管理者的指导思想务必端正。2017 年 8 月底，某中学校长的开学致辞在网上传开："天将降大任于斯人也，必先卸其 QQ，封其微博，删其微信，去其贴吧，收其电脑，夺其手机，摔其 iPad，断其 WiFi，剪其网线，使其百无聊赖，然后静坐、喝茶、思过、锻炼、读书、弹琴、练字、明智、开悟、精进，而后必成大器也！谨以此文，献给开学的孩子们。"乍一看，不愧为一篇声讨檄文，矛头所向，直指家庭、学校和社会最为无可奈何的手机等电子设备及网络，真是解气！仔细一想，如此来势汹汹、声色俱厉、恨不得将电子设备斩草除根，为的是什么？从中学校长看，可能为的是升学率，这样做岂不是被应试教育牵着鼻子走？或者为的是未成年人能够专心学习，再一想，当今要完全不使用智能手机等电子设备，可能吗？从幼儿园至大学，哪个阶段不是早已普遍使用网络传输信息？所以此类过于激烈、情绪化的说教是不合时宜的。

教师在抵御信息污染中仍然处于主导地位。学校教育的主导者是教师，以传道授业解惑为己任；称呼教师为"先生"，而"先莫先于修德"，师德决定教学效果，任是何种教育，概莫能外。当今教师的"修德"，理所当然包括抵御信息污染；很难想象，一个不注重个人修养的人能够成为合格的教师、能够给予学生以身体力行的指导。在建立适应信息技术时代教育者队伍时，除了要求教师掌握使用电脑、网络的技能，利用现代化教学手段进行课堂教学外，应该要求教师熟悉网络道德规范，提高自身的网络道德修养，为人师表，率先垂范，做好青少年学生网络道德教育的模范，确保教师示范对学生上网的正面导向作用。

学校要掌握引导学生的主动权，重在奠定网络素养和网络道德的基石。学校要重视青少年的自主意识，引导学生正确认识电脑网络和智能手机移动传馈，注意将网络素养教育和网络道德教育揉入授课之中，培养学生树立正确的网络观和网络道德观。注重开展网络道德教育，形成学生对网络道德的正确认知。要使学生了解网络社会的复杂性，认识到网络对人既有正面影响，也有负面影响；教会青少年如何获取信息，更要培养他们学会选择和甄别信息的能力，增强他们道德判断能力，指导他们学会选择，识别良莠，提高青少年的识别力、免疫力，提高个人修养，养成道德自律。学校教育要教育学生注意抵御信息污染，在对与错、应该与不应该、道德与不道德、守法与违法等问题上作出正确的判断和选择，避免认识模糊、是非糊涂、立场动摇，甚至做出不应该做的事情。正确的基石奠定了，学生就能够自觉主动地屏蔽网络中的信息污染、恶作剧行为、攻击行为等。

学校要把抵御信息污染作为系统性工程。法治与科学化规范化管理，是未成年人网络道德形成的基础和起点，学校要以多种环节辅助抵御信息污染。其一是结合办学理念和独特优势建立有特色的校园网站，创设有特色的网络校园文化，营造良好的校园网络氛围。可以开设校园网站、教师和学生的个人主页等，可以开展网页制作竞赛，可以开展适当的争论等。其二是利用校园网开展网络心理咨询服务，包括心理学知识、心理测试、心理治疗、心理咨询案例分析、网络心理等，对于沉迷于网络的"网虫"、网络游戏的"瘾君子"、有难言之隐的个体等开展各种心理辅导。其三是贴近生活，注重实践，注重结合现实世界生机无限的社会生活，以社会实践教学、班级课余活动和组织教育等形式，广泛开展丰富多彩的亲近自然、贴近社会的活动，既可以满足学生的自主成长、表现自我、社会交往、体验新奇等心理需要，有利于培养社会公德心和良好道德习惯，又可以帮助未成年人积累社会经验，提高认识水平和审美能力，促进其思想的成熟，从而增强其对不良信息的抵抗力和免疫力。其四是与社会教育相结合，加大课外活动阵地建设，充分发挥面向青少年学生的相关活动中心、体育活动基地、图书馆等课外活动阵地的作用，通过形式多样的文体活动、科技活动和社会实践活动等，丰富学生的课余生活。

学校要正确引导与网络有关的行为。学生年龄较小，好奇心强，因未涉社会或初涉社会，社会经验较少，容易追随时髦而违反社会公德或传统文化；同时学生的可塑性强，及时告知指导，也容易纠正。例如对于网络语言，学生往往为了表示自己前卫，口中或笔下使用网络语言。网络语言不应该全盘否定，但是其中违反中华优秀传统文化的不规范语言、违反社会公德的粗俗语言，亟须毫不留情地坚决剔除。学校和教师要有意识地引导学生比较网络语言与传统语言的异同，分辨网络语言的优劣，吸收好的网络语言，摒弃不好的网络语言。又如网络游戏能够引人入胜，令人欲罢不能的网络游戏有其独到之处，这不应该成为否定网络游戏的理由。要因势利导，教育学生了解沉迷于网络及网络游戏的严重危害性，意识到网络游戏的本质，不可沉迷其中；同时正确处理学习与游戏的关系，分配好有限的时间。再如必须关注社会上的流行歌曲。当年拨乱反正之际尚无网络，仅靠广播就使《天涯歌女》等风靡神州，人人哼哼唧唧"郎啊，咱们俩是一条心"，以至于幼儿园的孩子们不解"老师与大灰狼一条心"。网络及其他媒体的快捷传播，往往能够迅速掀起某一歌曲的热潮，令学校猝不及防。《新鸳鸯蝴蝶梦》妇孺皆知，"不如温柔同眠"脍炙人口。《纤夫的爱》传遍全国，"让你亲个够"堂而皇之。前些年大江南北《小苹果》风行一时，"怎么爱你也不嫌多"传遍校园。最后，学校应该积极主动探索应对某些社会现象（校园霸凌事件、熊孩子等）的对策。

（三）社会教育与抵御信息污染

社会教育有广义和狭义之分，广义的社会教育是社会生活中旨在有意识地培养人、有益于人的身心发展的教育；狭义的社会教育，是指学校和家庭以外的社会文化机构以及有关的社会团体或组织，运用一切文化教育设施对社会成员所进行的教育。在这里，从教育者和教育资源而言，是社会文化结构动用社会文化资源来施教；从教育对象而言，是面对所有社会成员的教育。

现代社会教育是学校教育的重要补充，具有不可替代的作用。我国的社会教育主要由文化馆（站）、少年宫、图书馆、博物馆、纪念馆、广播电台与电视台等机构进行。家庭教育的孩子、学校教育的学生，都是未来社会的正式成员，都是社会发展各项事业的接班人，社会教育与家庭教育、学校教育一脉相承，都是在为社会培养人。社会要求未成年人扩大社会交往，充分发展其兴趣、爱好和个性，广泛培养其特殊才能；未成年人的全面发展、思想品德培育、知识能力的培养等需要在学校教育、家庭教育之外持续进行，使得未成年人成长的所有时间空间都处于可控的、积极的、健康的教育过程中。由此可见，社会教育在现代社会具有的极其重要的意义，是现代社会教育体系中不可忽略的部分。学生的特殊兴趣爱好经过社会教育，有利于增长才能、形成社会所需的特长，为走上社会做好准备。社会教育以突出的形象性，与其深刻性、丰富性、独立性相辅相成，能将分散的、自发的社会影响纳入正轨，培养学生动脑动手，独立运用自己的知识和智慧去发现问题、分析问题、解决问题，培养学生积极参加社会活动的能力。我国各行各业的人才中，相当比例的人在未成年人阶段都受过因材施教的社会教育。

社会教育有助于对未成年人播下先进文化的种子。从人民政府为开展群众文化工作，活跃文化生活而在城乡设立的事业机构文化馆（站），到适应青少年和儿童文化生活的多种需要而设立的青少年和儿童校外教育机构（青少年宫、青少年之家、青少年活动站）；从收集、整理、保管并利用图书情报资料为社会政治、经济服务的文化教育机构图书馆，到陈列、保藏、研究物质文化和精神文化的实物以及自然标本，以社会全民为施教对象的文化教育事业机构博物院；从纪念重大革命事件或有重大贡献的历史人物的文化教育事业机构纪念馆，到运用无线电广播和电视向广大成年人和未成年人有计划地播送专题节目，从而进行教育的广播电台和电视台等，都应利用现有的文化资源，因时制宜、因地制宜、因事制宜地开展社会教育活动，最大限度地发挥现有文化资源的作用，并不断补充、完善和发展本机构的文化资源，为包括未成年人在内的公众提供更为健康的文化营养。

社会教育是抵御信息污染的坚实基地。由于社会环境的复杂性，保护未成年人权益需要全社会的共同参与，这不仅是为了未成年人，说到底，更是为社会自身的稳定和发展。社会上有良知的民众和网民纷纷呼吁，要求抵御违法信息和不良信息，根治信息污染影响下的社会丑态。文化馆（站）、少年宫、图书馆、博物馆、纪念馆、广播电台与电视台等，可以依据已有的文化资源，有针对性地、有论有据地进行批判和抵御，使未成年人大开眼界，明了历史和现实，继承中华先进文化，传承革命先烈和英雄模范的精神，跳出迷信的藩篱，摒弃颓废，远离谣言和虚假新闻等。面对未成年人举办的活动，都应运用有益的、健康的、优良的信息，发挥传馈的正功能、正面作用和正面影响，推动社会稳定运行和进一步发展。

社会教育必须重视培育网络先进文化。相关文化机构应加大青少年活动阵地建设，开展形式多样、多彩缤纷的文体活动、科技活动和社会实践活动等，丰富未成年人的课余生活，使他们感受到现实生活的快乐，不会因单调、乏味的书本学习而沉迷于网络世界。在互联网（含移动互联网）成为信息传馈的最先进工具的今天，为了有效地抵御信息污染，相关社会教育机构应该注重建设标准规范的公共电子阅览室、未成年人活动中心、绿色网吧、数字图书馆等，不断丰富和充实未成年人喜闻乐见的数字资源。有关部门要从硬件、软件两个方面增加投入，加大青少年网站的建设力度，建立一批适合未成年人浏览的绿色网站。相关社会教育机构要开设未成年人心理健康辅导站，开展专家"门诊"，通过个体与家庭、与学校、与社会的心理咨询、心理治疗等，为未成年人提供心理辅导服务；对于沉迷于互联网的未成年人及时进行综合干预，帮助他们回归正常的社会生活，保障身心健康地成长。

街道及社区作为我国居民自治制度的基层组织，也是社会教育的组成部分。可以借助优秀的家庭教育典型、特别是家庭教育如何抵御信息污染的先进经验作示范。街道社区周围一般毗邻中小学校，可以借助于学校的技术力量和抵御信息污染的成功经验，办好街道社区的网络活动室，推动街道社区相关工作开展，实现家庭教育、学校教育和社会教育在街道社区交集。平时，街道社区可以组织适合于未成年人参加的多种活动。虽然寒暑假期的时间有限，街道社区的空间有限，但不能削减街道社区对于未成年人施行教育与保护并举的责任，完全可以因时制宜、因地制宜、因事制宜开展丰富多彩的社会教育活动，履行保护未成年人、抵御信息污染的职责。

（四）三大教育协调共进

家庭教育、学校教育和社会教育是抵御信息污染的物质基地，是抵御信息污染的推动力。

1. 三大教育的宗旨一致

三大教育各自具有无可替代的地位和十分重要的作用，在抵御信息污染上，唯有三大教育交织作用方能收效最大。三大教育三位一体，是整个抵御信息污染对策体系不可或缺的组成部分。抵御信息污染强调综合治理，三大教育的相互协调正是相关对策共襄大局的体现。

在抵御信息污染问题上，三大教育宗旨是一致的，都是为了塑造受教育者的世界观、人生观和价值观。为此，三大教育需要相互协调，既要规制未成年人的网络行为，又要强调未成年人的保护，要处理好教育与惩戒的关系等。三大教育重在促进未成年网民的意识提高和能力建设，确保他们享有网络权益和机会，教育引导他们使用新技术和新社交媒体，鼓励他们开展安全、负责任的上网行为；预防和纠正、矫正他们不当的网络行为，教育他们识别、规避风险，加强与他们的沟通，鼓励他们告知其上网行为及信息污染，在采取预防和保护措施时听取他们的意见等；促使受教育者抵御信息污染的意识提高和能力发展，以逐步自觉达终身自律，走向自觉抵御信息污染。

2. 三大教育拥有共同的教育要素

人们讨论教育时经常提到"情、知、行、意"四要素——知即认知，情即情感，意即意志，行即行为。

"情"即"动之以情"。从事一项活动，是否喜爱、有否兴趣情趣、肯否付出，决定着活动成效的大小甚至成败。面对父母亲友的盼望、人生成才的意义、社会的要求，受教育者是否愿意抵御信息污染、成为一个健康健全的人，是三大教育能否收效、收效多寡的先决条件。

"知"即"晓之以理"。三大教育抵御信息污染是要使受教育者知道信息污染的危害：侵扰人的精神世界，干扰人的全面发展，扰乱人的正常成长，危害社会稳定，这就是我们要使之知晓的"理"。

"行"即"导之以行"。先知而后行，"知"的本质是认识世界，"行"的本质就是改造世界，改造自身的原有状态。所谓"导"即三大教育的教育者担负着指导和引导的责任。

"意"即"励之以恒"。意即意志，包括毅力和自控力。毅力主要用于对客观外界，贯穿于抵御信息污染的始终；自控力主要用于对主观自身，首要表现在自我控制能力上。对于受教育者的"意"，教师的根本对策是"励"，其一是正面的、直接的、无需掩饰的鼓励，其二是侧面的、迂回的、间接的激励。

动之以情，晓之以理，导之以行，励之以恒，是三大教育过程不可或缺的四个要素。教育者应该从宏观上结合抵御信息污染的实践，从情、知、行、意四个方面把握整个教育过程，特别是未成年人的自我认识、自我评价、自我选择、自我体验、自我调控。受教育者要有意识地从情、知、行、意四个方面积极调整自己，不断地发展自我教育能力，强基固本，增强自觉性和主动性，适应抵御信息污染的具体实践，使抵御信息污染收到更大的成效。

3. 三大教育协调动作的基本着力点相同

三大教育抵御信息污染的基本着力点是一致的。应该协调一致，前承后续，各扬所长，取长补短，尽可能地占用学生更多的时间，尽可能减少学生独自使用数字化设备、独自上网的时间。在现实生活中，相近和相熟的学生家长可以为孩子安排几个家庭的联合郊游；家长、学校和社区积极沟通，举行班级篮球赛、足球赛、小区乒乓球赛、读书会等；也有的企业积极配合三大教育，发布手册指导家长应对孩子玩游戏。家庭教育、学校教育和社会教育应该进一步携手，为未成年人创造一个安全干净的空间。

应该指出，三大教育携手促成未成年人规避信息污染，从态势看还是属于被动防御，总不如在互联网（含移动互联网）上根除信息污染来得直接主动。如果能够管控信息污染的制传者，根除或至少大幅度减少信息污染，未成年人打开电脑或手机，是一片绿色的清朗空间，那将是家庭、学校和社会求之不得的。

第三节　强化自律机制

在社会生活中，为了社会的有序运行和交往的正常开展，集体和个人的自律是必要的。在信息污染侵扰成年人和未成年人、影响社会稳定和社会发展的情况下，更需要集体和个人的自律。其中，信息处理和信息传输企业的自律、信息制传者的自律和信息受传者的自律更是抵御信息污染全局的重要环节。

一、强化企业自律

对企业而言，与信息污染相关的主要是互联网企业，即那些从事互联网运行服务、应用服务、信息服务、网络产品和网络信息资源的开发、生产以及其他与互联网有关的科研、教育、服务等活动的企业。其中一些教育企业主要负责普及互联网知识，培训相关技术人员的操作技能；一些企业主要负责互联网相关设备、软件的安装、调试、运行、维修、故障排除等；一些企业主要负责技术防范软件和电脑、智能手机的开发、研制和升级换代等。与抵御信息污染直接相关的是相关企业中的网络服务提供商、信息内容提供者、运营商等。

（一）明确主体责任

排除间接的、次要的因素，我们看到，与抵御信息污染关系最为直接的，是那些网络服务提供商、信息内容提供者、运营商等，他们在抵御信息污染方面担负的责任各有侧重。必须明确网络服务提供商在防范未成年人浏览、接触违法信息和不良信息方面应建立的管理制度、技术措施和法律责任；明确信息内容提供者、互联网接入提供者、运营商等不得利用网络向未成年人传播、复制、发布、提供违法信息和不良信息的管理制度、技术措施和法律责任；对各类网络服务提供者建立严格的准入制度，明确其经营范围和行为规范，严格法律责任。

在抵御信息污染的链条中，网络服务提供商、信息内容提供者、运营商等处于特殊的位置，位于信息污染与信息接受者之间的必经之路，是距离污染源最近的一道关口，理所应当是技术防范的首要落脚点。只要网络服务提供商、信息内容提供者、运营商等相关企业履职尽责，就可能把信息污染消除在萌芽状态或露头之始，根除其扩散的任何可能。只要把好横亘在信息污染与信息接受者之间的这一关，信息污染就不能到达信息接受者，这是抵御信息污染的第一关，是抵御信息污染整个大局的重中之重，关系到抵御信息污染成败，责任至关重要，重任不容推卸。

在党和政府的领导下，在相关行政管理和行业协会的辅助下，提升上述相关企业抵御信息污染的责任感和相关条件，完全有可能把住这一关口，切断绝大部分信息污染扩散的途径。当然，如此判断并不意味着减轻管理部门的责任，其他多方面因素需要协调并举。具体说，从上到下看，有互联网的各个层级，从网站、平台直至社会上的网吧；从传输内容上看，无论是图文资讯，还是游戏软件；从传输渠道和信息归宿看，星罗棋布、数不胜数的网站、社区、论坛、新闻跟帖、聊天室、客户端、博客、微博客、即时通讯工具以及各类互联网群组都可能是信息污染的藏身之所，都负有抵御信息污染的重要责任。

为了承担好抵御信息污染的重任，网络服务提供商、信息内容提供者、运营商等相关企业一方面在内部要加强企业自律，另一方面在外部要接受行业组织的行业规范和自律公约的他律。

（二）加强企业自律

1. 正确处理经济效益与社会效益的关系

我国对于经济效益与社会效益辩证统一的认识始于改革开放。从1984年10月召开的中共十二届三中全会通过的《中共中央关于经济体制改革的决定》，到1986年9月召开的中共十二届六中全会通过的《中共中央关于社会主义精神文明建设指导方针的决议》，再到1996年10月召开的中共十四届六中全会通过的《中共中央关于加强社会主义精神文明建设若干重要问题的决议》，都从不同角度论及精神产品的经济效益与社会效益。综合党和政府的相关文件精神，相关基本点在于："文化企业提供精神产品，传播思想信息，担负文化传承使命，必须始终坚持把社会效益放在首位、实现社会效益和经济效益相统一"；"要正确处理社会效益和经济效益、社会价值和市场价值的关系，当两个效益、两种价值发生矛盾时，经济效益服从社会效益、市场价值服从社会价值，越是深化改革、创新发展，越要把社会效益放在首位"；"科学合理设置反映市场接受程度的经济考核指标，坚决反对唯票房、唯收视率、唯发行量、唯点击率"。

社会生产区分为物质产品的生产与精神产品的生产。所谓经济效益是物质生产投入与产出之比，即以尽量少的劳动耗费取得尽量多的经营成

果，或以同等的劳动耗费取得更多的经营成果。社会效益是指最大限度地
利用有限的资源满足人们日益增长的物质文化需求。在现代社会中，社会
效益与经济效益是有机统一的——追求经济效益不等于一定损害社会利
益，坚持社会效益第一并不意味着放弃经济效益。公共媒体企业生产和交
换的商品和服务本质是精神产品，互联网企业所提供的产品和服务本质上
也属于精神产品，直接或间接影响到民众或网民的精神生活，必须正确处
理社会效益与经济效益的关系。

　　与抵御信息污染直接相关的是精神产品，精神产品的生产同样存在
社会效益与经济效益的矛盾，需要正确处理。满足社会需求的口号是片面
的，因为社会需求是复杂的——是满足低级趣味的需求，还是满足积极
高尚的需求。从事精神产品生产的个人和企业，不能瞄着人性的弱点赚
钱。所谓的人性弱点，就是人的理智和良心被肉体的冲动所战胜，表现为
贪婪、淫荡、恶毒、污秽、嫉妒、无端的仇恨、诡诈、狂傲、背信弃义、
缺少怜悯等，诱使人走向消极、萎靡，甚至犯罪。这些与人类倡导的美好
品质，如仁爱、喜乐、和平、忍耐、恩慈、善良、信心、温柔、节制等背
道而驰。

　　我国商业网站中存在的色情、暴力、污言秽语、暴露人隐私等，表现
形式多种多样，无不具有一个共同的特点，就是利用人性的弱点，以带有
挑逗性的图片、隐藏角落的黄色和近似黄色的东西，与一些网民心照不宣
地互动，吸引人不由自主地点击上网，增加点击率，从而实现商业目的。
一些著名商业网站和一些相当正规的网站尚且不免如此的小动作（业内人
士对此并不避讳），更何况那些违法的裸聊网站了。它们步步为营地影响
社会风气，干扰精神文明建设。对于成年网民，迎合一些消费者畸形阴暗
丑陋的心理，在猥亵的笑闹声中，满足或宣泄不健康的心理；对于未成年
人，一些地方未成年人自由进出网吧的资讯绝非少数，而是屡见不鲜，网
吧成为网站违法违规货色的"下家"。更有某些并非生产精神产品的机构，
放弃本职业务，"正道不走走歪道"，污染社会风气。譬如武汉市江岸区上
海街一家为婚姻介绍、房屋租赁提供信息服务的机构，打出可以受托为市

民"寻找初恋情人"的服务广告,迎合了社会上找情人、婚外恋等不良风气,与社会主义婚姻家庭道德观念相违背,传媒报道后舆论哗然。根据民政部领导批示,武汉市民政局会同江岸区民政局联合调查,认为该机构的做法超越了民政部门审批的服务范围,并非便民利民服务,最终收回了他们的营业证书。美好的初恋应当留在心中,作为自我一种美好的回忆,违反传统道德的"寻找初恋情人"已经使感情变味。

2. 自律承诺、主动作为是企业自律的自然表现

除了公共媒体企业,党和政府把抵御信息污染的重任赋予相关互联网企业,落脚点之一就是实行"责权利"相结合,赏罚分明 —— 在其位,谋其政;行使其权,获取其利,罚迫其责。如有信息污染出现甚至畅行无忌,唯相关互联网企业是问。企业正确处理经济效益与社会效益的关系,经营思想守法正确,经营之道自然广阔,必然调动起抵御信息污染的积极性、主动性和自觉性,采取各种技术手段强化监控,不给信息污染扩散的机会,使网络成为真、善、美的场所。

例如各大网站能够认真对待抵御信息污染,积极性、主动性和自觉性逐步增强。据新华社北京 2004 年 8 月 6 日电,为了给广大未成年人创造绿色网络环境,全国各大商业网站自查自纠,全面清理涉"黄"信息,提升自身的网络品牌。新浪网将"周末精选"、首页"两性"和精彩专题等有可能涉及黄色的两性专题全部删除;搜狐网一天之内删除信息污染 3000 多条,有害网页 10 个;网易从女性频道、新闻中心、娱乐频道中删除"走光""写真""性骚扰" 3 个栏目及近 100 篇有色情嫌疑的文章和图片。各网站还增加设置关键字或关键词,采用过滤技术,禁止在聊天室、新闻跟帖、评论等平台制作、传播信息污染。各大网站还加强了对电子邮件、短信、链接的管理。新浪网每天过滤色情信件几十万封。千龙动漫娱乐网取消绝大部分商业性网站的广告链接。经过门户网站全面"扫黄",各大网站集中对网上色情、淫秽等不良信息进行了全面清理,共查出有色情淫秽嫌疑的网络信息近万条,包括色情电影、色情图片、色情交易平台、色情服务留言等。当然,眼下越是战绩赫赫,越说明此前信息污染之猖獗,

越说明抵御信息污染的必要性。

又如腾讯公司高度重视抵御信息污染，把未成年人网络保护工作上升到公司战略的高度。马化腾在全国两会上提出了"关于加强未成年人健康上网保护体系建设"的议案，呼吁全社会共同构筑未成年人网络保护的"同心圆"；公司成立"保障未成年人健康安全上网联合项目组"；创立"企鹅伴成长"儿童权利保护品牌，以清晰的活动标识，将未成年人保护行动置于统一的项目管理之下，树立了业内保护未成年人权益的品牌和标杆。公司协助各级主管部门深入开展网络环境治理，对于给未成年人带来威胁的信息污染，坚决地予以处置；持续开展网络谣言、网络暴力欺凌等信息污染的清理工作。公司积极参与未成年人网络素养的提升工作，打造了品牌项目"腾讯安全课"，走进了数十所学校，深受广大未成年人以及老师的欢迎。公司积极参与国际合作，正式与联合国儿童基金会签署战略合作协议；并作为中国企业界的唯一代表，加入 WePROTECT 保护未成年人联盟。

再如 2011 年《北京市微博客发展管理若干规定》实施以后，微博即按照该规定，要求所有新注册用户进行实名验证，同时引导在该规定实施以前注册的老用户进行实名验证。验证方式按照前台自愿、后台实名的原则，要求用户完成手机号码验证。

抵御信息污染的最终落脚点在网站、平台。在党和政府提出的加强网络文明建设的"四个文明"中（即提倡文明上网，做文明网民；倡导诚信守法经营，办文明网站；倡导理性自律，倡文明表达；调动各方力量，创文明环境），最为重要的是坚持诚信守法经营，创办文明网站。依法办网、文明办网，不仅是广大群众对网站的殷切期望，也是网站自身发展的根本保证。各互联网企业诚信服务、依法经营，正确处理社会效益与经济效益的关系，始终把社会效益摆在首位。各个网站特别是知名网站，在网民中很有影响力，对其他网站有示范作用；他们加强自律，依法办网、文明办网、诚信办网，加强自我管理、自我约束，切实把好网站信息发布的导向关，提供更多更好的网络文化产品和服务。

3. 警惕困兽犹斗的新伎俩

违法违规经营的某些企业，无论采取什么经营策略方式，总是赤裸裸地表现出对于金钱的贪婪和追求，笃信金钱第一、唯利是图使他们迷失了经营方向。他们为了应对抵御信息污染法律法规的实施，在手段上大打技术型擦边球。他们违法转载新闻信息、散播黄赌毒、传播淫秽色情信息、传播谣言、散布暴力恐怖诈骗等信息，破坏正常的网络秩序，侵犯公共利益。一些公司急功近利，战略上短视，过度追求经济指标和短期爆发，甚至一些知名大公司屡屡突破商业道德的底线。在硅谷曾经十分盛行的"增长黑客"一词，其意是以黑客为手段谋求商业利润——亦即以见不得人的低级甚至下流手段，以传统商业逻辑里被视作灰色地带的某些策略，满足客户的违法违规需求，通过在相关软件和设备上"开后门"，侵入隐私，传播低俗信息，给自己公司的业务带来"魔法"般的增长，对此还沾沾自喜称之为有效增长。说穿了，这种手段不光彩，是走"野路子"。

网络直播行业的可观利益，促使资本在近年来不断涌入；由此衍生的网红经济与某些公众的猎奇心态相互推动，导致侵权和低俗等乱象频出，一些出格的直播表演甚至还酿成悲剧。违法违规经营的某些企业，唯利是图，总是抱着侥幸心理，为了赚钱不择手段。有的企业自我标榜"为呵护未成年人健康成长，精选了一批适合未成年人观看的优质内容，且无法进行充值打赏、购买兑换、弹幕评论、视频直播等互动性操作"，甚至抬出"根据某领导机关的指导"的大旗，推销自己的直播上线了"青少年模式"。而在实际操作中，未成年人要想进入学习界面，需要首先穿过若干引诱孩子的各种游戏及其他一些乌七八糟的点击按钮，才能在最后看到进入学习界面的点击按钮。他们说一套、做一套，表态承诺是一套、实际操作又是一套，分明是精心设计，却推说是无心之举，还有比如此辩解更加苍白无力的吗？这不是疏忽大意，也不是技术的问题，更绝非好心办坏事。而是明知故犯、昧着良心挣黑心钱，该企业已经丧失了起码的道德底线。如不严惩，何以服众？

违法违规经营的某些企业，在法律法规的强大攻势面前，被迫偃旗息鼓，但时过境迁，又卷土重来，进退周旋，绝不轻易退出。例如曾经在21世纪初受到打击的"恐怖灵异类"音像制品，在2006、2007年市场上出现回潮。对此，新闻出版总署2007年下发了《关于查处〈死亡笔记〉等恐怖类出版物的通知》（新出图〔2007〕697号），集中清理了以《死亡笔记》为重点的一批"恐怖"类出版物。新闻出版总署2008年2月下发查处通知，对全国音像出版单位2006年和2007年已经出版的音像制品进行一次清查，凡是含有禁载内容的，一律下架、封存、回收。2008年音像年度全国出版选题计划中含有"恐怖灵异类"内容的音像制品，都要全部停止制作，旨在控制和清除此类音像制品的不良社会影响，防止含有恐怖、暴力、残酷等内容的出版物通过正规出版途径进入市场。

又如在网游、页游到手游等组成的游戏圈中，"病毒式"低俗营销广告屡禁不止，最为千夫所指。一些游戏企业唯利是图，为了给新上市游戏产品进行炒作，以成人内容、低俗内容和虚假内容等作为广告，制造"噱头"，利用低俗营销手段进行游戏推广活动，误导游戏用户，造成不良的社会影响。他们或是恶意炒作，使用一些非主流的人物恶意宣传；或是用老虎机、轮盘贴等形式进行宣传；或是形象挑逗，用女性具有性挑逗意味的姿势及形象进行宣传；或是语句挑逗，用暧昧容易致人误解的语言进行宣传。这些都在不同程度上给并不"三俗"的游戏蒙上了"三俗"的影子。再如在网络游戏管理方面，自2006年开始，文化部不断强化我国网络游戏的内容管理，严把产品内容准入关；同时，加大网上巡查力度，对存在色情、暴力等违规内容的游戏，坚决予以查处。2009年7月文化部叫停黑帮主题网络游戏，并于2010年8月1日颁布实施了全球范围内首部针对网络游戏行业的规章性文件——《网络游戏管理暂行办法》，对网络游戏的违规推广和宣传明确禁止，并规定了相应的罚则。2011年4月1日，新修订后的《互联网文化管理暂行规定》进一步加大了对此类违规行为的处罚力度。2013年底，文化部对国内几大手机游戏平台以及多款知名手机游戏进行清理整治，侧重对举报较多的宣扬赌博和随机抽取等"手游"问题进行集中整治，截至 2013 年底，有 27 家"手游"平台或企业被点名。

（三）行业他律

企业自律的同时需要外部他律，需要行业规范和自律公约。企业从内部的自律与行业从外部的他律相结合，有助于把国家法令对于行业企业的相关条文落到实处。

1.发挥行业组织的作用

发展公共媒体行业组织和互联网行业组织的自治，实现国家立法之下的行业自律，这是个创新。所有公共媒体企业和互联网企业是所属行业的有机构成，行业自律的本质就是企业自律，重在施行企业自律；行业在企业之外，一身二任——按照国家法律法规，既对企业实现他律，又要加强行业组织自身建设和发展。我国自 1984 年 10 月提出实行有计划的商品经济，1992 年提出建立社会主义市场经济模式，极大地推动了商品经济的发展，相关的行业组织也随之有所发展。只是相关行业内部的企业在一定程度上过多强调市场竞争，影响到行业组织的进一步发展。为了推进抵御信息污染，必须重视发挥行业组织的作用，实施鼓励性政策。

国家网信办在《网络信息内容生态治理规定》中对于网络行业组织的法规性要求，其他所有的媒介行业组织应该参照执行。《规定》鼓励行业组织发挥服务指导和桥梁纽带作用，引导会员单位增强社会责任感，唱响主旋律，弘扬正能量，反对违法信息，防范和抵制不良信息；鼓励行业组织建立完善行业自律机制，制定网络信息内容生态治理行业规范和自律公约，建立内容审核标准细则，指导会员单位建立健全服务规范、依法提供网络信息内容服务、接受社会监督；鼓励行业组织开展网络信息内容生态治理教育培训和宣传引导工作，提升会员单位、从业人员治理能力，增强全社会共同参与网络信息内容生态治理意识；鼓励行业组织推动行业信用评价体系建设，依据章程建立行业评议等评价奖惩机制，加大对会员单位的激励和惩戒力度，强化会员单位的守信意识。

2.发挥行业规范和自律公约的作用

行业规范和自律公约是一定行业组织及其会员单位，在自觉自愿的基础上，为了维护公共利益，通过充分酝酿、讨论、协商所制定的约定大家共同遵守的规则。

行业规范和自律公约具有二重性——对于行业组织而言，是行业自律；对于行业组织内部的成员单位而言，则是企业自律之外的他律（要求各个企业自觉遵守，规范企业之间的竞争）。行业规范和自律公约是行业他律的基本形式，在企业内部自律和外界他律中应该发挥重要的、不可替代的作用。

第一，行业规范和自律公约督促各企业加强自律。

行业规范和自律公约的第一个基本作用是在企业自律的基础上加强行业自律。参加行业组织的会员单位在行业规范和自律公约的约束下，建立严格的内容审核制度，自律自查。公共媒体和互联网行业组织要一手抓供给，一手抓抵御信息污染。特别是互联网行业组织及其会员单位，既要给网民提供健康的上网环境和产品，又要监管不良信息的传播，及时对网民在网上受到伤害的各种投诉作出及时的反应；不仅要为社会贡献先进的互联网技术和产品，而且要在网民的网络保护方面取得积极而富有成效的进步，作出重要而值得推广的贡献。

行业组织的会员单位在各负其责的前提下拥有共性，其共性主要表现在行业规范和自律公约。为了规范市场，规避个别企业"搅局"的乱象，政府重视发展行业组织，行业组织内部更应该抱团自律——一方面，以各个企业自律为基础，以行业规范和自律公约为他律，促进企业的正常发展；另一方面，加强行业自律，行业组织要充分发挥自律建设的带头作用，完善自律规范，健全自律机构。互联网行业组织要积极开展网络信息公众评议、文明网站评选等活动，引导业界依法、诚信、文明办网，树立良好的社会形象，谋求行业整体发展。

第二，行业规范和自律公约制止包括以信息污染为手段的违法竞争。

行业规范和自律公约的第二个基本作用是制止行业组织内部的会员单位之间的违法竞争。一些会员单位的违法竞争手段往往无所不为，包括以信息污染作为手段。

改革开放以来，党和政府要求劳动者通过勤劳致富、守法致富，同时要求相关企业之间进行守法有序的竞争。在互联网行业，与之背道而驰的违法竞争表现多种多样。有的企业对于竞争对手的服务和产品（与互联网信息服务相关的软件等）施以恶意手段，干扰用户终端上其他企业的服务，或干扰其他企业的软件等产品；捏造、散布虚假事实损害其他企业的合法权益，或诋毁其他企业的服务和产品；对其他企业的服务或者产品实施不兼容；欺骗、误导、强迫用户使用自己的服务或产品，不使用其他企业的服务或产品；修改或欺骗、误导、强迫用户修改其他企业的服务或产品参数；以及其他违反国家法律规定，侵犯其他互联网信息服务提供者合法权益的行为。这些违法违规行为侵犯了其他互联网信息服务提供者的合法权益，因此在工业和信息化部制定的《规范互联网信息服务市场秩序若干规定》中明令禁止。

为了通过争取客户和增加市场份额追求利润，违法违规者在具体操作上，设置暗道机关，信息接受者一旦入套，则不可退出，只能继续根据提示阅读其他信息，关注乃至进入公众号。明目张胆地剥夺信息接受者的选择权利，无端占用信息接受者的宝贵时间，无异于谋财害命，对于其他互联网信息服务提供者实属无形的恶意竞争。

第三，行业规范和自律公约强调抵御信息污染。

对于公共媒体和互联网行业组织而言，不同层级、不同形式的行业规范和自律公约都应该把抵御信息污染作为重要内容。

《中国互联网行业自律公约》申明"积极发展、加强管理、趋利避害、为我所用"的基本方针，指出"互联网行业自律的基本原则是爱国、守法、公平、诚信"；在自律条款中，申明"鼓励、支持开展合法、公平、有序的行业竞争，反对采用不正当手段进行行业内竞争"，重点强调"互联网信息服务者应自觉遵守国家有关互联网信息服务管理的规定，自觉履行互联网信息服务的自律义务"：包括"不制作、发布或传播危害国家安全、危害社会稳定、违反法律法规以及迷信、淫秽等有害信息，依法对用户在本网站上发布的信息进行监督，及时清除有害信息；不链接含有有害信息的网站，确保网络信息内容的合法、健康；制作、发布或传播网络信息，要遵守有关保护知识产权的法律、法规；引导广大用户文明使用网络，增强网络道德意识，自觉抵制有害信息的传播"。

移动游戏发展联盟的《清理抵制游戏低俗宣传倡议书》，要求联盟成员乃至整个移动游戏行业摒弃低俗甚至不道德的行为，以良好形象面对用户，健康发展。强调指出：低俗营销虽然能以较低的推广成本带来用户，但也伴随着极高的用户流失率，无法达成企业的盈利需求，更不利于整个行业的健康发展。游戏厂商对游戏产品要打精品策略与差异化战略，提高自己的核心竞争力，利用游戏本身去吸引用户，这才是实现自身持续盈利、行业协调发展的正确途径。为了游戏行业能持久的良性发展，希望游戏企业能有更多"业界良心"，不打法律擦边球。

再如《北京网络媒体自律公约》，提出坚持正确的舆论导向，致力于传播弘扬热爱祖国、服务人民、崇尚科学、辛勤劳动、团结互助、诚实守信、遵纪守法、艰苦奋斗内容的新闻信息，为社会主义和谐社会建设服务；要求认真遵守宪法和互联网相关法律法规，坚持网站利益服从国家利益和公共利益，坚持社会效益高于经济效益，拒绝传播违反国家法律、影响国家安全、破坏社会稳定、伤害民族关系和宗教信仰的新闻信息；强调自觉抵制网络低俗之风，不刊载不健康文字和图片，不链接不健康网站，不提供不健康内容搜索，不发送不健康短（彩）信，不开设不健康声讯服务，不运行带有凶杀、色情内容的游戏，不登载不健康广告，不在网站社区、论坛、新闻跟帖、聊天室、博客等中发表、转载格调低下的言论、图片和音视频信息。北京网络媒体协会负责监督签约成员履行这一公约，成立北京网络新闻信息评议会对签约成员进行评议和仲裁。

二、信息制传者的自律

信息的符号处理和媒介传输是由具体的从业人员完成的，他们作为信息制传者对信息制作和信息传输负责。信息制传者的范围或可包括职业新闻工作者、文学艺术工作者、教育工作者、私营媒体、个体（自由撰稿人、公众传媒及自媒体）等。

（一）信息制传者的地位

在信息制传者中，职业新闻工作者荣膺"无冕之王"的称号，虽然其余人士没有这个"福分"，但无一例外，所有的信息制传者都拥有"把关人"的称号。在制作和传输信息的过程中，"把关人"的责任最重要，决定着信息的内容和符号化，影响着对信息的理解，控制着信息传输的流量、流向，决定是否传输和如何传输。同时，社会要求信息具有真实性和准确性；要在激烈的信息竞争中争取和吸引信息受传者，就要提供独特和富于个性的信息。在信息成为商品的今天，提高接受率是媒介生存的条件。

信息制传者的权利，分为普遍性与专业性两种。普遍性权利指公民进行传播活动的权利。专业性权利指信息制传者的工作权利：编辑权、知察权（又称为"采访权""知闻权"）、版权（也称为"著作权"）、秘匿权（也称为"取材秘密权"与"消息来源保密权"）。上述权利不是绝对的、无条件的，而是相对的、有条件的。信息制传者必须遵奉并践行：绝对独立、自由的编辑权不存在；拒绝提供人民应知晓的信息是违法的；任何个人或机构不得完整地、大量地复制他人制作、传输的信息；在法庭必要的审讯、取证的程序中，不得行使秘匿权；不得利用安全保护权进行危害社会的活动。

信息制传者应该为含有下列内容信息的制作和传输作出努力，包括：宣传习近平新时代中国特色社会主义思想，全面准确生动解读中国特色社会主义道路、理论、制度、文化的；宣传党的理论路线方针政策和中央重大决策部署的；展示经济社会发展亮点，反映人民群众伟大奋斗和火热生活的；弘扬社会主义核心价值观，宣传优秀道德文化和时代精神，充分展现中华民族昂扬向上精神风貌的；有效回应社会关切，解疑释惑，析事明理，有助于引导群众形成共识的；有助于提高中华文化国际影响力，向世界展现真实立体全面的中国的；其他讲品位讲格调讲责任、讴歌真善美、促进团结稳定等的内容。

信息制传者无论在哪个具体岗位，都应该牢固树立对于真善美的追求，向世人展示真善美，抨击假恶丑。要坚信对美的追求始终是人类永恒的追求，真、善、美的感染力量将是持久的、永恒的，各种"丑"的现象在一刹那刺激人的感官后，终将灰飞烟灭；要以干净、无邪、磊落、端正的作品或产品，服务于信息受传者求真、向善、唯美的精神需求。

（二）信息制传者应该遵纪守法

在智能手机移动传馈新阶段，在一时不能掌控、根除信息污染制作者的情况下，先着手杜绝信息污染的扩散是上策，因此，信息传输者就成为抵御信息污染的关键。只要信息传输者切实履责，扼守住信息污染进入传输渠道的始端，就有可能中断或减少信息污染。

具体到网络信息内容生态治理，信息制作者就是网络信息内容生产者，信息传输者就是网络信息内容服务平台。国家网信办在《网络信息内容生态治理规定》中对网络信息内容生产者和网络信息内容服务平台提出相关法规性要求。

网络信息内容生产者应当遵守法律法规，遵循公序良俗，不得损害国家利益、公共利益和他人合法权益；应当响应国家网信办的引导，主动制作、复制、发布导向型信息；不得制作、复制、发布违法信息；应当采取措施，防范和抵制制作、复制、发布不良信息。

网络信息内容服务平台不得传播违法信息，应当防范和抵制传播不良信息；应当加强信息内容的管理，发现违法信息和不良信息，应当依法立即采取处置措施，保存有关记录，并向有关主管部门报告；应当响应国家网信办的引导，坚持主流价值导向，优化信息推荐机制，加强版面页面生态管理，在重点环节（包括服务类型、位置版块等）积极呈现导向型信息；对网信部门和有关主管部门依法实施的监督检查，应当予以配合。

网络信息内容生产者、网络信息内容服务平台不得利用网络和相关信息技术实施侮辱、诽谤、威胁、散布谣言以及侵犯他人隐私等违法行为，损害他人合法权益；不得通过发布、删除信息以及其他干预信息呈现的手段侵害他人合法权益或者谋取非法利益；不得利用深度学习、虚拟现实等新技术新应用从事法律、行政法规禁止的活动；不得通过人工方式或者技术手段实施流量造假、流量劫持以及虚假注册账号、非法交易账号、操纵用户账号等行为，破坏网络生态秩序；不得利用党旗、党徽、国旗、国徽、国歌等代表党和国家形象的标识及内容，或者借国家重大活动、重大纪念日和国家机关及其工作人员名义等，违法违规开展网络商业营销活动。

对于上述原则性规定，网络的信息制传者应当遵循，公共媒体的信息制传者也应该参照执行。

（三）信息制传者应加强自律

信息制传者是社会信息传馈中最活跃的成分，对社会的发展影响最大，肩负重要的社会责任；社会对信息制传者要求也最严格。不少国家及媒介组织都通过制定法规或规范，约束传播者的行为。打铁需要自身硬，从信息制传者自身而言，要想把信息制传作为事业长久坚持下去，对社会发展起到积极的推动作用，必须强化自律，坚决抵御信息污染，绝不随波逐流。

信息制传者强化自律的基本纲领何在？习近平总书记 2016 年 2 月 19 日在党的新闻舆论工作座谈会上的讲话中指出："新闻舆论工作者要增强政治家办报意识，在围绕中心、服务大局中找准坐标定位，牢记社会责任，不断解决好'为了谁、依靠谁、我是谁'这个根本问题。要提高业务能力，勤学习、多锻炼，努力成为全媒型、专家型人才。要转作风改文风，俯下身、沉下心，察实情、说实话、动真情，努力推出有思想、有温度、有品质的作品。要严格要求自己，加强道德修养，保持一身正气。"

对于不同类别的信息制传者来说，应该有共同的基本的自律要求——保护国家利益，遵守职业道德，维护社会公德。

1. 保护国家利益

保护国家利益，亦即对国家和民族利益负责，许多国家都以法律形式规定了信息制传者要承担的责任。主要内容涉及，不得泄露国家政治、经济、军事、外交机密。就我国来说，主要指凡国家未公开披露的情报、资料、数据等，新闻媒介、出版物、个人均不得公开发表或传播；凡未公开发行的内部刊物、文件等，一律不得向限制范围以外的人传播；不得从事其他有损国家、民族重大利益的传播活动。未经批准，不得公布法庭秘密和开庭审讯的内容。某些案件，在未弄清之前，不宜公开传播，以免给法庭带来干扰，妨碍法律程序。还有一些案件，因涉及机密内容，既不能公开审讯，也不宜公开报道。未经批准不得为外国提供服务，主要指在提供非日常生活信息时，不得涉及有损国家利益的机密文件、经济信息、军事情报等。不损害本国各族人民和睦与合作，维护、增进本国各族人民的团结，是各族人民义不容辞的职责，也是传播者的责任。我国民族众多，各民族有自己悠久的历史、文化传统与生活习俗，应当互相尊重、互相帮助。

2. 遵守职业道德

公众要求职业新闻工作者德才兼备，要求文艺工作者德艺双馨，要求教育工作者师德与术业并举等，都是在职业素养基础上强调职业道德。

信息制传者应该以职业道德规范作为自己从业守则，进行自律。职业道德包含的基本内容主要有：不得传播虚假的或未经证实的消息情报；不得为追求宣传效果而制造新闻；不得对任何个人或团体进行诽谤；未经当事人同意，不得擅自拍摄其非公开活动的照片，不得擅自录制或公布别人的谈话，不得了解或传播别人的私生活；不得以权谋私，不得行贿索贿。

3. 维护社会公德

社会公德简称"公德"，与个人的"私德"相对，是存在于社会群体中的道德，是人们为了群体的利益而约定俗成的"应该做什么"和"不应该做什么"的行为规范；是与国家、组织、集体、民族、社会等有关的道德。社会公德对维系社会公共生活和调整人与人之间的关系具有重要作用，是维持良好人际关系的条件。其本质是一个国家、一个民族或者一个群体，在历史长河中、在社会实践活动中积淀下来的道德准则、文化观念和思想传统，是衡量一个民族进步程度的标志。社会公德包括文明礼貌、助人为乐、爱护公物、保护环境、遵纪守法。

保护国家利益，遵守职业道德，维护社会公德等，都属于社会生活的公开领域。一个人公开的社会表现有赖于个人"私德"的培养和积淀。"私德"是指个人品德、作风、习惯以及个人私生活中的道德，是个人文化修养的表现。简言之，就是提高自己，完善自身，在社会上做一个"大写的人"。在 2013 年 8 月举行的第十二届中国互联网大会"网络名人社会责任论坛"上，各位代表就承担社会责任，传播正能量，共守"七条底线"达成共识。"七条底线"是：法律法规底线、社会主义制度底线、国家利益底线、公民合法权益底线、社会公共秩序底线、道德风尚底线和信息真实性底线。这七条底线是客观要求，在"哪些方面绝不能突破""哪些事绝不能做"上形成基本的共识，并非因人设事，也不因人废事。唯有坚守七条底线，自觉抵制违背"七条底线"的行为，方能改善网络舆论生态，净化网络空间。

（四）文学艺术工作者应注重在创作中自律

文学艺术是时代前进的号角，最能代表一个时代的风貌，最能引领一个时代的风气。文学艺术以人们喜闻乐见的形式影响人的精神世界，举精神之旗、立精神支柱、建精神家园，都离不开文学艺术。要改造国人的精神世界，首推文学艺术。文学艺术工作者的自律固然需要慎独，但是重在不能脱离实际，既不能离开所处的社会生活实际，也不能离开信息制传的工作实际，更离不开他律。在他律因素中，前人积累的丰富经验教训和获得的许多规律性认识是重要内容。他们在为谁创作、如何创作、作品质量如何评判等主要问题上把握的文学艺术创作规律，值得现在的文学艺术工作者遵循，有益于在创作过程中强化自律。

为谁进行文学艺术创作，是为广大人民群众服务？还是迎合少数人的意愿？或是仅仅为个人的一己私利？毛泽东同志 1942 年 5 月《在延安文艺座谈会上的讲话》中指出："为什么人的问题，是一个根本的问题，原则的问题。"习近平总书记 2014 年 10 月 15 日在文艺工作座谈会上的讲话中指出："文艺事业是党和人民的重要事业，文艺战线是党和人民的重要战线"，"文艺要热爱人民。有没有感情，对谁有感情，决定着文艺创作的命运"，"文艺工作者要与人民同呼吸、共命运、心连心，欢乐着人民的欢乐，忧患着人民的忧患"，"应该用现实主义精神和浪漫主义情怀观照现实生活，让人们看到美好、看到希望、看到梦想就在前方"，"文艺不能在市场经济大潮中迷失方向，不能在为什么人的问题上发生偏差"。

所谓如何创作，就是创作者如何源于生活、高于生活地展示创作对象？如何以各自的形式特点完成创作？文学艺术与生活的关系涉及三个相互联系的观点——即生活是文艺创作的唯一源泉，文艺创作是生活的反映；文艺创作应该源于生活同时高于生活；文艺创作要站在人民大众的立场上。

在现实中，文学艺术的许多作品中暴露出创作源泉的枯竭、主题把握的困惑，出现题材模式化和审美情趣的庸俗化。题材模式化说明编剧和导演对生活理解不够，江郎才尽，只能处心积虑地制造戏剧冲突。

在现实中，许多文学艺术作品避开正在上演的人生活剧的大舞台，躲进门扉紧闭的花园洋房，营造着客厅文学、卧室文学、浴室文学，天书式的作品充斥报刊影视。唯有深入实际，深入生活，深入人民，真正与人民同呼吸、共命运，通过每位文艺工作者的不同眼光、不同观察角度进行文艺创作，才有光明前途。

文学艺术创作有其基本规律，必须对现实生活进行选择、概括、典型化，必须比具体的生活更高、更浓、更强烈；生活是芝麻，艺术创作就是从芝麻中榨出的芝麻油；艺术上的真不必等同于生活的真，典型化越好则作品的普遍性越大。

源于生活且高于生活是文学艺术创作之路的简洁概括，成功的文学艺术作品无一不是源于生活同时高于生活的。仅以歌曲创作为例——新中国著名的电影音乐人、著名作曲家雷振邦始终坚信音乐来源于生活，他跋山涉水，到相关少数民族地区采风，历经边疆各种恶劣天气和自然灾害，从不放弃对音乐的追求，表现出对艺术、对音乐高度负责的态度。他从1955年到1980年，谱写了100多首电影歌曲，创作了大量形象鲜明、优美抒情的经典音乐作品。1987版电视剧《红楼梦》的作曲者王立平殚精竭虑、日思夜想，方才确定了整个创作的基调，一首《枉凝眉》耗时一年两个月，一首《葬花吟》耗时一年九个月。"十年磨一剑"虽是形象的表述，却足以说明在源于生活的前提下，斟酌、推敲、琢磨是创作高于生活的文学艺术精品的必经之路。

文艺创作不仅要有当代生活的底蕴，而且要有文化传统的血脉，这就决定了文艺批评标准应该是当代生活与文化传统的统一体。洋为中用，文艺批评不能套用西方理论来剪裁中国人的审美；如果"以洋为尊""以洋为美""唯洋是从"，把作品在国外获奖作为最高追求，跟在别人后面亦步亦趋、东施效颦，热衷于"去思想化""去价值化""去历史化""去中国化""去主流化"那一套，文艺批评就会走上邪路而绝对没有前途。

在对文艺作品的市场检验中，一方面在发展社会主义市场经济条件下，文艺作品必须接受市场检验，必须合理设置反映市场接受程度的发行量、收视率、点击率、票房收入等量化指标，不能忽视和否定这些指标。正如习近平总书记2014年10月15日在文艺工作座谈会上的讲话中指出："在发展社会主义市场经济的条件下，许多文化产品要通过市场实现价值，当然不能完全不考虑经济效益。然而，同社会效益相比，经济效益是第二位的，当两个效益、两种价值发生矛盾时，经济效益要服从社会效益，市场价值要服从社会价值。"好的文艺作品应该是社会效益和经济效益相统一的作品。另一方面在文艺批评时，要坚守文艺的审美理想、保持文艺的独立价值，不能被市场牵着鼻子走，不能用简单的商业标准取代艺术标准，把文艺作品完全等同于普通商品。

三、信息受传者自律

信息受传者的自律是社会稳定的基础和前提。民众具有较高修养，增强了抵御信息污染的自觉性，能主动抗拒、抵御、屏蔽信息污染及其一切负面影响，必将大大有助于社会稳定。

（一）信息受传者的地位

互联网没有"把关人"，这是网络上的信息受传者面临的前所未有的客观情况。互联网出现之前，传统媒体（图文、声像等）设有把关人，坚守在信息处理和信息传输岗位上，例如纸媒出版，广播、电影、电视节目的制作播出，都有严格的审查制度。互联网出现后，各网络的办公设备实现数字化、办公文档依靠网络传输，依然按行业规范履行着传统媒体把关人的职责。虽不能彻底清除信息污染，也可经过反复较量，实现打击和遏制信息污染。这一点，有如厚厚的大气层遮挡了过于强烈的紫外线，使地球上的人类免受其害。而互联网没有把关人，谁都可以上网发送信息，无论什么样的信息都可以在网络上畅行无阻，违法信息和不良信息可以大行其道，这使得所有的网民面临信息污染的侵害。这有如大气层消失，地球上的人类暴露在灼热阳光下、被紫外线灼伤，无一幸免。这应该引起人们的高度重视。"把关人"这一极其重要客观条件的缺失，需要人们动员一切可能利用的主客观因素来弥补，尽可能地替补"把关人"的功能，保护网民特别是未成年网民。

抵御信息污染的一系列对策的基本目的主要有两个，一是实现网络空间和社会空间的清朗，有助于社会的稳定；其二是提高民众识别和抵御信息污染的意识和能力，逐步自律，免受干扰及不良影响。

（二）信息受传者必须遵纪守法

遵纪守法是每一位信息受传者参与信息传馈活动的基本前提。目前除了通过其他媒介接受和发出信息外，绝大部分信息受传者从网络上获得信息，并通过网络发出自己的信息、转发他人的信息（可能加入个人看法）。在智能手机移动传馈新阶段到来后，使用网络信息内容和服务者大增。对此，国家网信办《网络信息内容生态治理规定》中关于网络信息内容服务使用者责任义务作出规定，这些规定应该成为所有的信息受传者的圭臬。

国家网信办要求网络信息内容服务使用者应当文明健康使用网络，按照法律法规的要求和用户协议约定，切实履行相应义务，在以发帖、回复、留言、弹幕等形式参与网络活动时，文明互动，理性表达，不得发布违法信息，防范和抵制不良信息。网络群组、论坛社区版块建立者和管理者应当履行群组、版块管理责任，依据法律法规、用户协议和平台公约等，规范群组、版块内信息发布等行为。网络信息内容服务使用者应该积极参与网络信息内容生态治理，通过投诉、举报等方式对网上违法和不良信息进行监督，共同维护良好网络生态。网络信息内容服务使用者不得利用网络和相关信息技术实施侮辱、诽谤、威胁、散布谣言以及侵犯他人隐私等违法行为，损害他人合法权益；不得通过发布、删除信息以及其他干预信息呈现的手段侵害他人合法权益或者谋取非法利益；不得利用深度学习、虚拟现实等新技术新应用从事法律、行政法规禁止的活动；不得通过人工方式或者技术手段实施流量造假、流量劫持以及虚假注册账号、非法交易账号、操纵用户账号等行为，破坏网络生态秩序；不得利用党旗、党徽、国旗、国徽、国歌等代表党和国家形象的标识及内容，或者借国家重大活动、重大纪念日和国家机关及其工作人员名义等，违法违规开展网络商业营销活动。

（三）信息受传者应加强自律

在互联网时代，最后的把关人就是信息受传者自己。既然互联网没有把关人，那么谁来保护网民特别是未成年网民？可以依靠立法、执法和司法构成的外部法制环境，可以依靠社会舆论、技术防范、三大教育等诸多动力，可以依靠互联网企业自律和行业他律，可以寄希望于信息制传者的自律等。但所有这些，对于信息受传者来说，都仅仅是外因。事物的变化，外因是条件，内因是根本，外因通过内因起作用。根本还是在于内因，在于网民自己必须具有抵御信息污染的"内功"。说一千，道一万，抵御信息污染、保护网络空间清朗，最后还是得落实到几亿网民，依靠几亿信息受传者的自律。

自律必须结合人类信息传馈实践进行。信息受传者的自律并不意味着与互联网一刀两断、不再上网，而是遵循实践出真知，只能在上网过程中，才能培养、积累和提高自己抵御信息污染的"功夫"。在这里，需要鲁迅所说的"识水性"——要下河，最好是预先学一点浮水功夫，不必到什么公园的游泳场，只要在河滩边就行，但必须有内行人指导。尤其对于未成年人，应该在父母或监护人、教师的指导下上网，直至"识水性"、掌握游泳术。

自律的基础在于以正胜邪，要使正面信息先入为主。价值观的养成，就像人生的扣子，从一开始就要扣好。要抓住青少年价值观形成和确定的关键时期，引导青少年扣好人生第一粒扣子。网民上网也要扣好网络价值观这颗扣子，为了避免在良莠不齐的信息海洋中遭遇灭顶之灾，应该谨慎从事，在思想上有所警惕的同时，努力做到正面信息先入为主。在上网过程中，不断提高辨识和抵御信息污染的能力，摒弃糟粕。

从本质上来说，任何道德品质的形成都是一个外在道德规范内化为主体内在自觉的过程。外在道德规范是确保社会稳定运行的制度、规矩、规范等。网民以个体形式参与无中心的、资源共享、多元价值共存的网络社会，面对交织纷繁的信息和各种诱惑，在理性与冲动较量时，在没有人监督和帮助的情况下，能够做出正确的选择全凭个体的自律能力。人们要求虚拟世界遵从一定的法律法规，遵从传统文化，通过三大教育的途径来指导网民，有制度、规矩、规范等的约束和成全，促使养成清醒、周正、律己甚严的习惯，以自觉达自律。要热衷于网络，但不沉溺于网络；要利用好网络，但不被网络"利用"；既要敢想敢干，又能严于律己。

自律贵在慎独。"慎独"一词，出自秦汉之际儒家著作《礼记·中庸》一书："莫见乎隐，莫显乎微，故君子慎其独也。"所谓慎独，其一是独处时能够谨慎不苟，在自己一个人办事时，在别人不能看见、不能听到的时候，也能够保持清醒、慎重行事、言行谨慎，绝不苟且从事；其二是以独处自省的方式，检讨自己的言行。慎独是自律的最高境界，也是养成自律的必要有效途径。上网在绝大部分情况下是个人的行为，缺乏自律能力的人忘记"勿以恶小而为之，勿以善小而不为"的古训，自以为神不知鬼不觉，点击和浏览那些信息污染内容，从而开始被引入歧途，一而再、再而三，逐步被俘虏、深陷泥淖而不能自拔。最隐蔽的东西往往最能体现一个人的品质，最微小的东西往往最能看出一个人的灵魂，需要在逐步自律的过程中，以慎独的态度指导自己的修养过程，在无人时，在细微处，不放纵、不越轨、不逾矩，对于心中自律的坚守始终如一，防微杜渐。所以，慎独、慎初、慎微、慎友和自重、自省、自警、自励，应该成为座右铭。

自律过程一般有逐步递进的三个阶段。

其一是主动规避。在网民尚未具备抵御信息污染能力的情况下，可以采取积极防御的方针，远离信息污染，线上线下，自己主动规避（或在他人指导下被动地远离）信息污染的环境，包括以转移话题的形式回避有关语境，把家中连接网络的电脑摆放在客厅，减少未成年人独自上网的可能等，有利于他们"心不动于微利之诱，目不眩于五色之惑"。虽然从台式电脑、平板电脑到智能手机，越来越便携的信息处理和上网设备增加了未成年人独自直接上网可能性，但是主动规避永远有效。要避免沉溺于欲望，最好的办法就是远离，甚至不多看一眼，从根源上隔绝欲望。对那些不良欲望，最好敬而远之、避而不见，给欲望加装一道绝缘层、隔离网，不给其滋生的土壤，使之禁于未萌，止于未发。

其二是进行面对面的抵御。在网民具备一定的抵御信息污染能力时，要求他们心存规矩、敬畏规矩，自己通过主动屏蔽、关闭相关平台或栏目等方式与诱惑保持距离。在信息污染日渐猖獗的情势下，这是一个相当长时期的敌进我退、我进敌退的较量过程，甚至伴随网民的终生。

其三是慎独。独处自省，闭门思过，检讨自己是否做到了"独处时谨慎不苟"？是否在喧嚣迷乱的环境里尽可能保持了心灵的宁静？从"修养"中获得终生裨益的人们认为，当前应该大力提倡修身养性，培养在信息污染面前的内在定力。

自律需要必要条件的辅助。信息受传者的自律是自觉主动的行为，应该主动顺应来自外部的教育要素，即"情、知、行、意"四要素——情即情感，知即认知，意即意志，行即行为；在此基础上，顺应三大教育的"动之以情、晓之以理、导之以行、励之以恒"，信息受传者有意识地从情、知、行、意四个方面积极调整自己，充分发挥自我教育的作用，从自我认识、自我评价、自我选择、自我体验、自我调控逐步铺开，并不断地发展这种自我教育能力，适应抵御信息污染的具体实践，增强自觉性和主动性，从而使抵御信息污染较为顺利地展开和收效。信息受传者的自律是抵御信息污染所有对策的工作目标，我们寄希望于所有的网民、特别是未成年网民的自律。

自律并不排斥外部他律，信息受传者应该主动借助外部他律。针对使用手机发送短信曾出现不良短信泛滥的情况，为了净化手机语言环境、抵制不良信息、弘扬文明新风、使手机短信成为承载文明和传播先进文化的新载体，2007 年中央文明办等部门曾发布《手机短信文明公约》，"拇指传情，礼貌互敬。健康活泼，语言洁净。杜绝骚扰，流言勿行。规范服务，诚信经营。和谐自律，传递文明"。提倡文明进步、格调高雅、积极健康的短信内容，把手机短信打造成传播先进文化、塑造美好心灵、继承传统美德、弘扬社会正气的新阵地。

第四节　加强国际合作

中国政府关于互联网治理的基本方针是"世界携手，社会共治"，即对内"社会共治"，对外"世界携手"。为加强国际合作，中国政府作出多方面的努力。一方面继续发展与国际社会关于保护儿童的合作，在世界范围内抵御信息污染对未成年人的侵扰；另一方面着力推动国际社会形成"构建网络空间命运共同体"的共识，为抵御信息污染侵扰未成年人进一步创设清朗的网络空间条件。

一、发展与国际社会保护儿童的合作

（一）国际社会保护儿童的思想

联合国大会通过的《儿童权利公约》1990 年 9 月 2 日正式生效。《公约》融合了不同国家、制度、宗教信仰的各种观点 —— 发展中国家主要针对国家和家庭，强调保障儿童的基本权利，如生存权、医疗权、受教育权等；发达国家主要强调尊重儿童个人的发展和国家对儿童的政策保护，保障民主自由的权利，例如隐私权、宗教信仰自由等。公约采用了折中的

236

方法，既保障发展中国家儿童的基本权利，又涉及保障民主自由权利的内容。

《儿童权利公约》赋予儿童基本的人权，肯定了儿童的最大利益保护原则。要把儿童的根本利益作为分析和解决一切有关儿童问题的出发点；既重视对儿童的保护，又看到了儿童对于社会的巨大价值，把儿童看作是一个权力主体，儿童有能力行使自己的权利，从而给儿童法律保护提出了一个崭新的观念，也成为国际儿童权益保护中最主要的一条原则。

在实践中，联合国和相关国际会议坚持保护儿童的主旨，以制止买卖儿童、儿童卖淫和儿童色情制品为工作重点。儿童色情一直是全世界的法律红线，不仅是施暴，还包括传播。联合国在1995年曾明确规定："凡是儿童从事任何非法的性活动，不论以诱惑、胁迫或其他方式，国家皆应基于儿童福利的观点，实行适当措施，以防止儿童受到任何形式的性剥削。"1999年在维也纳召开的打击互联网上的儿童色情制品国际会议要求世界各地将儿童色情制品的制作、分销、出口、传送、进口、蓄意拥有和广告宣传按刑事罪论处。2000年5月，联合国大会通过了《关于贩卖儿童、儿童卖淫和儿童色情的任择议定书》，强调缔约国应根据本议定书的规定，禁止买卖儿童、儿童卖淫和儿童色情制品；应当扩大各缔约国为确保保护儿童免遭买卖儿童、儿童卖淫和儿童色情制品之害而采取的各项措施。

互联网的出现导致产生若干对未成年人的新侵害——诸如性侵害、网络欺凌、网络沉迷、隐私泄露和网络诈骗等；特别是儿童卖淫和儿童色情制品是淫秽色情类信息侵袭成年人和毒害未成年人的极端结果，是应予打击的犯罪行为。

网络的匿名特性等使包括儿童色情在内的诸多网络犯罪行为在网络世界任意妄为，网络成为无赖恶棍的乐园，利用互联网进行儿童色情活动日益猖獗。从受害者来说，网络世界处处陷阱、无孔不入，隐匿性迷惑了未成年人的眼睛，信息污染破坏社会的价值观，使普通人触犯法律，甚至怂恿人触犯法律。随着儿童色情网站的增加，人们越来越担心更多的儿童将受到性虐待。与网络犯罪猖獗相对应的是管理执法方面的一筹莫展。相关网站的域名注册标志分布在美国、俄罗斯、英国和汤加等国，查询均得不到答复；被查询的一些网站声称所刊登的照片没有表现性行为，经营没有违法；更有网民以所谓的言论自由来自我辩护或打抱不平；甚至强奸犯居然以所谓"受到涉及强奸的色情网站的影响"为借口企图逃脱罪名等。简言之，人们很难找到和关闭全世界的儿童色情网站，色情产品的制造者及其顾客借此逃避法律的制裁。

淫秽色情信息有碍未成年人健康成长，这是国际社会的共识；打击网络淫秽色情和低俗信息，同样是文明国家所公认的。不良网站的存在、网络色情的泛滥是一种跨国界的毒害，决定了儿童网络保护是一个国际化的话题。利益相关方在保护儿童免受网络侵害方面有着重要的责任，需要多方参与、综合施策；加强儿童网络保护必须线上线下有机结合，全球携手共治，坚持务实笃行、互学互鉴理念；各国在开展"扫黄"行动中有必要加强协调与合作，这样才能取得更大的成效。战胜网上违法活动，必须通过各国以及国际组织的合作，建立国际间的协商与监督机制，联手打击网络犯罪。美国、加拿大、法国、澳大利亚、瑞士、欧盟已组建电子商务监督网。据报道，1998年9月2日，欧洲、北美和大洋洲14个国家的警方同国际刑警组织采取同步行动，联手对一个总部设在美国、在国际互联网上传播儿童色情图片的犯罪团伙"奇境俱乐都"在不同国家的众多据点，实施了代号为"大教堂"的突然大搜捕，搜查嫌疑人，逮捕百余人，搜缴儿童色情图片以及大量用于制作、存贮和传播儿童色情图片的电脑、磁盘、调制解调器和软件等物品。

（二）中国政府的努力

中国拥有数千年的发展历史和灿烂的传统文化，在力所能及的条件下，每个家庭对于儿童的教育和保护几近全力以赴，以利于家庭的生存繁衍、家族的兴旺延续。相比之下，社会对于儿童权益保护却极为不足——封建制度对于儿童在家庭中、社会上的地位置若罔闻，此起彼伏的社会战乱极大地威胁儿童的生存。可以说直至20世纪20年代的中国，儿童权益的社会保护问题才开始受到重视，开始从书斋走向社会，从口头走向践行；人们开始把对儿童权益的保护作为一条标准，衡量政府、党派和社会团体。

中华人民共和国成立后，少年儿童的权益从法定权益、身体保健、文化教育、课余活动以及残障儿童的社会福利等方面得到全面保护，还建立全国性的少年先锋队，基本全面实现了对于少年儿童的家庭保护、学校保护、社会保护和组织保护。全国少年儿童曾经开展"三要三不要"活动、"除四害、讲卫生、说普通话"活动、"向雷锋叔叔学习"活动、"人人争戴新时代小红花"活动。20世纪90年代以来，开展了"星星火炬代代相传""红领巾心向党""红领巾相约中国梦""核心价值观记心中"等主题教育活动；"中国少年雏鹰行动""手拉手""红领巾心向党""祖国发展我成长""争当四好少年""雏鹰争章""争当美德小达人""各族少年手拉手"等活动。少先队开展的思想教育活动，爱科学、学科学、用科学活动，假期活动，体育、游戏活动等，配合学校教育，抵御信息污染和思想意识方面形形色色的污泥浊水对少年儿童的影响，发挥了重要的不可替代的作用。

在我国，抵御信息污染的重点是保护未成年人免受信息污染的侵扰，这是中国政府保护儿童的基本立场和政策。中国政府和社会力量在扎实、有效地做好国内儿童生存、保护和发展工作的同时，积极参与有关儿童生存、保护和发展的全球性和区域性国际合作与交流活动，与联合国儿童基金会、联合国教科文组织和世界卫生组织在相关儿童保护领域进行了卓有成效的合作。中国政府签署了1990年世界儿童问题首脑会议通过的《儿童生存、保护和发展世界宣言》及《执行九十年代儿童生存、保护和发展世界宣言行动计划》。中国作为共同提案国之一，积极参与联合国制定《儿童权利公约》并签署了该公约，中国政府承担并认真履行公约规定的各项义务。

（三）国际社会的相关努力

儿童网络保护是全球性问题之一。全球性问题的产生同现代科技的急剧发展有密切关系，不能归咎于某一个国家，不是一个地方性的问题，也不是一个区域性的挑战，全球问题的解决也不是哪一个国家所能承担的，这是全球的责任。非洲的一句古代谚语曾说，养育一个孩子需要一个村庄的力量。在数字符号网络时代，既然互联网把整个世界变成了地球村，那么这个村庄就不再是本地的村庄，而是全球性的村庄。

联合国坚持儿童网络保护与若干议程相联系。例如，鉴于儿童网络保护与消除科技运用中消极作用议程相联系，联合国制定了具有一般特点的或具有专门特点的防止滥用科技的文件，以保证积极利用科技进步以促进人权，规定科研人员责任和权利、国家的责任，人权与发展之间的联系与建立国际新秩序，继而提出建立一个"新的国际信息秩序"。又如，鉴于儿童网络保护与可持续发展目标息息相关，联合国相关文件所规定的可持续发展目标为政府提供了行动纲领和问责框架，其中一项目标就是防止暴力侵害儿童的问题。为了把儿童网络保护这一关键议题落到实处，多年来，联合国的相关部门，特别是儿童基金会，一直在全球范围内以儿童网络保护为优先任务。联合国儿童基金会基于青少年为寻求独立自主、在使用互联网方式上趋于个性化的现实，开展了一项旨在寻找并使青少年意识到网络中的隐患和错误行为的"安全网络"活动。这项活动引起了广泛交流，明确父母与学校很有必要就青少年与网络的关系进行探讨，远比监管并限制青少年有效。

相关国际组织和国家重视儿童网络保护问题。欧洲在 2004 年倡议每年二月的第二个星期二是国际互联网安全日，100 多个国家响应这一倡议，一道参与和推广有关网络安全、信息甄别和友善对待他人的关键信息，促进构建一个更加安全的网络环境。欧盟鉴于网络犯罪无国界的特性，表示不仅要同欧洲合作，还要在全球范围内展开合作，鉴于包括中国在内的亚洲地区互联网应用也很普遍，强调与这些国家和地区的合作对于保障全球互联网安全至关重要。保护未成年人全球联盟先后在伦敦和阿布达比举行峰会，在峰会的促进下，40 个国家签署了行动声明，相关行业做出了 17 项承诺，16 家组织也致力于相关能力打造。俄罗斯有意识地加强国际合作，与欧洲委员会于 2009 年 11 月在莫斯科召开"互联网中的儿童安全"研讨会，有意借鉴欧洲国家的一些成功做法。俄罗斯在国际上积极主张由国家对互联网实施监管，与中国等国家在 2011 年 9 月向联合国提交了国际信息安全保护法的草案，提出应当限制在互联网上传播破坏他国经济、政治和社会稳定的信息等，建立国际网络管理系统；还在 2012 年 12 月国际电联大会上提出了"网络主权"等倡议。新加坡等国提出对于长期可持续的变化，多位相关者之间的密切合作将是抵御网络危害的关键；这种合作伙伴关系如果能够跨越国界限制，与互联网的无边界性质相匹配时，将更加富有成效。

越来越多的国际相关方经过多种形式的沟通，认可促进网络文化交流共享的指导思想和基本原则。其中，除了强调要促进共同发展、传承创新、加强优秀网络文化产品的供给和传播，强调要推动共同交流、深化合作、共同打造网上文化交流共享平台，强调要鼓励共同参与、以文化人、积极推动各国人民民心互通之外，强调要加强共同规范，激浊扬清，共建良好的网络生态环境；各方要加强紧密协作，加强政策、技术、内容方面的交流互鉴，共同抵制网络暴力、网络低俗等；要加快制定一批网络伦理、技术应用、安全维护等领域的国际通用标准。

开发新网是若干国家基于确保信息安全而采取的对策。美国掌握着国际互联网的根服务器，相当于掌握了全球互联网的命脉；根服务器有如全球互联网的"114 查号台"，如果哪个国家不听美国的话，或与美国的价值标准不一致，或利益发生冲突，美国就可能停掉这个国家的域名解析，就会导致该国无法通过域名来访问网站，该国互联网则形同瘫痪、无法使用，索马里的互联网服务就曾因此瘫痪。因此，许多国家都认为，由美国一国掌控国际互联网的生杀大权是很危险的。俄罗斯总统普京在 2014 年 4 月暗示：知道互联网有着美国政府情报机构背景，表示希望俄罗斯能够开发出替代品，以打破美国对于因特网的垄断。自美国国家安全局前雇员爱德华·斯诺登曝光美国一些情报机构"渗入"诸如"脸谱网"等社交网站后，德国、巴西和其他一些国家也提出了类似想法，如：德国建议建设欧洲通讯网络，以确保相关资料无须经由美国传送。

另有国家开发新网的目的是在确保信息安全之外，加上文化防范的考虑。2011 年 5 月，伊朗提出拟开发"清真网络"，以新系统取代微软的 Windows 操作系统，并在整个伊斯兰世界推广。作为网络审查制度最为严格的国家之一，伊朗从来将西方国家通过互联网进行的思想文化渗透视作"软战争"，其领导层把这项工程视为与西方互联网争夺战的终结，经济上可以为国内消费者"省钱"，文化上可以作为稳固伊斯兰道德准则的手段。

（四）打击儿童色情犯罪成为中美跨国执法合作切入点

中国政府坚持独立自主和国家主权，认为一个国家的疆域包括陆、海、空、天、网（互联网为第五疆域），必须坚持网络主权；同时提出依法打击网络犯罪，加强国际执法合作，第五疆域全球共治。中国和美国是国际社会的两个大国，中美关系作为当今世界最重要的双边关系之一，在中国外交战略布局中占有特殊重要位置。"中美新型大国关系"战略目标的核心内涵是"不冲突、不对抗，相互尊重，合作共赢"。

在互联网时代，网络安全是整体的而不是割裂的，是动态的而不是静态的，是开放的而不是封闭的，是相对的而不是绝对的，是共同的而不是孤立的。跨国犯罪利用互联网活动猖獗，犯罪分子往往采用跨国式，甚至是多级跳板来隐藏自己，增加了警方执法办案的难度。这就要求相关国家积极进取，突破立法、机制、技术手段等方面的不足，实现跨国联合办案。在这个问题上，中美两国先行一步，所实现的跨国执法合作，是以打击儿童色情犯罪为切入点的。

根据 1997 年中美两国元首共同发表的联合声明，中美执法合作联合联络小组（简称为 JLG）于 1998 年正式设立，这是中国与外国建立的第一个双边执法合作机制，是中美执法合作的主渠道，从此中美执法合作成为两国关系的重要组成部分。2015 年 9 月和 11 月中美两国有关部门互访，同意开展有关网络安全的对话与合作，对首次高级别网络安全对话做出安排。2015 年 12 月首次中美打击网络犯罪及相关事项高级别联合对话举行，对两国网络安全执法合作产生了重要影响。2016 年春季，双方以共同认可的网络犯罪案件、恶意网络行为和网络保护为场景举行桌面推演，进行打击网络犯罪等领域的经验交流。2016年6月第二次中美打击网络犯罪及相关事项高级别联合对话举行。通过上述两度商讨，中美两国在网络安全方面构建了共识，由原来可能会产生误判的状态走向对话的状态，同时双方进行了分歧管控。

中美双方实现打击儿童色情问题上的合作，关键在于突破中美司法体制差异造成的司法壁垒这一最大障碍。例如以牟利为目的，制作、复制、出版、贩卖、传播淫秽物品，在中国是违反刑法的；而在美国，成人淫秽色情活动却属于合法行为。经过中国公安机关的深挖，有些色情论坛均含有儿童色情内容，这成为突破美国司法壁垒的关键。因为依据美国法律，发布儿童性剥削广告牟利以及复制、传播儿童色情信息，将被处以最高30年的监禁。淫祸涉儿童，中美皆不容，儿童色情犯罪由此成为中美跨国合作的切入点。

经过中美双方的共同努力，2011年8月，中国公安部与美国警方联合摧毁全球最大中文淫秽色情网站联盟，中国境外最大淫秽色情源头被彻底打掉。这是中美两国执法机关在打击网络犯罪领域第一次成功的联合执法行动，也是公安部开展国际执法合作的又一成功案例。中美双方联合打击网络儿童色情犯罪，并在线索排查、证据交换、案件侦查等方面加强合作，为世界各国警方打击此类案件作出典范。

二、努力构建网络空间命运共同体

（一）构建网络空间命运共同体的提出

在国际社会面临"秩序重构""价值重建"的历史节点上，习近平总书记多次在讲话中提出构建全球传播新秩序、推动互联网全球治理创新，形成了网络空间命运共同体的战略构想，提出中国与世界各国一道构建网络空间命运共同体的主张。

构建网络空间命运共同体的主张，兼具中国智慧和全球视野，主动承袭了构建全球信息传播新秩序的历史宿诺，积极回应了地缘政治和经济走势剧烈波动所带来的机遇与挑战；提出要充分认识互联网对人类社会进步的推动作用，把"坚持以人类共同福祉为根本"和"坚持网络主权理念"作为推动全球互联网治理体系建设的根本原则。

（二）构建网络空间命运共同体之源

构建网络空间命运共同体的提出，与习近平总书记关于推动构建人类命运共同体的思想一脉相承。

马克思、恩格斯指出："各民族的原始封闭状态由于日益完善的生产方式、交往以及因交往而自然形成的不同民族之间的分工消灭得越是彻底，历史也就越是成为世界历史。"人类历史发展到 21 世纪，现代科技的飞速发展极大地缩小了人类交往的距离，正如习近平主席 2013 年 3 月 23 日在莫斯科国际关系学院的演讲中指出："人类生活在同一个地球村里，生活在历史和现实交汇的同一个时空里，越来越成为你中有我、我中有你的命运共同体。"世界各国要顺应时代发展潮流，作出正确选择，齐心协力应对挑战，开展全球性协作，构建人类命运共同体。"没有哪个国家能够独自应对人类面临的各种挑战，也没有哪个国家能够退回到自我封闭的孤岛。"人类命运共同体，顾名思义，就是每个民族、每个国家的前途命运都紧紧联系在一起，应该风雨同舟，荣辱与共，努力把我们生于斯、长于斯的这个星球建成一个和睦的大家庭，把世界各国人民对美好生活的向往变成现实。

中国政府对构建人类命运共同体的承诺。其一是始终不渝走和平发展道路，这是根据时代发展潮流和我国根本利益作出的战略抉择；是新中国成立以来特别是改革开放以来，经过艰辛探索和不断实践逐步形成的。其二是促进"一带一路"国际合作，习近平主席在 2013 年秋提出了共建丝绸之路经济带和 21 世纪海上丝绸之路重大倡议，10 年来，"一带一路"建设完成了总体布局，取得了令人瞩目的成就。其三是推动建设相互尊重、公平正义、合作共赢的新型国际关系，即秉持相互尊重、公平正义、合作共赢原则，走出一条对话而不对抗、结伴而不结盟的国与国交往新路，这是构建人类命运共同体的基本路径。中国将高举和平、发展、合作、共赢的旗帜，恪守维护世界和平、促进共同发展的外交政策宗旨，坚定不移在和平共处五项原则基础上发展同各国的友好合作。其四是积极参与引领全球治理体系改革和建设，国际力量对比及其变化决定了全球治理格局和全球治理体系变革，随着当今世界国际力量对比消长变化和全球性挑战日益增多，要顺应加强全球治理、推动全球治理体系变革的大势，推动全球治理体系朝着更加公正合理的方向发展。其五是建设持久和平、普遍安全、共同繁荣、开放包容、清洁美丽的世界，这反映了人类社会共同价值追求，符合中国人民和世界人民的根本利益。国际社会要从伙伴关系、安全格局、经济发展、文明交流、生态建设等方面作出努力。

在构建人类命运共同体的思想指引下，构建网络空间命运共同体，以互联网治理推动全球治理，就顺势而为、顺理成章了。

（三）构建网络空间命运共同体的原则和主张

习近平主席出席第二届世界互联网大会的开幕式并发表主旨演讲，提出了推进全球互联网治理体系变革的"四项原则"：尊重网络主权，维护和平安全，促进开放合作，构建良好秩序。就共同构建网络空间命运共同体，习近平主席提出"五点主张"：加快全球网络基础设施建设，促进互联互通；打造网上文化交流共享平台，促进交流互鉴；推动网络经济创新发展，促进共同繁荣；保障网络安全，促进有序发展；构建互联网治理体系，促进公平正义。

（四）构建网络空间命运共同体的共识在互动中形成

国际社会关于构建网络空间命运共同体的共识唯有在互动中逐步形成。中国政府以中国浙江省乌镇为永久会址，从2014年秋开始，每年举办一次世界互联网大会，旨在搭建中国与世界互联互通的国际平台和国际互联网共享共治的中国平台。

迄今为止，在中国举办的9届世界互联网大会议题广泛，涉及全球互联网治理、网络安全、互联网与可持续发展、互联网知识产权保护、技术创新、互联网哲学、互联网经济、互联网创新、互联网文化、互联网治理、互联网国际合作、数字经济、前沿技术、互联网与社会、网络空间治理、交流合作、人工智能、5G、大数据、网络安全、数字丝路、科学与技术、产业与经济、人文与社会等。其中许多内容都与抵御信息污染有关。

2017 年 3 月 1 日，外交部和国家互联网信息办公室共同发布《网络空间国际合作战略》，这标志着由中国主导的、在 G20 等新型框架下开展的互联网全球治理创新进入了一个新阶段，立足于互联网的国际儿童保护、抵御信息污染获得了进一步发展的新台阶。

2022 年 10 月 16 日，党的二十大在北京召开。二十大报告提出，加快建设网络强国、数字中国。要健全网络综合治理体系，推动形成良好网络生态。2022 年 11 月 9 日，世界互联网大会乌镇峰会在浙江省桐乡市乌镇开幕，主题为"共建网络世界共创数字未来 —— 携手构建网络空间命运共同体"。国家主席习近平致贺信强调，中国愿同世界各国一道，携手走出一条数字资源共建共享、数字经济活力迸发、数字治理精准高效、数字文化繁荣发展、数字安全保障有力、数字合作互利共赢的全球数字发展道路，加快构建网络空间命运共同体，为世界和平发展和人类文明进步贡献智慧和力量。

第九章
———

抵御信息污染的对策体系

第一节　构建完整的对策体系

前面逐一阐述分析了完善立法、严格执法、公正司法、社会舆论、技术防范、三大教育、企业自律、信息制传者自律、信息受传者自律、国际合作十大对策，这十大对策构成了我国抵御信息污染的完整对策体系。

一、对策体系的构建

抵御信息污染是国际性问题，信息污染出现在先，抵御信息污染在后，信息污染与抵御信息污染构成一对基本矛盾。无论是否引入互联网，无论各国拥有何种政治制度和意识形态、具有何种宗教信仰、宪法和法律条文有何不同或抵触甚至相反，无一不面临信息污染的侵扰。随着互联网的普及，信息污染大有猖獗泛滥之势，抵御信息污染的迫切性越来越强。

中华人民共和国成立以来，特别是引入互联网以来，在抵御信息污染的 70 年实践中，前后出台了多个相关对策，即以上逐一分析的十大对策。面对信息污染的复杂性，单一的抵御信息污染对策的作用虽有效但有限。抵御信息污染不能实行"一对一"的单打独斗，必须构建一个完整的抵御信息污染对策体系，协同作战，共襄大局。党和政府以现实社会抵御信息污染实践的经验和教训为依据，借鉴国外相关理论和间接经验的启示，建立了完整的具有中国特色的抵御信息污染对策体系。随着实践的发展和深入，各对策逐步完善，协调配合，从而使抵御信息污染对策体系的整体质量不断提高。

根据相关对策之间联系的远近或直接间接，我们或可进一步把十大对策划分为 4 个部分 —— 健全法制（包括完善立法、严格执法、公正司法），社会共治（包括社会舆论、技术防范、三大教育），强化自律（包括企业自律、信息制传者自律、信息受传者自律），国际合作。前三部分是国内要素，是内因，第四部分国际合作是国际要素，是外因。抵御信息污染重在调动国内要素，借助国际要素，内因和外因相辅相成，抵御信息污染的道路必将越走越宽广，效果越来越好。

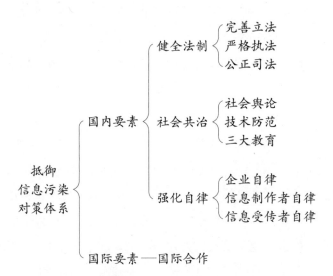

透过直观的框架图，我们应该看到隐藏在现象后面的本质 —— 即这一抵御信息污染体系的正常运行、相互协调、发挥最大功能、取得最大实效的根本保证，是必须坚持党的领导和政府主导。

二、对策体系的三大渗透性因素

在抵御信息污染对策体系中，通过实践，人们越来越清楚地看到存在着 3 个渗透性因素，即法律因素、政策因素和技术因素。这 3 个渗透性因素覆盖整个对策体系，深入十大对策之中，是抵御信息污染最重要、最有力、最基本的保障。其他对策乃至整个对策体系都要受法律因素、政策因素和技术因素的制约。

（一）法律因素

法律因素不等于立法，而是立法、执法、司法等法制因素多位一体的总和，包括而不等于立法、执法与司法的简单相加。法律因素覆盖抵御信息污染对策体系，渗透在对策体系之中，在体系中处于至高无上的地位。在实践中，每一对策必然受到法律因素的制约和指导，在对策制定和实施的全过程遵循恪守、贯彻执行，才能更好地发挥该对策应有的作用。

在党和政府的领导下，抵御信息污染对策体系中的十大对策各自独当一面，不可或缺。不能说立法、执法和司法是对策体系的主导，其他对策都是辅助。任何一个对策都是发展的，随着抵御信息污染实践的发展而不断完善。

（二）政策因素

政策因素覆盖整个抵御信息污染对策体系，渗透在对策体系之中，在体系中处于极其重要的地位。政策因素并不与政府严格执法画等号，而是包括与抵御信息污染直接相关的一系列方针、政策及多种策略、方式、方法。

预防为主是抵御信息污染的基本方针；疏堵结合是抵御信息污染的两手政策；与时俱进，调整策略、方式和方法。以上三者中，疏堵结合的两手政策承上启下，一身二任，既是预防为主基本方针顺理成章的产物，又是调整具体策略、方式、方法的依据。

（三）技术因素

技术因素并不只是用于封堵的技术手段，而是包括既有助于疏导又有助于封堵的、维护和保证十大对策正常运行的所有技术手段。技术因素覆盖整个抵御信息污染对策体系，渗透在对策体系之中，在体系中处于十分重要的地位，是关键因素，所有的对策都应该用技术因素武装起来。在当今科技条件下，离开技术因素，各对策应有的重要作用很难发挥到位。

我们强调技术因素，是强调在一定条件下技术因素具有无可替代的作用，这一点与人的因素并不相悖。事在人为，充分发挥技术因素的作用需要人的因素的介入。所谓人的因素，即在十大对策中为抵御信息污染做出奉献的所有人士——包括立法、执法、司法人员，社会舆论监督人士，技术研发和运行人员，从事家庭教育、学校教育和社会教育的教育工作者，重在自律而又责无旁贷的企业人员、信息制传者和信息受传者等。上述人的因素与技术因素相结合，将构造抵御信息污染的铜墙铁壁。

第二节　"和而不同"的对策体系

客观世界的任何事物都是对立统一的。在简单事物内部，要素与要素之间是对立统一的关系；由多种事物构成的复杂事物的内部，事物与事物之间也是对立统一的关系。在哲学中，对立统一被称为辩证法的实质与核心。"和而不同"与"一分为二""合二而一"等一样，是中国哲学界对于客观世界对立统一关系的哲学表述。毛泽东将对立统一概括为"一分为二"的矛盾学说，意在强调矛盾统一体内部存在着对立的两个方面。杨献珍将对立统一概括为"合二而一"，意在强调矛盾着的两个方面在一定条件下构成统一体，"两个对立面是不可分离地联系着的"。"和而不同"作为中国传统文化中可贵的哲学思想，植根于中国传统文化，经过几千年的实践、思辨和沉淀整理，具有准确的涵义——强调"相异且互补"的双方通过"和"而达到和谐状态等。

"和而不同"理念的基本点如下：

其一，在一定条件下，"相异且互补"的双方有主有辅而相"和"（读音同"贺"，下同），构成一个统一体。

其二，"相异且互补"的双方需要以"互补"来克服"相异"，称为"和"（读音同"获"，下同），基本形式是掺合、拼合。

其三，经过以"互补"克服"相异"，"相异且互补"的双方达成

"和"（读音同"合"，下同），亦即较前更为和谐。

其四，双方依然"相异且互补"，以"互补"克服"相异"的"和"将永远进行下去，双方不断走向新的更加和谐，"和而不同"状态永远存在。

一、"相异且互补"

"和而不同"主要是指事物之间和事物内部要素之间的必然常态是"相异且互补"。抵御信息污染对策体系内任何两个对策之间、各对策内部要素之间正是如此。

"和而不同"揭示了事物与事物之间、事物内部要素与要素之间的两个基本属性——其一是双方不同，双方有差异，亦即"相异"，譬如双方的地位并不是等量齐观，而是有主有辅、有唱有和的；其二是双方又相互需要，不能缺少对方，互为存在前提，亦即"互补"；双方是"相异且互补"的关系，"相异"与"互补"两种属性同时存在、缺一不可，有主有辅而相"和"，构成一个"和而不同"的统一体。我国古代哲人认为事物的本来面目就是"和"（相异且互补），金、木、水、火、土五行互相配合可以生成万物，调配酸、甜、苦、辣、咸五种滋味可以适合人的口味，调和六种音律可使音乐动听悦耳等。反过来，只有一种味道就不成其为美味，只有一种声音就没有听头，只有一种颜色就是单调，只是一种事物就无法进行衡量比较。处理众多的事情，要努力做到相异而和谐，而不是片面的同一。丰富多元、包容接纳、相和互渗是客观世界的常态。

在抵御信息污染的对策体系中，十大对策中任何两个对策之间相对独立，从根本上说，这一"相异"是基于着力点的不同，是从不同的角度为抵御信息污染献计献策。这一"相异"同时表现在双方的地位和作用"相异"，人们平时所说的多管齐下并不意味着十大对策并驾齐驱、平起平坐，他们之间的地位和作用是有差别亦即"相异"的。本书强调十大对策不可或缺，正是基于他们之间的"互补"，这是抵御信息污染有所成效的基本保证；如果只靠其中几个乃至一个对策，那么抵御信息污染的成效肯定大打折扣甚至无望。在抵御信息污染的不同历史时期、不同发展阶段上，两两对策之间总是存在着"相异且互补"的关系，存在着具体的有主有辅的"和"的状态。至于对策之间谁主谁辅、谁唱谁和，需要具体情况具体分析，依据抵御信息污染的阶段性、顺序性、宏观或微观等进行具体分析。例如当实践需要通过社会舆论呼唤新的法律法规出台时，与法律环境有关的立法、执法和司法的对策经过完善，就凸显其地位作用。当信息污染猖獗、需要在操作层面下功夫时，包括技术防范和三大教育在内的对策经过努力，工作奏效，其地位作用就得以显现等，在此不一一列举。无论抵御信息污染处于高潮抑或低潮，无论两两对策之间的关系付诸文字与否、协调与否、巩固与否、发展前景如何，都可以用"和而不同"描述它们之间的状态。当然，不排除在本书十大对策之外，还有未能论及的对策；或者随着抵御信息污染的深入，提出新的对策。即使如此，对策之间的基本关系还是"和而不同"的。

至于各对策内部要素之间，譬如技术防范与人力防范，企业自律对策中的企业自律与行业他律等，无一不是"相异且互补"的"和"的关系，只是篇幅所限，恕不一一展开。

二、通过"和"来解决"不同"

"和而不同"指出，通过"和"来解决"不同"。抵御信息污染对策体系内任何两个对策之间、各对策内部要素之间正是如此。

"相异且互补"的双方如何解决彼此的不同之处？古代哲人提出"相异且互补"的双方需要利用"互补"来克服"相异"，基本形式是"和"，即掺合、拼合。古代哲人们以烹调和奏乐为例，指出：如做羹汤，用水、火、醋、酱、盐、梅来烹调鱼和肉，用柴火烧煮；厨工调配味道，使各种味道恰到好处，五味具备，咸淡适中；如果用水来调和水，谁能吃得下去？音乐的道理也像味道一样，由9类不同体裁相互配合而成，由清浊、小大、长短、快慢、哀乐、刚柔、高低、出放、疏密相互调节而成；如果用琴瑟老弹一个音调，谁能听得下去？

考察古代哲人的论述，应该引起我们注意的是——所谓"和"的主角不是外来的其他因素，而是一个事物内在"相异"的双方。"和"不是指"相异"双方的一味斗争，而是通过"互补"调谐双方。"和"的结果，不是使一方强力抹掉、消灭另一方、合二为一、独霸天下，也不是实现平均、双方均等、平分天下，而是双方依然存在，依然有主有辅、保持某种程度的不平衡。原本以"和而不同"状态相处的"相异且互补"的双方，经过"和"，达成"和"亦即较前更为和谐——双方依然"相异且互补"，"和"将永远进行下去，"和而不同"状态永远存在，这是事物不断演进（运动、变化、发展）的过程，也是客观世界的常态。无论客观世界如何发展，表现形态如何变化，其本质从来是"和而不同"的，这是客观世界的本来面目，即其原始的、常规的、永远的状态，也是人的意志无法改变的必然。

在抵御信息污染的实践中，十大对策中任意两个对策之间的和谐，需要利用双方的"互补"来克服彼此的"相异"。通过双方的相互协调，如切如磋，如琢如磨，或不小觑任何微调，或适时做出适度的调整，或阶段性地各自做出较大的调整，以达成彼此的和谐，谋求抵御信息污染可能的最大收效。譬如法律法规与三大教育之间，当新的传馈技术出现，信息污染借此一时猖獗，而法律法规的制定需要一段时间，不能立即到位。在这种条件下，通过家庭教育告诉孩子们规避新的信息污染，通过学校教育指导未成年人明辨是非，通过社会教育把污染的新表现告诉所有的民众和网民以主动规避。如此一来，三大教育在这一时间差中凸显了独特作用，强化了自身，弥补了可能出现的不足。待新的法律法规得以制定后，二者达成新的和谐，共存共济。其他任何两个对策之间，皆是如此。简言之，在整个对策体系中，"相异且互补"的十大对策"和而不同"，掌控着抵御信息污染的全局，各居其位，各谋其政，相互呼应，及时补台，尽职尽责，共襄大局，必将共同收获抵御信息污染的巨大成果。

至于各对策内部要素之间，譬如技术防范中的"堵门打"策略与"追着打"策略，强调积极防御的"堵门打"并不完全排除"追着打"。把信息污染根除在萌芽状态，固然是众望所归、求之不得，但是实践中难保不出现漏网之鱼，需要"追着打"。"堵门打"在先，扼住源头，打开局面，给信息污染以沉重打击，最大限度地降低信息污染的扩散。当然，最好是"一锅端"和"连根拔"。在此基础上，宜将剩勇追穷寇，依据信息污染残余的扩散渠道进行"追着打"，穷追猛打，扫荡殆尽，力求全胜。又如三大教育对策中，为了减少信息污染的危害，在受教育者所有可能接触到的信息污染场所加强技术屏蔽固然是不可或缺的，同时也应该加强其他的文化娱乐形式，以吸引受教育者的目光，引起他们的兴趣，转移他们的注意力，减少他们接触信息污染的可能等。其他任何对策内部的要素之间，皆是如此。简言之，十大对策中各对策内部的要素之间无一不是通过"和"，以"互补"调谐彼此的"相异"。

第三节　抵御信息污染任重道远

信息污染制传者包括国内外敌对势力，利欲熏心的企业和个人，素质极其低下的个体和群体。在信息污染制传者中，制作者（信息处理）和传播者（信息传输）仅仅是分工不同，他们共同完成了信息污染的制作和传播。从二者的责任看，没有信息制作则没有信息传输，制作在先，传播在后，相比较，信息污染的制作者是罪魁祸首。在此基础上，又应看到正是信息污染传播者使得信息污染广为扩散，贻害无穷，信息污染传播者助纣为虐，罪责重大。至于同一个人从事两个环节的操作，既制作信息污染又传播信息污染，则是罪加一等。

这些敌人是狡猾的，不易克敌制胜。其一是当人类信息传馈科技取得进步乃至发生革命性更新换代后，信息污染制传者也会获得同步提高，甚至先人一步而猖獗一时。其二是当人们抵御信息污染的技术取得进步，可以对症下药时，敌人却隐蔽得更深，有时难以觉察，或混入相关对策管理范围的薄弱环节，一时难以区分。我们坚信抵御信息污染总的趋势是邪不压正，信息污染必定日渐衰弱、走向覆灭。

一、政策执行要与时俱进

在抵御信息污染过程中，对于那些一时违法违规的企业实体、信息制传者个人和信息受传者个人，必须坚持党和政府的政策，惩前毖后，治病救人，贯彻执行"给出路"的政策，尽可能予以挽救，给其改过自新的机会。

在企业自律、信息制传者自律和信息受传者自律三个方面，或许在一定时期内存在较多的不尽如人意之处乃至违法违规现象。在抵御信息污染问题上，一个重要的问题是正确引导三方面自律，其中政府引导相关企业自律是关键。唯有经过长期的实践，绝大多数人实现真正的自律，才能体现出抵御信息污染的实效。

在实行市场经济模式和法治的现代国家，其内部关系较为简单——在国家宪法和法令之下，除了政府之外，企业是独立的重要组成部分，也是政府抵御信息污染不可或缺的助力。例如新加坡政府在 2018 年春准备立法管制假信息，传统的主流媒体和新兴的科技公司就表现出不同的态度。政府看到主流媒体并非要求社交媒体平台接受与传统媒体一样的管制框架，只是不满科技公司在打击假新闻方面承诺多、行动少、收效低，而科技公司确实应为自己平台对社会造成的后果承担责任。在此基础上，政府的相关立法注意在打击假信息、确保言论自由和有建设性的对话之间取得平衡，细致区分有意和无意散播假信息并考虑具体的影响范围，具体法律条文不过于广泛，措施不过于强硬，以免阻碍建设性言论和网民分享想法等。又如在引导企业自律方面，澳大利亚联邦政府分别从法规制定和沟通疏导两方面加强管控，一方是看似无情的法律，另一方是充满人文关怀的沟通，两者相互补充协调，在最大范围内确保了澳大利亚互联网的网络安全和网络空间清朗。日本则强调法治与行业自律相结合，在政府有关行政部门的适当干预下，包括音像制品在内的公共传媒行业在行业自我监督、内部管理方面保持了较为稳定、健全的发展态势。这些经验弥足可贵，值得借鉴。

我们不能因企业商品经济活动的利润追求而把企业视为异数或另类。网络服务提供商、信息内容提供者、运营商等终归是厂商，一般来说，利润前导、趋利避害是其本能。正是在这一基本点上，政府应对其有所规制，要求其必须把社会效益放在第一位，经济效益必须服从社会效益，这就是现代版的"君子爱财，取之以道"。

我们不能因某些企业对于抵御信息污染消极怠工而轻易放弃沟通说服。在实践中，一些企业不肯投入资金、更新技术防范手段，被花样百出的信息污染钻了空子；一些企业迷信技防，人防倦怠，出现防范疏漏却非主观故意；一些企业在历次抵御信息污染中总是被大势拖着走，极不得力，不尽如人意；凡此种种，不一而足。应该看到如此的不得力表现，毕竟与违法违规的暗自"放水"等有着原则区别，相关企业毕竟属于团结教育的对象。

我们不能因个别企业一时的违法违规而对该企业心怀疑虑、处处设防、不予信任，有意无意使之边缘化，甚至把他们作为防范对象，推到敌方那边。不能因个别企业纵容包庇恶质从业者而施以超越法律规定的惩罚。抵御信息污染是一项长期工程，需要我们注意加强政策性，积极主动进行深入细致的工作。

对于一些信息制传者，绝不因其一时的违法违规行为而轻率地定性其为不可救药者，更不能扩大化，由此蔑视其左近的乃至所有的信息制传者。应看到因工作失误导致信息污染扩散的从业者与信息污染制传者的区别。对于仅仅制作信息污染而尚未传输等具体案例，要讲究政策性区分。

上述对于违法违规企业的政策同样适用于处理那些违法违规的信息受传者。在依法处理相关个案时，应该考虑到现实生活的复杂性，要看到下载信息污染者与信息污染的制传者有别，下载并转发信息污染者与信息污染媒介传输者有别，仅仅下载信息污染而未予转发者与下载并转发信息污染者有别等。对于一些信息受传者，不因其出于猎奇、主动搜寻信息污染甚至予以一定范围内的扩散，而轻易将其定性为屡教不改者，更不能扩大化，追查其左近的扩散对象乃至所有的信息受传者。对于仅仅浏览或下载而未作扩散等具体案例，要予以恰如其分的区分。

总之，抵御信息污染是长期性的工作，要讲究政策。在具体问题上，应该注意正确处理那些从言论自由的角度可以公开传播，但可能对社会秩序和其他人群构成危害与不良影响的信息；应该注意正确处理那些尽管法律不禁止，但应该限制在一定范围内传播的信息。有些信息在内容和形式上存在这样那样的不足或不妥之处，无疑需要改进或纠偏，但尚不属于信息内容污染（不属于违法信息和不良信息），对此应该重视区分和把握，具体情况具体分析。在防止过右或过左问题上，既要坚决管控以防右，又要适度得法以防左——特别是要注意规避乱贴标签、纠正过激、纠偏过急的方式方法。相关部门的领导者切忌好大喜功、操之过急，切记政策和策略是党和国家以及中华民族伟大复兴事业的生命线。

当然，申明上述内容，绝不意味着放弃法治。鉴于有些色情网站、广告商和服务平台业已形成默契的商业联盟，对于他们的违法违规行为进行零敲碎打的约谈、出具罚单已难奏效。对于那些利欲熏心而一意孤行的企业及其法人，只要触犯刑律，只能诉诸法律，送交司法机构，绳之以法。对那些违法违规、屡教不改者，更须除恶务尽，使之倾家荡产，难以东山再起。

二、抵御信息污染永远在路上

互联网迅猛发展，其新形态和相关新因素还会不断提出抵御信息污染的新课题。互联网无论发展到何种地步，以何种形态表现，其基本功能都万变不离其宗，通过信息制传来影响人。从互联网的负功能、负面作用而言，互联网不仅提供了信息污染的藏身之所，使之得以滋生蔓延，而且通过快速广泛传输，放大了信息污染的危害性。现实世界和网络世界的信息污染的危害性各有侧重，在共同作用中有主有从。多种危害性难以一一列举，集中到一点，就是影响人。不但可以影响人的一时一事，而且可以通过量变实现质变，从根本上共同影响信息受传者的"三观"，进而影响人的一生，这是信息污染危害性的要害。世界观、人生观和价值观三者并驾齐驱，决定着人们认识问题的立场、观点和方法，是引导成年人、培育未成年人的核心问题，是个体之基，是社会之维；信息污染正是要在这一根本问题上毁人（损毁个体之基）和拆台（拆毁社会之维）。

"战斗正未有穷期，老谱将不断袭用"。互联网负功能和负面作用的重要性在于"两个事关"（网络窃密事关国家、企业和个人的信息安全，影响国家利益和民众利益；信息污染事关网络空间清朗，影响社会的现实稳定和未来发展），这"两个事关"将伴随互联网及其不断发展的新形态而常思常新。从长远的观点看，无论今后的第二代、第三代互联网是否有可能由我国自己建造、自己管理信息处理和信息传输，都不会改变互联网在信息传馈中不可或缺的地位。我国引进互联网的时间不过 20 多年，与今后的漫长道路相比极其短暂。我们从现在开始，以紧迫感和责任心，及时着力纠偏，完善法治，做好抵御信息污染，确保互联网上没有法外之地，使得信息处理和信息传输行进在正确轨道上，受益将是长远的、巨大的。

信息处理符号和信息传输媒介的更新换代是无止境的，目前的智能手机移动传馈新阶段总会被新形态所取代。人类信息传馈科技的一定形态总是存在相对稳定时期，在新形态出现之前，只要我们持之以恒地抵御信息污染，终究会遏制其势头，打击其气焰，收到实效，实现阶段性控治的目的。在人类信息传馈科技新形态出现之后，信息污染制传者肯定会借助于新的科技手段制传信息污染，而抵御信息污染的人们同样也会利用新科技，继续打击信息污染及其制传者。这就是抵御信息污染的有限性与无限性的统一。

抵御信息污染永在路上，绝无一劳永逸之可能。从长远观点看问题，人类总是不断有所发现，有所发明，有所创造，有所前进，社会正义必将对于信息污染保持压倒性优势，并不断把信息污染扫进历史的垃圾堆。

主要参考文献

[1] 文晓灵:《双刃剑——科学技术对精神文明的影响》,中国社会出版社 2004 年版。

[2] 陈家喜、张基宏:《中国共产党与互联网治理的中国经验》,《光明日报》2016 年 1 月 25 日。

[3] 张权:《网络空间治理的困境及其出路》,《中国发展观察》2016 年第 17 期。

[4] 郑振宇:《改革开放以来我国互联网治埋的演变历程与基本经验》,《马克思主义研究》2019 年第 1 期。

[5] 马兵:《网络意识形态工作制度的创新与经验》,《红旗文稿》2019 年第 24 期。

[6] 郝娴宇:《从"净网"到"清朗",网络内容生态治理仍任重道远》,《半月谈》微信公众号 2020 年 12 月 30 日。